树脂基复合材料连接技术

黄志超　张永超　赖家美　著

科学出版社

北　京

内 容 简 介

本书在简要介绍复合材料特点和工业应用的基础上，详细分析了常见复合材料连接技术的工艺原理和性能特点，主要以试验的方式重点研究玻璃纤维增强树脂基复合材料螺栓连接、胶接连接、混合连接结构的成形过程、拉伸强度和应用，并分析了不同介质环境中复合材料连接件的力学性能。

本书可供高等院校机械工程、交通运输工程、材料科学与工程等相关专业的学生参考，也可供板料连接领域从事研究和生产的工程技术人员参考。

图书在版编目（CIP）数据

树脂基复合材料连接技术 / 黄志超，张永超，赖家美著. —— 北京：科学出版社，2024.9. —— ISBN 978-7-03-079434-5

Ⅰ. TB333.2

中国国家版本馆CIP数据核字第2024JJ4612号

责任编辑：刘宝莉 / 责任校对：任苗苗
责任印制：赵 博 / 封面设计：图阅社

科 学 出 版 社 出版
北京东黄城根北街 16 号
邮政编码：100717
http://www.sciencep.com

北京富资园科技发展有限公司印刷
科学出版社发行　各地新华书店经销

*

2024 年 9 月第 一 版　开本：720 × 1000 1/16
2025 年 1 月第二次印刷　印张：15
字数：300 000

定价：128.00 元
（如有印装质量问题，我社负责调换）

前　言

复合材料是由两种或两种以上物理或化学性质上存在差异的物质组合在一起的一种多相固体材料，通常由基体和增强体组成，兼具其组成材料的优点。复合材料可以按照基体材料、增强体材料、制备工艺等进行分类，能够满足不同的使用要求。随着新的复合材料制备理论的提出和制备工艺的改进，先进复合材料即高性能复合材料如碳纤维、硼纤维等材料的生产工艺逐渐成熟，生产成本逐渐降低，同时具有更高的静态和动态力学性能，结构设计灵活度更高，并且可以采用一体成型技术制备，从而能够实现设备的有效减重。

随着材料工业的发展，不同类型的复合材料在航空、汽车、船舶等工业设备上的应用逐渐得到推广，使用比例日益增长。在早期的复合材料工业应用中，树脂基复合材料发挥了重要作用。20 世纪 60 年代以后，为了满足航空飞行器等高端精密设备对所使用材料的高比模量、高比强度和低密度的性能要求，碳纤维系列复合材料得以开发并规模化生产。此外，石墨纤维、硼纤维、芳纶纤维和碳化硅纤维等高强度和高模量纤维材料也逐渐投入工业应用，并与合成树脂、碳、陶瓷、橡胶等非金属基体或铝、镁、钛等金属基体复合，构成各具特色、性能各异的复合材料。经过数十年的发展，各种复合材料在工业领域的应用日益广泛，并在制造工艺、使用方法、应用结构方面进行持续的改善。

复合材料虽然具有能够提高产品结构整体性的优点，但是由于设计、工艺、成本和使用等方面的需要或限制，必须对工艺分离面、维护措施等进行优化设计。承载部位的载荷传递问题必须由相应的连接方式来解决，因此结构连接是不可避免的，连接设计在复合材料结构应用中也是必不可少的关键环节。本书作者长期从事轻型板料连接技术的性能分析和应用研究工作，在复合材料层合板的制备和结构性能分析方面做出了一些有益探索，积累了丰富的理论研究与应用成果。本书在对复合材料制备工艺与工业应用进行介绍的基础上，重点就复合材料层合板相关连接技术的工艺原理、拉伸强度、参数优化等进行了详细阐述，主要以力学性能试验为主，以有限元模拟仿真为辅，分析了复合材料螺栓连接、胶接连接、混合连接等工艺的连接结构成形特点与拉伸强度，所得到的结论可以为复合材料的应用提供一定的理论依据。

本书主要介绍了树脂基复合材料螺栓连接工艺、胶接连接工艺、螺栓-胶接混合连接工艺、摆碾铆接-胶接混合连接工艺的连接原理和性能特点，并分析了 5052

铝合金-玻璃纤维复合材料自冲铆接性能。

　　本书相关内容是在华东交通大学黄志超教授主持的国家自然科学基金项目（52375333、51875201）以及南昌大学赖家美博士主持的国家自然科学基金项目（51763016）等资助下完成的研究成果，同时华东交通大学张永超博士生参与了相关研究。本书第 1 章和第 2 章由张永超撰写，第 3 章和第 4 章由黄志超撰写，第 5 章和第 6 章由赖家美撰写。感谢华东交通大学黄薇、占金青、周泽杰、姜玉强、余为清、康少伟、陈兴茂、姜宁、王建忠、范快初、姚秋华、庞连红、邱祖峰、夏令君、刘伟燕、刘晓坤、陈伟达、薛曙光、程雯玉、卢能芝、谢春辉、彭熙琳、冯佳、何俊华、黄秋雯、程梁、李绍杰、宋天赐、程露、涂林鹏、肖锐等对本书所作的贡献。

　　由于作者水平有限，书中难免有不足之处，敬请读者批评指正。

目　　录

第1章 复合材料概述

复合材料是由两种或两种以上物理或化学性质上存在差异的物质组合在一起的一种多相固体材料。复合材料由多种成分复合后其整体性能超过各组分原材料，同时保留其所需要的性能(如高强度、高刚度等)，而抑制不需要的特性。

复合材料属于混合物，是两个或两个以上的组元或不同组织相的结合体。其中构成复合材料的组成部分的化学性质是不同的，即复合材料是不同材料在宏观标准上组合而成的一种实用材料。复合材料还应具备以下条件：①组成材料的各组元含量所占的比例都需大于 5%；②所具备的性能与构成它的各组元独立存在时的性能明显不同；③混合制备方法较多。

1.1 复合材料分类

复合材料的结构通常由两相组成：一个是连续相(称为基体)，一个是分散相。与连续相对比可以发现，分散相的某些性质较好，可以明显提高材料性能，因而称为增强体。复合材料常用的分类方法有以下四种：

(1)按基体材料分类，可以分为金属基复合材料、陶瓷基复合材料、树脂基复合材料等。

(2)按增强材料分类，可以分为纤维状分散相复合材料、非连续纤维增强复合材料等。

(3)按材料的作用分类，可以分为结构复合材料与功能复合材料。

(4)按组成的原材料是否同质分类，可以分为同质复合材料和异质复合材料。

复合材料中常用的纤维有玻璃纤维、硼纤维、碳纤维、芳纶纤维，此外还有碳化硅纤维和氧化铝纤维等。最早使用的是玻璃纤维，玻璃纤维的直径为 5～20μm，所制成的织物具有强度高、伸长率大的特点。硼纤维属于复相材料，由硼蒸气在钨丝上经过沉积而成，其直径较大，不能做成织物，且生产成本高。碳纤维是将多种有机纤维经加热、炭化而形成的，具有高强度、高模量等特点，因其制造工艺简单，成本低，故成为最重要的纤维材料。在制备工艺上芳纶纤维与碳纤维和玻璃纤维都不相同，它是由液晶纺丝工艺制作而成。

各种主要纤维材料与金属丝基本性能如表 1.1 所示。

表 1.1 各种主要纤维材料与金属丝基本性能

材料		直径/μm	熔点/℃	相对密度 γ	拉伸强度 σ_b/MPa	模量 E/10^5Pa	比强度 σ_b/γ/MPa	比模量 E/γ/10^5Pa
玻璃纤维	无碱玻璃纤维	10	700	2.55	3500	0.74	1370	0.29
	高强玻璃纤维	10	840	2.49	4900	0.84	1970	0.34
硼纤维		100	2300	2.65	3500	4.10	1320	1.55
		140	2300	2.49	3640	4.10	1460	1.65
碳纤维	普通碳纤维	6	3650	1.75	2500～3000	—	1430～1710	
	高强碳纤维	6	3650	1.75	3500～7000	2.25～2.28	2000～4000	1.29～1.30
	高模碳纤维	6	3650	1.75	2400～3500	3.50～5.80	1370～2000	2.00～3.31
	极高模碳纤维	6	3650	1.75	750～2500	4.60～6.70	430～1430	2.63～3.83
钢丝		—	1350	7.80	420	2.10	54	0.27
铝丝		—	660	2.70	630	0.74	230	0.27
钛丝		—	—	4.70	1960	1.17	417	0.25

复合材料制备中常用的基体材料包括树脂基体、金属基体、陶瓷基体和碳素基体等。其中树脂基体分为热固性树脂基体和热塑性树脂基体，热固性树脂基体包括环氧、酚醛和不饱和聚酯树脂等，热塑性树脂基体包括聚乙烯、聚苯乙烯、聚酰胺(又称尼龙)等。金属基体主要用于耐高温或其他特殊需要的场合，基体材料包括铝、铝合金、镍、钛合金等。陶瓷基体具有耐高温、化学稳定性好等优点，同时具有脆性和耐冲击性差等缺点，限制了其应用范围。碳素基体主要用于碳纤维增强碳基复合材料，又称为碳/碳复合材料。

1.2 复合材料发展

在 20 世纪 30～60 年代，虽然金属材料的性能有很大的提高，但是在化工、机械、航空航天等工业领域仅依靠金属材料进行设备产品的制造开发存在一定的不足，为此，研究者们不得不寻求新的材料。在第二次世界大战期间，美国军工企业将目光投向玻璃纤维增强聚酯树脂复合材料，在飞机的元器件上进行了广泛应用。在同一时期，第一种用纤维增强材料合成的复合材料问世，采用手糊成型的方法制成了玻璃纤维增强不饱和聚酯飞机雷达罩。1944 年，机身和机翼材料为玻璃纤维增强塑料(glass fiber reinforced plastics, GFRP)的飞机试飞成功。20 世纪 60 年代后，多种高性能纤维以及高比强度、高比密度纤维增强树脂基复合材料出现。随后具有更高比强度、比模量，同时兼具更高拉伸强度、剪切模量和耐热性的第二代现代复合材料制备成功。增强材料主要以硼纤维、碳纤维、芳纶纤维为主，以聚酰亚胺等高性能树脂为基体，同时还包含了铝、镁、钛等金属基体和金属间化合物等。而性能更高的氧化铝纤维和高韧性、耐热的第三代高性能复合材料也得到了迅速发展。随着材料性能与制备成型技术不断改进，复合材料在工业制造领域的应用越来越广泛。其中，树脂基复合材料是复合材料的重要组成部分，具有很多性能优势。

(1)化学性能好、比强度高、比模量大。树脂基复合材料具有很多优势，如高强度、大比模量、良好的抗疲劳性能和减震性能等。树脂基复合材料的密度远小于普通碳素钢，而强度接近甚至超过普通碳素钢。

(2)可设计性优良。树脂基复合材料的成型工艺非常灵活，结构和性能的可设计性很强。通过改变纤维的质量分数和分布方向，或对纤维进行不同排布设计，能够把组分材料的潜在性能集中到必要的方向上，使增强材料更有效地发挥作用。

(3)耐化学腐蚀和耐候性优良。树脂基复合材料的电化学腐蚀机理不同于普通金属，其电阻率为 $1\Omega\cdot m$，在电解质溶液里不会出现离子溶解的现象，所以在空气、水和浓度较低的酸、碱、盐等介质中都能保持良好的化学稳定性。

(4)电性能优良。树脂基复合材料既不会与电磁波发生作用，也不会反射电波，因此具有很好的绝缘性能，通过设计可以使其在很宽的频段内保持良好的透微波性能。

(5)热稳定性良好。树脂基复合材料的热导率比普通材料小得多。树脂基复合材料可以在一定温度范围内保持良好的热稳定性。

1.3　复合材料应用

随着复合材料的发展和各种新型成型技术的开发应用，复合材料在工业领域中的使用比例不断增大。在早期的复合材料工业应用中，树脂基复合材料发挥了很大的作用，其中，玻璃纤维增强树脂基复合材料尤为突出。20 世纪 60 年代以后，为了满足航空飞行器对材料高比模量、高比强度的性能要求，研究者对碳纤维、石墨纤维、硼纤维等复合材料进行了广泛研究，并与合成树脂等非金属基体或铝、镁、钛等金属基体复合，构成各具特色、性能各异的复合材料。

1.3.1　复合材料在飞机领域中的应用

复合材料在航空航天领域应用的比例较小,但在飞机上的使用比例日益增大,应用的结构也很多,在机体中分布广泛。现阶段飞机的性能与复合材料的应用水平密切相关。飞机作为一种高精密技术设备,对材料的性能要求很高,对复合材料和复合材料与其他材料联合使用的性能特点非常敏感。很多新型复合材料正是在飞机性能提升的需求下开发出来的,指引着复合材料发展与应用的方向,复合材料在飞机上的应用比例和应用结构已经成为衡量飞机各项性能的重要指标。

复合材料在飞机上的用量主要由其所占飞机机体结构质量的比例表示。与传统金属材料相比复合材料密度小,那么复合材料比例越大则飞机总体质量越小,在满足结构安全与使用寿命的前提下能有效降低设备质量,从而显著提高飞机性能。在飞机结构中增加复合材料的应用,符合工业领域材料轻量化的发展趋势,采用复合材料替代传统合金钢等金属材料,降低机体质量,提高结构安全性和使用寿命,降低经济成本,提高经济效益,是一条行之有效的途径。

空客 A350 机型中复合材料的用量已经达到机体结构质量的 40%左右,波音 B787 机型复合材料用量达 50%,空客 A380 机型采用了更多的复合材料,其中仅机身壁板采用的碳纤维复合材料就超过 30t,从而使飞机的有效载荷大大增加。大型民用飞机复合材料应用情况如表 1.2 所示。

表 1.2　大型民用飞机复合材料应用情况

机型	碳纤维类型	复合材料结构质量比例/%	单机复合材料用量/t	复合材料主要使用部位
空客 A350	—	39	17	机翼
空客 A380	T800S-24k IM600-24k	25	36	机尾
空客 A400M	—	34~40	—	机身、机翼
波音 B777	T300-3k、T800-12k	9	8~9	机身、掠翼
波音 B787	T700、T800、IM7、IM8	50	35	机身、机翼

空客 A310 机型是第一型采用复合材料垂尾盒的民用飞机,空客 A320 机型是率先采用全复合材料尾翼的飞机,空客 A340-500/600 机型是率先采用碳纤维增强塑料(carbon fiber reinforced plastic, CFRP)大梁和后压力隔框的飞机。在这些机型中,飞机机体垂尾、方向舵、升降舵、整流罩、水平尾翼、垂直尾翼等均采用了复合材料,比例各有不同,随着机型的发展,越来越多的结构开始采用复合材料。而在空客 A380 机型中,后机身、尾椎、横梁、中央翼盒、机肋、襟翼轨道等也

都采用了复合材料。另外，空客 A380 机型(见图 1.1)首次在飞机壳体上采用 GLARE 材料。GLARE 是一种由 2024 高强铝合金和玻璃纤维层压而成的复合材料，具有质量轻、强度高、抗疲劳特性好等优点，GLARE 材料在空客 A380 机型上的用量比例为 3%，主要用于机身上部外壳和尾翼的主边缘，能够提高维修效率并延长使用寿命。而空客 A350XWB 机型是目前复合材料用量比例最大的一型客机，复合材料比例达到 53%，复合材料用量第一次超过了金属材料，对降低机体质量，提高机体寿命，降低维修成本，提高经济效益有明显的促进作用。

图 1.1　空客 A380 机型

在 20 世纪 60 年代，波音各型飞机复合材料用量比例只有 1%～3%，波音 B747 机型的复合材料用量比例也只有 2%～3%。20 世纪 80 年代后，复合材料在波音多型客机上的用量显著增加，波音 B777 机型中复合材料用量比例约为 12%，而在波音 B787 机型中，复合材料比例达到 50%，远超铝材用量。波音 B787 机型在机身和机翼部位采用了碳纤维增强复合材料，在水平尾翼、垂直尾翼等部位采用碳纤维增强夹芯板结构，整流蒙皮采用玻璃纤维增强树脂基复合材料。此外，波音 B787 机型在压力容器和引擎罩等部位采用碳纤维、有机纤维、玻璃纤维增强树脂和各种混杂纤维的复合材料。针对不同尺寸和使用位置的复合材料部件，波音 B787 机型(见图 1.2)中采用了多种制造加工工艺。例如，在中央翼盒、尾翼和机身前段中采用了铺带-热压罐固化工艺，在窗框、客货舱地板等位置采用模压-热压罐固化工艺，在襟副翼和扰流片中采用了缝合-真空辅助树脂传递成型技术，并采用了新型注射胶料和碳纤维丝束编织的无纬布。与空客 A380 机型相比，波音 B787 机型复合材料用量更大，复合材料结构件数量更多，分布更广泛。另外，在波音 B787 机型中，复合材料逐步开始替代传统金属材料作为主承力结构部件使用。针对波音 B787 机型，空客 A350 机型进一步提高复合材料用量，比例达到

53%，形成与波音 B787 机型的有力竞争。

图 1.2　波音 B787 机型

中国商飞 C919 干线民用客机在气动布局、电传操纵、综合航电技术、客舱综合设计等关键技术方面均取得重要突破，总体性能达到世界先进水平。在 C919 型客机机体结构材料中，复合材料比例约为 12%，主要应用在尾翼、中央壁板、主起落架舱门工作包、前起落架舱门工作包、翼身整流罩工作包和垂直尾翼工作包等位置。与波音、空客等世界领先飞机制造商相比，我国国产大飞机复合材料的应用比例偏低。造成这种结果的原因有很多，例如，在飞机结构上大规模使用复合材料的理念还没有在工业领域得到深入推广与形成共识，相关结构复合材料的制备与产品结构设计存在比较突出的问题，生产成本较高等。大型民用飞机已经进入复合材料时代，我国也应该紧跟世界潮流，在飞机大型复合材料结构件的设计与制造方面不断创新工艺方法，克服技术难题，努力缩小与世界先进水平的差距，推进纯国产化大飞机的生产应用与升级，并带动相关产业快速发展。

随着复合材料大型结构件成型技术的发展，飞机机体上的大型复合材料结构逐渐增多，应用部位逐渐由次承力结构向主承力结构过渡，例如，空客 A380 机型上的机身蒙皮壁板、机身后段、地板梁等均由碳纤维复合材料整体制造而成。另外，复合材料在复杂曲面构件上的应用也越来越多。复合材料构件通过共固化整体成型能够显著地减少零部件、紧固件的数量，降低飞机机体在服役过程中可能出现的问题，避免复合材料结构连接失效的风险。

在推进飞机复合材料大规模应用过程中也存在很多问题，包括复合材料成型工艺的限制，各种大型复合材料结构件的自动化制造，不同种类材料如复合材料和铝合金的连接，复合材料结构件服役故障问题诊断与维修等，这些问题需要在将来的复合材料机体应用中逐步解决。

1.3.2　复合材料在汽车领域中的应用

在汽车制造业中，车身轻量化是一个主要的发展趋势，对车身各个结构进行的改进也主要是围绕车身减重展开，通过车身结构减重能够有效提升车辆的各项性能。当整车质量减轻 10%时，燃油经济性提高 3.8%，加速时间减少 8%，制动距离减少 5%，转向力减小 6%，CO 排放减少 4.5%，轮胎寿命提高 7%。为了提升经济性，汽车制造商逐步开发了各种轻型汽车用材料，包括高强度钢、铝合金、镁合金和树脂基复合材料等。在这些材料中，复合材料质量轻、强度高、耐腐蚀性能好，纤维增强复合材料中的纤维与基体间的界面可以有效地阻止车身结构疲劳裂纹的萌生与扩展，与钢材和铝材相比，有较大的属性优势。另外，基于复合材料的制造工艺，其成型更方便、材料设计自由度更大，可以根据汽车零部件结构灵活地调整增强材料的形状、排布与基体材料含量，从而满足结构件的强度和刚度性能要求。同时，可以通过共固化成型制造大尺寸零件，减少结构零件数目，并在一定程度上降低结构失效的风险。因此在汽车车身结构中复合材料的用量越来越大，已经成为复合材料最大的应用领域。

复合材料应用于汽车领域始于 20 世纪 50 年代，主要用于汽车非结构部件。受制于复合材料制造工艺和设计人员对汽车复合材料应用理解不够深入，在很长一段时间内，汽车用复合材料发展缓慢。从 80 年代开始，越来越多的汽车制造商采用热塑性复合材料制造汽车内饰，并采用热固性复合材料制造次承力构件。进入 21 世纪后，由于燃油车辆废气排放法规日益严格，消费者对车辆燃油经济性的要求越来越高，汽车制造商对复合材料应用于车辆的兴趣不断增加。不同类型车辆采用的复合材料用量比例不尽相同。热固性和热塑性两大类复合材料在汽车车身结构中各有优势，而由于热固性复合材料的回收难度较大，所以在汽车复合材料应用中，有热塑性复合材料逐步取代热固性复合材料的趋势。

汽车用复合材料应用部位主要包括车身、底盘和座舱等。基于复合材料的特性，在采用复合材料制造汽车零部件时，可以根据结构受力等情况进行灵活设计，如在韧性和刚度要求高的部位采用三合板复合材料，在几何形状较为复杂的区域使用层合板等。

1. 碳纤维复合材料在汽车上的应用

碳纤维是由有机纤维通过一系列热处理转化而成的无机高性能纤维，其含碳量高于 90%。碳纤维既具有碳材料的固有本性特征，又具有纺织纤维柔软可加工性，力学性能优异。碳纤维主要与树脂、金属、陶瓷等基体制备成为复合材料，具有比模量、比强度高，高温下化学特性稳定的优势，因此应用广泛。由于碳纤维化学性质稳定，防腐蚀性能、耐候性、耐老化性能较好，采用碳纤维复合材料制成的结构件疲劳强度高，使用寿命长。另外，由于碳纤维复合材料的拉伸强度远高于普通钢材，在承受撞击时，可以有效地吸收撞击能量，从而提高车辆的安全性能。碳纤维复合材料在车辆中的应用部位（见图 1.3）主要包括车身底盘、座椅结构、仪表盘、缓冲梁和窗饰等。在整体车身上采用碳纤维复合材料能够使汽车车身质量显著降低。例如，宝马 i3 车型中采用碳纤维座舱可以使座舱减重 50%左右。采用碳纤维复合材料制造车身能够提高气动性和结构强度，在承受撞击时可以减少碎片的产生，提高安全性能。例如，F1 赛车车身大部分结构都采用了碳纤维复合材料。此外，碳纤维复合材料在碳纤维汽车轮毂、刹车系统、内外饰品、进气系统等结构和部件中均有比较多的应用。

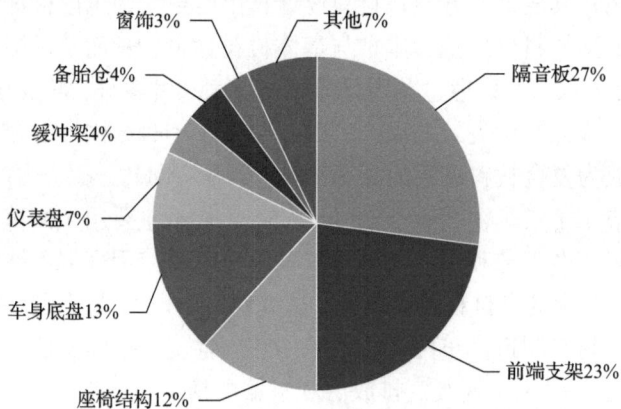

图 1.3　碳纤维复合材料在车辆中的应用部位

2. 金属基复合材料在汽车上的应用

金属基复合材料（metal matrix composite, MMC）是以金属或其合金为基体，与一种或几种非金属增强相结合而成的复合材料，其增强材料多为无机非金属，如陶瓷、碳材料等。汽车领域中广泛应用的金属基复合材料主要是颗粒增强和短纤维增强的铝基复合材料。在 20 世纪 80 年代，日本就已经使用硅酸铝纤维增强铝基复合材料制造汽车发动机活塞抗磨环、汽车连杆等零部件。铝基复合材料主要采用铝硅合金，增强材料一般为陶瓷纤维和微粒。铝基复合材料具有较高的拉伸强度和耐磨耐热特性，可以用于需要高强度和高耐磨性的机构中。美国将铝基复合材料应用于刹车轮，用 SiC 颗粒增强铝基复合材料制造汽车制动盘，其质量可以降低 40%～60%，耐磨性也得到了提高。此外，在轮胎螺栓、齿轮箱等零部件中也可以采用铝基复合材料制造加工。

3. 玻璃纤维增强复合材料在汽车上的应用

玻璃纤维增强复合材料是由玻璃纤维与基体材料经过缠绕、模压或拉挤等成型工艺制造而成的复合材料。汽车上应用的玻璃纤维增强复合材料主要包括：玻璃纤维增强热塑性塑料(glass fiber reinforced thermoplastic, GFRTP)、玻璃纤维毡增强热塑性塑料(glass mat reinforced thermoplastic, GMT)、片状模塑料(sheet molding compound, SMC)、树脂传递模塑(resin transfer molding, RTM)复合材料等。玻璃纤维增强复合材料属于热塑性复合材料，主要用于车辆结构件和内饰件的制造等。

GMT 是以热塑性树脂作为基体，以玻璃纤维毡作为增强骨架的轻质复合材料，可以由片材半成品直接加工出所需形状产品，成型周期短，生产效率高，加工成本低。国外汽车领域中使用 GMT 制造汽车结构部件，包括仪表盘托架、座椅骨架、发动机护板等；SMC 是一种模压复合材料制品半成品，采用这种材料制造汽车结构件时设计比较灵活，制件的整体性能较好，已大量应用于汽车车身板、结构件和传动器零件上。

1.3.3　复合材料在船舶领域中的应用

复合材料游艇(见图 1.4)已经成为先进复合材料应用的重要领域。与船舶制造所用的传统材料相比，应用复合材料能够显著减重，有效提高船舶性能，减少废气排放，提高燃油效率。另外，采用复合材料制造船体结构可设计性强，能够满足低磁、减震等性能要求，耐腐蚀，耐老化，从而提高船体结构的寿命，因此复合材料是理想的船体制造材料。船体结构所用复合材料主要以聚合物基复合材料为主，由增强材料、树脂和芯层材料复合制备而成。不同类型船舶所应用的复合材料不尽相同，不同类型的纤维如碳纤维和连续玄武岩纤维应用结构不同，不同的树脂也是如此。例如，船舶中最常用的基体树脂是不饱和聚酯树脂，而高性能船舶则一般采用间苯型聚酯树脂。环氧树脂主要用于碳纤维赛艇等主船体，酚醛树脂成本较低，可以用于船体的局部结构。复合材料夹层结构船体常用的轻质高性能结构芯材包括泡沫塑料、轻木和蜂窝材料等[1]。另外，根据应用结构部位功能，复合材料可以分为结构复合材料、声学复合材料、阻尼复合材料、隐身复合材料和防护复合材料等。结构复合材料应用结构包括船舶壳体、舱室隔板、电缆盒等；声学复合材料应用结构包括声呐导流罩、稳定翼、指挥台围壳、舷间隔声器等；阻尼复合材料应用结构包括螺旋桨、推进轴、管路系统等；隐身复合材料应用结构包括围壳顶部、桅杆等；防护复合材料应用结构包括指挥舱、弹药舱、燃油舱等。

图 1.4　复合材料游艇

复合材料在船舶中的应用主要经历了三个阶段：第一阶段，在小型船艇上使用；第二阶段，在大中型船舶上部分使用，复合材料在船舶结构中主要对主承力结构件起到辅助作用；第三阶段，使用复合材料制造主承力结构部件。主承力结构部件完全采用复合材料制造的比较少见。

在船舶应用复合材料初期，复合材料主要应用在小型巡逻艇、扫雷艇和登陆舰船体结构中。由于早期复合材料成型工艺的限制，复合材料结构件质量较差，导致复合材料结构船舶的长度和排水量不能太大。随着先进复合材料与一体化成型技术的发展，大型复合材料船舶开始出现。与金属船体结构形式相比，复合材料船体结构形式更多，包括单板加筋结构、夹层结构、硬壳式结构、波形结构等。不同结构形式的设计对船体的结构性能有很大的影响，所以在复合材料船体结构的设计中对结构形式进行全面对比研究，并在此基础上突破复合材料单板加筋结构一体化设计是研究的重点。

船舶用复合材料也存在一些不可避免的问题，最大的挑战是原材料和制造成本。与金属材料相比，玻璃纤维、碳纤维、泡沫芯材等的价格都比较高。大部分复合材料都是采用树脂浸渍增强材料制造而成，而且缺乏标准化，造成复合材料制造周期长、生产成本高、产品质量难以控制等问题。因此亟须开发新型复合材料制造工艺技术并制定相应的质量标准，从而能够制造质量稳定的复合材料。其次，复合材料在受到冲击、震动时容易发生破坏失效，对复合材料结构是否失效的判断也没有统一的标准和检测的普适工具，所以在复合材料结构设计时要考虑的问题相对金属材料结构更多。复合材料破坏后的可回收性不高，也是制约船舶用复合材料大规模应用的不利因素。

通过应用成本低、性能高的新型先进复合材料，改进结构设计工艺，推动船舶用复合材料由非承力结构向次承力结构、主承力结构发展，逐渐提高复合材料在船舶整体结构应用的比例，从而提高复合材料船舶的综合性能，是复合材料应用于船舶制造的趋势。另外，要对复合材料船舶制造的标准和相应的复合材料船体结构损坏与维修制定统一的标准规范，为复合材料船舶结构设计、应用、维护提供技术支撑，从而扩大复合材料在各类船舶结构上的应用。

1.3.4　复合材料在建筑领域中的应用

随着我国经济持续高速发展，基础设施建设仍然在如火如荼地推进，安全、节能、环保已经成为建筑领域发展的主题。基于复合材料的优异性能，许多复合材料也开始逐渐应用在各类建筑结构中。建筑领域中应用的复合材料主要是非金属基复合材料，包括橡胶、玻璃纤维、石棉纤维、碳纤维等增强复合材料。

玻璃纤维是一种强化纤维的复合结构材料，玻璃纤维主要应用在玻璃钢、玻璃纤维增强水泥板、内外墙保温材料、防水材料、防火材料等。应用结构包括给排水管道、门窗框、采光屋顶、采暖通风管道等。玻璃钢的一个重要用途是制作玻璃钢管道。金属管道需要进行防腐处理，成本较高，预应力钢筋混凝土管道容易出现渗漏等问题，而玻璃钢管道耐腐蚀且内壁光滑，输送阻力小。玻璃纤维增强材料可承受载荷大，性能安全可靠，运营维护成本低。通过采用玻璃钢门窗框，既能够得到和塑钢窗相同的紧固性，还能够得到较高的耐腐蚀、保温与节能性能。玻璃纤维增强水泥是由玻璃纤维和水泥组成的一种水硬性复合材料，其主要特点是强度高、耐火性好、韧性好，易于制成各种形状的建筑构件和制品。

碳纤维复合材料在建筑结构中的应用也非常广泛，包括碳纤维增强混凝土、结构件等。碳纤维增强混凝土是指短纤维或长纤维增强的混凝土材料，主要用于制造外墙墙板，与普通混凝土相比，具有机械性能好、防水渗透性能好的优点，并具有稳定的化学性能。用碳纤维取代钢筋可以减少加强筋的数量，有效减轻结构件的质量，便于施工并提高施工质量。另外，碳纤维还具有振动阻尼特性，能够显著提高建筑结构的抗震性能。将碳纤维加在混凝土中，包括以下几个方面：碳纤维长丝支撑预应力筋，代替钢筋埋置在混凝土中，主要用于海洋工程、大跨度桥梁等；短切碳纤维应用在公路路面和桥梁路面工程和高速公路的防护栏等；将碳纤维复合材料棒材和混凝土制成预制件如碳纤维梁、板等。

石棉纤维复合材料是一种常见的复合材料，在现代建筑中占有很大的比例，主要应用在建筑防火板方面，具有耐热、耐水、耐酸、耐腐蚀等性能。常见的石棉制品包括石棉纤维水泥瓦、石棉水泥板和石棉水泥复合板等。

此外，复合材料在化学领域(制药、造纸、海水淡化等)、能源领域(火力发电、水力发电、风力发电等)、体育娱乐(帆板、球拍等)等领域也得到越来越广泛的应用。随着各种新型复合材料的出现和制备工艺的改进，复合材料在各工业领域中的大规模应用也将继续得到推进，复合材料在现代社会中将扮演越来越重要的角色。

1.4　复合材料连接技术

先进复合材料因其比强度高、比模量高、抗疲劳性能优良和材料铺层可设计性强等特点而成为改善产品性能的关键材料。尽管随着整体化结构的应用，机械连接的构件大幅度减少，但是仍然不可避免地存在分离面的连接问题，其需要传递的载荷更大，因此其连接设计就更为关键。由于工艺水平的限制和使用维护修理的需要，在复合材料结构设计中存在着大量的连接相关问题。复合材料结构大部分的破坏发生在连接部位，连接结构设计是复合材料结构设计的重要部分。扩大复合材料的应用范围，需要解决的关键问题之一就是复合材料连接技术的选择和优化。

常用的复合材料连接方法包括：机械连接、胶接连接、缝合连接、Z-pin 连接、混合连接（机械连接与胶接连接混合、缝合连接与胶接连接混合、胶接连接与Z-pin 连接混合等）。其中只有胶接连接是通过结合材料表面实现连接的方法，其他工艺都是需要预先破坏材料本身的连接。贯穿厚度连接的优点是抗剥离应力和劈裂应力高，而这也是预先破坏材料本身连接的主要缺点。复合材料结构连接中应用最多的是机械连接和胶接连接，缝合连接和 Z-pin 连接仅作为一种辅助手段，能够起到提高连接结构的抗剥离应力的作用。

1.4.1　复合材料机械连接技术

1. 机械连接技术

螺栓连接技术是机械连接方法中比较重要的一种。螺栓连接的特点是在连接件的制造、替换和检修中可以对连接结构反复安装、拆卸。以上特点决定了使用螺栓作为紧固件便于检查结构质量，能够保证连接的可靠性；连接件的制备简单；与胶接连接相比，螺栓连接没有因固化而产生的残余应力；外界环境条件对其干涉比较弱。同时螺栓连接也具有一些缺点：由于复合材料的脆性和层合板的各向异性，在复合材料层合板上钻孔会导致开孔处纤维断裂，容易产生应力集中；由于连接中使用了紧固件，成本有所增加；连接件是铝合金（无涂层）、镀铝或镀铬的钢结构件时，直接与碳纤维复合材料接触会在金属中出现电偶腐蚀，必须采用螺栓连接时，需要加装绝缘层。紧固件材料的电位差应比被连接件材料的电位差小，如钛合金或不锈钢紧固件，并进行湿装配。

复合材料螺栓连接中连接件的组合样式有多种。按有无搭接板（搭接板起连接作用)来分,螺栓连接可以分为对接和搭接两种。按紧固件的受力形式则可以分为单剪连接和双剪连接两种。每种连接形式又可以按照厚度情况分为等厚度和变厚度两类。螺栓连接形式如图 1.5 所示。

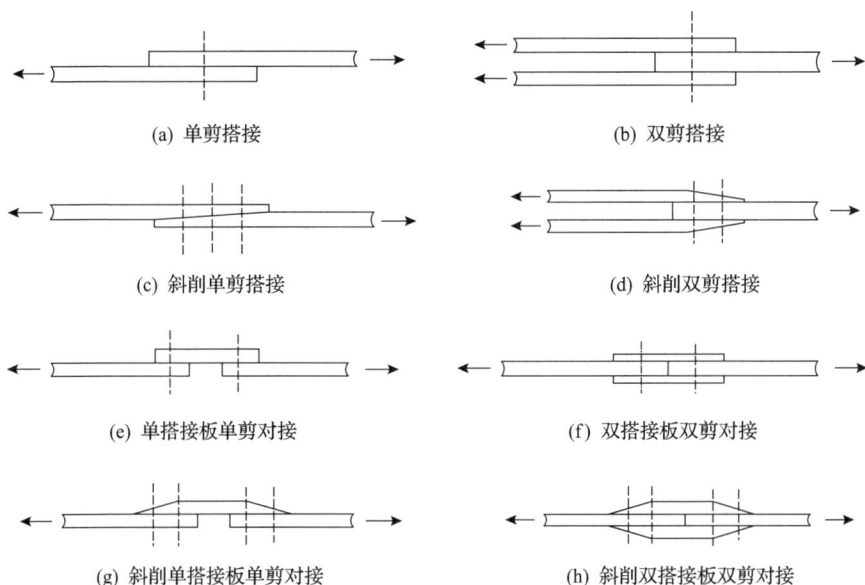

(a) 单剪搭接　　　　　　　　　　　(b) 双剪搭接

(c) 斜削单剪搭接　　　　　　　　　(d) 斜削双剪搭接

(e) 单搭接板单剪对接　　　　　　　(f) 双搭接板双剪对接

(g) 斜削单搭接板单剪对接　　　　　(h) 斜削双搭接板双剪对接

图 1.5　螺栓连接形式

在实际应用中,选择连接形式时需注意以下三方面:

(1)连接设计宜使用双剪连接方式。这是因为采用单剪方式时会产生附加弯矩,从而导致连接件的承载能力和连接效率下降。

(2)不对称连接形式中以单剪形式为例,根据研究与实践经验推荐使用多排紧固件连接,并且排距应尽可能大,使偏心加载引起的弯曲应力尽可能地降到最小。

(3)碳纤维树脂基复合材料的塑性性能较差,会导致多排紧固件连接时各钉的承载分配不均匀。因此,在条件允许的情况下,尽可能使用排数不大于 3 的多钉连接形式。多排紧固件连接时,连接孔的布置需注意:首先应尽量选用平行排列形式,其次尽量避免交错排列形式,以此来提高连接件的强度,尤其是疲劳强度。

复合材料螺栓连接在受力时一般承受拉伸和剪切两种载荷。由于复合材料的拉伸强度较低,一般应避免复合材料机械连接主要承受面外拉伸载荷,也就是避免紧固件受到拉伸载荷作用。影响复合材料螺栓连接拉伸强度的因素有很多,并且影响因素不同其破坏形式也不同,导致复合材料连接设计比金属材料连接设计更复杂。复合材料连接件的破坏分为两部分：连接件破坏，紧固件破坏。两者中发生任意一种就认为整个连接件结构发生破坏失效。连接件的破坏形式包括单一型破坏模式和组合型破坏模式。单一型破坏模式可以从层合板和紧固件两个方面进行分类。层合板单一型破坏模式包括拉伸破坏、剪切破坏、挤压破坏和劈裂破坏等，紧固件单一型破坏模式包括剪切破坏和拉脱破坏等，如图 1.6 所示。

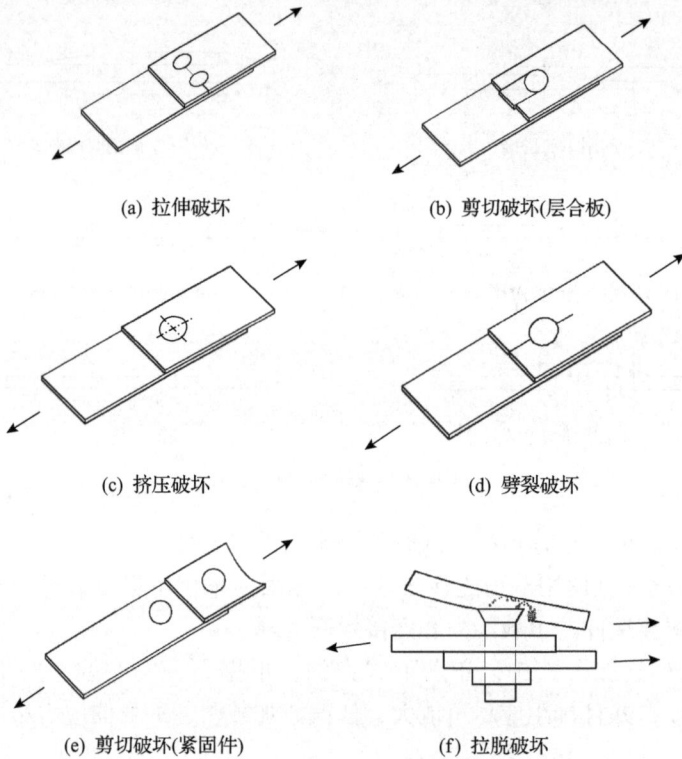

(a) 拉伸破坏　　　　　　　　　　(b) 剪切破坏(层合板)

(c) 挤压破坏　　　　　　　　　　(d) 劈裂破坏

(e) 剪切破坏(紧固件)　　　　　　(f) 拉脱破坏

图 1.6　单一型破坏模式

　　组合型破坏是两个及以上单一型破坏同时发生的破坏模式。例如，拉伸和剪切(或劈裂)同时发生、挤压和拉伸同时发生、挤压和剪切同时发生，以及挤压、拉伸和剪切三者同时发生等。组合型破坏模式如图 1.7 所示。

　　从结构连接的安全性和连接效率的角度考虑，采用单排钉连接时，应尽量避免产生与挤压型破坏有关的组合破坏形式。对于多排钉连接来说，除了承受挤压载荷外还受到旁路载荷的影响，一般为拉伸破坏。

　　为避免复合材料螺栓连接发生低强度破坏，尽量获得较高的拉伸强度。螺栓连接中几何参数比值的选择如表 1.3 所示。

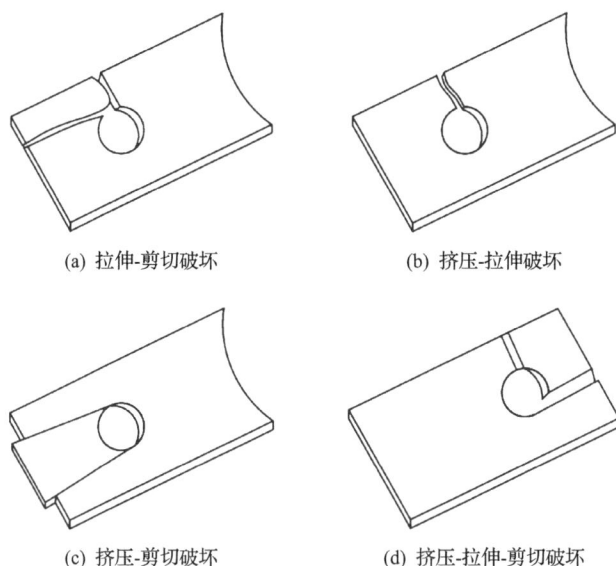

(a) 拉伸-剪切破坏　　　　　　　　　　　(b) 挤压-拉伸破坏

(c) 挤压-剪切破坏　　　　　　　　　　　(d) 挤压-拉伸-剪切破坏

图 1.7　组合型破坏模式

表 1.3　螺栓连接中几何参数比值的选择

列距/孔径	排距/孔径	边距/孔径	端距/孔径	孔径/板厚
≥5	≥4	≥2.5	≥3	1~2

2. 机械连接研究现状

赵琪等[2]针对复合材料制孔中制孔垂直度偏差因素，依据 ASTM 标准建立了有限元仿真模型，研究制孔垂直度对连接强度的影响规律，并通过单向拉伸试验进行了对比验证。研究结果表明，复合材料制孔垂直度偏差会对螺栓连接拉伸强度产生影响。蔡正林等[3]采用真空辅助 RTM 工艺制备玻纤/乙烯基酯(GF/VE)复合材料，分析宽径比、端径比、夹紧扭矩和改性无纺布材料多因素协同对 GF/VE 复合材料单钉双搭接螺栓连接性能的影响。宽径比对复合材料连接拉伸强度的影响大于端径比，宽径比与端径比大于 3 时，复合材料在达到峰值载荷后不会立即失效，而宽径比和端径比小于 3 时复合材料达到峰值载荷后会立即失效。通过 SEM 断口形貌分析发现试样层间断裂面凹凸不平，热塑性薄膜加热熔化后与乙烯基酯树脂发生共混形成颗粒状弥散相，这种现象有利于增强纤维与树脂之间的连接强度。

姜晓伟等[4]针对单钉单剪复合材料螺栓连接，研究了间隙与干涉两种配合方式对连接件刚度的影响及其机制。研究结果表明，对于复合材料单钉单剪螺栓连接，间隙配合导致连接件刚度变小，并且随着间隙量的增加连接件刚度基本呈线性下降。配合方式不同，连接件孔周接触应力峰值方向和厚度方向接触应力分布不均匀的程度不同，进而影响了连接件刚度。唐旭辉等[5]基于 Hashin 失效准则，以复合材料单钉沉头螺栓连接结构为研究对象，建立了螺栓连接结构失效行为的 3D 有限元失效预测模型。针对接触面摩擦系数、螺栓-孔间隙和螺栓预紧力等影响因素进行参数化研究，为连接结构提供了安装设计依据。李想等[6]基于一阶泰勒展开方法提出了一种确定复合材料钉孔间隙的近似算法。将钉载关于钉孔间隙进行一阶泰勒展开，进而建立钉载和钉孔间隙之间的线性方程组。在指定外载荷条件下，以钉载均匀分配时的螺栓载荷为已知量，以钉孔间隙为未知量，计算各钉近似均匀分配时的钉孔间隙。模型分析效率高，对复合材料多钉连接的均匀化设计具有重要的指导意义。

罗书舟等[7]研究了不同胶黏剂胶接连接的 HTS40/977-2 碳纤维层合板单搭接胶接连接件的低速冲击性能，建立了 Araldite AV138、Araldite2015 和 Sikaforce 7752 三种不同胶黏剂胶接连接件低速冲击有限元模型。胶接连接件胶层的失效模式有胶层完全失效和胶层部分失效，都出现了不同程度的层合板层间损伤，并且层间损伤依次减小。研究结果表明，在低速冲击载荷作用下胶接连接件的失效模式和能量吸收与胶黏剂的属性密切相关。胶黏剂的韧度越低，连接件损伤越严重，能量吸收越多；胶黏剂的韧度越高，连接件抵抗损伤的能力越强。那景新等[8]对复合材料粘接结构性能与应用研究现状进行了综述，阐述了粘接结构老化、疲劳及其耦合作用对复合材料粘接强度的影响，总结了单因素和多因素耦合作用下的粘接结构老化机理，根据基础研究归纳了粘接结构强度预测方法和疲劳寿命预测方法，并对未来的研究重点和方向进行了展望。蔡启阳等[9]研究了环境温度和间隙对复合材料-金属混合结构连接钉载分配和拉伸强度的影响，建立了双钉单剪和三钉单剪有限元模型，并在模型中综合考虑了接触、金属塑性和复合材料渐进损伤等因素，研究了不同温度和间隙情况下钉载的分配情况。随着胶接连接技术的进一步发展，对复杂应力状态下胶接连接结构服役性能的有效评估与建立准静态、疲劳和环境退化综合影响的渐进损伤模型将是未来研究的重点。

黄志超等[10]采用碾铆工艺连接铝板与复合材料层合板，分析了垫圈、铆钉预留高度和孔径等对连接结构拉伸强度的影响。研究结果表明，垫圈对连接件的拉伸性能影响较大；随着预留高度增加，连接件的拉伸性能有一定的下降，孔径对连接件性能影响较小。孙涛等[11]采用孔边应力函数获得了失效区域孔边径向正应力、切向正应力和剪切应力的分布，分析了不同失效模式和其所受应力的关系。基于螺栓连接的三维实体有限元模型，将有限元分析的结果和解析法得出的结论进行了比较，发现解析法计算结果和有限元结果吻合良好，验证了复合材料螺栓连接的不同失效模式和其所受应力的关系。为解决碳纤维/树脂复合材料多钉连接结构中钉载分配状态和测试方法不同导致的钉载系数测试分散性不明确的问题，房子昂等[12]提出了基于不确定度理论的钉载系数相对测量不确定度的计算模型，并计算两种测试方法对碳纤维树脂复合材料单剪、双剪连接结构钉载系数的相对测量不确定度。研究结果表明，应变片测试方法中单剪结构钉载系数无法准确测量，双剪结构钉载系数相对测量不确定度通常超过 2.8%；钉载矢量传感器测试方法中，单剪、双剪结构钉载系数均可以测试，且针对任意螺栓数目结构，其钉载系数相对测量不确定度最大不超过 1.5%。

吕佳欣等[13]建立并完善了基于蠕变全应变理论的螺栓连接预紧力松弛预测模型，主要改进包括各蠕变阶段表达式转换为分段形式和修正时-温转换因子的作用方式两方面，采用时-温等效原理获得的长时加速表征试验数据对模型进行验证。研究结果表明，该模型能较好地描述预紧力长期特性，且预测效果比现有的 Shivakumar-Crews 模型和 Hook-Norton 模型更好，从而证明了该模型的准确性和可靠性。王强等[14]为研究 T800 碳纤维增强复合材料沉头螺栓连接结构在受载情况下损伤的萌生、扩展和材料失效行为，对螺栓连接结构进行准静态拉伸试验。利用有限元软件 ABAQUS 建立该结构的三维有限元模型，采用三维 Hashin 失效准则预测复合材料的失效，基于渐进损伤理论提出一种新的材料损伤后刚度逐渐折减方案。研究结果表明，此数值分析方法对结构的失效过程预测与试验结果吻合良好。

在对复合材料连接件的失效情况进行计算分析时，Yamada 等[15]提出了一种层合复合材料失效准则，其显著特点在于使用了以交叉层压形式测量的原位抗剪强度；Hashin[16]基于二次应力多项式建立了单向纤维复合材料的三维失效准则；Chang 等[17]、Lessard 等[18]和 Kim 等[19]分别用 Yamada-Sun 失效准则、Hashin 失效准则等预测基体断裂、纤维基体剪切破坏和纤维断裂。

在工程应用中，复合材料在开孔处及其周围区域的应力集中现象是十分严重的，孔边极易发生破坏，且破坏形式复杂。何柏灵等[20]基于 Tsai-Wu 失效准则，发展了可以判定复合材料面内和层间失效的失效准则。采用幂指数衰减材料退化模型模拟复合材料的损伤扩展过程。建立连续损伤力学模型用以研究 0°铺层比例和螺栓直径对复合材料螺栓连接件挤压性能的影响，预测结果与试验结果吻合。为评估复合材料沉头螺栓连接结构的极限承载和损伤扩展，余芬等[21]建立了复合材料沉头螺栓搭接三维模型，采用虚拟热变形法施加螺栓预紧力，将所选的刚度退化模式与 3D Hashin 失效准则嵌入渐进损伤模型中，建立有限元损伤预测模型，研究不同搭接端距对复合材料沉头螺栓连接结构失效的影响。研究结果表明，搭接端距主要影响连接结构的拉伸强度，基体拉伸损伤首先出现在最底层的 0°铺层，纤维压缩损伤首先出现在锪孔和直孔转折处，失效单元沿施载方向扩展至自由边界失效。为研究复合材料螺栓连接在拉伸载荷作用下的破坏机理，Wang 等[22]利用 ABAQUS/Standard 建立了复合材料螺栓连接的三维渐进损伤模型，研究了不同载荷水平下材料不同层和界面中的损伤发生和扩展。

机械连接相对于其他连接方式应用更为成熟，在连接的强度和可靠性方面有很多明显的优点，但螺栓连接、销钉连接等机械连接在复合材料连接中的应用存在较多缺陷。复合材料与金属材料不同，虽然比强度、比模量更高，但是由于材料组织的特殊性，特别是纤维增强复合材料的塑性和变形性能不够好，并且层状结构对材料开孔、切口更敏感，另外材料的耐高温性能也是一个问题，使得现在工程中运用较多的自冲铆接、无铆铆接、拉铆铆接等铆接方式很难应用于复合材料的连接。因此，可以对复合材料连接方式之一的胶接连接技术进行深入的研究和分析。

1.4.2 复合材料胶接连接技术

复合材料结构的连接设计和强度分析与金属结构不同，其影响因素也远比金属结构复杂，有些方面甚至与金属结构有本质区别。因此，如果仍然沿袭金属结构的连接设计原则和方法，可能会产生极大的误差，对复合材料的应用效率和安全性会造成极大的隐患，甚至可能导致严重后果。例如，复合材料结构连接部位的孔洞切断了纤维，导致孔边应力分布复杂，加之复合材料本身属于脆性材料，孔边的应力集中比较严重；连接件的连接强度与铺叠方式、载荷方向和服役环境等多种因素密切相关；连接件的失效模式多而且强度预测比较困难等。这些特点都使得复合材料结构的连接强度问题变得更为复杂，准确分析其静强度和疲劳强度变得更为困难[23]，同时这些特点也说明复合材料结构的连接强度具有较强的可设计性和研究价值。

机械连接会造成纤维连续性的破坏，在孔受挤压后钉孔被拉长，纤维和基体被压碎并堆积凸起，其挤压破坏强度受多种因素共同影响。与机械连接不同，胶接连接工艺能够在不破坏复合材料的前提下实现连接，其优点很明显：无钻孔引起的应力集中，基本层合板强度不下降；抗疲劳、密封、减振和绝缘性能好；有阻止裂纹扩展的作用，破损后仍具有一定的安全性；能获得光滑气动外形；不同材料连接不存在电偶腐蚀的问题；属于刚性连接。

虽然复合材料胶接连接具有零件数目少，结构轻，连接效率高，抗疲劳性能好等突出优点，但是由于胶接连接质量难以检测和保证，此前的应用大多限制在次要结构。人们总是希望把结构连接的构件数量降到最少，以便提高复合材料结构连接的效率，复合材料结构连接的趋势即是向着无紧固件的方向发展。随着树脂传递模塑、树脂膜熔浸(resin film immersion, RFI)、三维编织和三维机织等整体化新技术的出现，连接构件的数量大大减少。起连接作用的零件和被连接零件也在向单体化方向发展。各类胶黏剂的比较如表 1.4 所示。

表 1.4　各类胶黏剂的比较

胶黏剂	优点	缺点
环氧树脂	工艺性能好,固化收缩性小,化学稳定性好,机械强度高	硬度一般,热强度低,耐磨性差
环氧酚醛	耐热性好,强度高,超低温性能好	需热固化,电性能差
酚醛树脂	热强度高,耐酸性好,价格低,电气性能好	需高温高压固化,成本高,有腐蚀性,收缩率较大
有机硅树脂	耐热、耐寒、耐辐射,绝缘性好	强度低
聚酰亚胺	耐热、耐寒、耐火、耐腐蚀	需高温固化,成本高,有腐蚀性
聚酯树脂	机械和电气特性好、价格低、耐沸水、耐热、耐酸	仅用于次要构件

1.4.3　复合材料混合连接技术

对复合材料进行混合连接,目的是提高结构的安全性,得到比使用单一连接形式情况下更好的连接安全性和完整性。螺栓-胶接(铆接)混合连接是最常见的混合连接方式,可以兼备机械连接和胶接连接的优势,但也可能同时保留二者的缺点。使用紧固件加强胶接连接的强度,既可以阻止和延缓胶层损伤的发展,提高其抗剥离、抗冲击、抗疲劳和抗蠕变等性能;同时也会带来孔应力集中等不利的影响。此外,还有可能会增加质量和连接生产成本。胶接连接的应力集中发生在胶接连接件的端部胶层和胶层附近的复合材料中,而机械连接的应力集中发生在孔附近,说明二者的应力集中出现在不同位置。如果使用混合连接,在缓和胶接连接件端部处的局部应力集中的同时可能又会带来新的应力集中源。总之,混合连接是比较复杂的问题,不仅与胶黏剂和胶接连接件的强度有关,还与紧固件的数量、大小和位置都有关系,混合连接将是结构件连接最新和最前沿的研究方向[24-27]。

影响混合连接结构强度的主要因素包括胶黏剂和胶接连接件的强度,以及紧固件的数量、大小和位置等。混合连接设计时应注意:通常机械连接的变形总是要比胶接连接的变形大,应选用韧性胶黏剂,使胶接连接的变形与机械连接的变形尽可能相协调。要满足这一要求非常困难,要求机械紧固件与孔的配合必须非常精密。在胶层脆性很强的情况下,如果紧固件与孔的配合又不够精密,那么会导致连接件的剪切变形较大,会造成胶层发生剪切破坏,也会导致紧固件发生剪切破坏或孔出现挤压破坏的现象,与预期效果相差甚远。

徐建新等[28]基于 MSC.Patran/Nastran 软件,建立了层压板铆接连接、胶接连接和胶铆混合连接的三维有限元模型,计算得到不同连接方式下的应力场和位移场，分析了不同连接方式可能的破坏形式，得出结论为胶铆混合连接应力分布均匀并且整体性很好。Chowdhury 等[29]对比了螺栓连接、胶接连接和螺栓-胶接混合连接件的静力学和疲劳特性。研究结果表明，相对于螺栓连接和胶接连接的连接件，混合连接件承受的峰值载荷区别不大，但是混合连接件的疲劳寿命却显著提高。黄志超等[30,31]进行了玻璃纤维增强树脂基复合材料碾铆-粘接连接件老化与腐蚀试验，分析温度和腐蚀介质对混合连接件力学性能的影响。研究结果表明，随着保温时间的增加，胶层失效峰值载荷减小。相比于 5%NaCl 溶液，5%NaOH 溶液和 5%HNO$_3$ 溶液对连接件的拉伸性能影响较大。另外，进行了复合材料-铝合金碾铆与螺栓连接试验，分析垫片和胶接连接因素对连接件拉伸强度和能量吸收的影响。研究结果表明，螺栓连接能量吸收值高于碾铆连接件，缓冲吸震能力更强；胶接连接对两种连接件的拉伸强度影响均不大。吴存利等[32]针对复合材料混合连接区内力分布计算问题，提出了基于胶-螺连接典型单元载荷变形曲线内力分布计算方法，为分析类似复合材料层合板胶-螺连接应力与应变提供了参考。郑艳萍等[33]通过数值模拟法探究了复合材料铺层顺序、混合连接结构的宽径比、端径比、孔径比等参数对钛合金-复合材料双钉胶-螺混合连接结构承载能力的影响。研究结果表明，在常用的铺层顺序中，铺层顺序为[45°/0°/–45°/90°]$_{3s}$ 时，混合连接结构的承载能力最好；通过增大宽径比，连接结构的失效载荷会逐渐上升，但是拉伸强度却逐渐下降；在一定范围内，适当增大端径比或孔径比可以提高连接结构的承载能力。Yang 等[34]将摩擦自冲铆接与胶接连接相结合，对比研究了AA7075-T6 铝合金板连接件的成形工艺、显微组织与硬度和力学性能。胶黏剂在连接件成形中起到了润滑作用，但降低了铝板的接触刚度和自锁量。在准静态加载条件下，混合连接件为胶接连接破坏与铆钉拔出破坏组合失效形式，而在相同的循环载荷幅值下，混合连接件具有较好的疲劳性能。

钟小丹等[35]采用有限元方法，对长桁终止端混合连接的载荷传递与连接失效的机理进行了分析。研究结果表明，新型混合连接设计中紧固件提供的法向约束与剪切载荷传递路径能够显著提升终止端结构的起裂载荷；结构的起裂载荷随着胶接连接面的缩短而提高。黄文俊等[36]采用 ABAQUS 软件研究了复合材料层合板端头翻边、胶层厚度、胶层韧性和接触面摩擦系数等因素对螺栓-胶接混合连接性能的影响。黄志超等[37]分析了缝合与未缝合泡沫夹层复合板泡沫厚度、缝合密度等参数对材料弯曲性能的影响。研究结果表明，随着泡沫夹芯厚度增加，材料弯曲强度和最大弯曲正应力减小；与未缝合泡沫板相比，缝线树脂柱的支撑作用能显著提高缝合泡沫板的弯曲强度。Li 等[38]采用试验与数值模拟相结合的方法，研究了 CFRP/7075 铝合金盲铆连接公差对连接件性能的影响。研究结果表明，虽然干涉配合连接件在插入过程中会引起孔周围的材料损伤，但与间隙配合条件相比，CFRP/7075 铝合金盲铆连接件的拉伸强度有所提高。此外，还研究了铆钉安装过程中 CFRP 的损伤演化与连接件在拉伸载荷作用下的破坏形式。

1.4.4　金属材料连接技术

针对不同类型材料必然会存在一种综合性能较优的连接方法。因此，设备结构设计人员需要熟悉常用材料的性能，能够根据连接结构的功能和要求采取适宜的连接方法，实现其功能性和经济性的平衡。

金属材料常用的连接方法包括机械变形连接、焊接连接、胶接连接等。其中机械变形连接技术主要利用连接材料本身的冷变形成形性质，通过外加作用力使连接材料产生局部变形，从而将材料连接在一起。机械变形连接技术与其他连接方法相比，在经济性、可靠性、适用性方面有一定的优势。采用焊接能够得到牢固可靠的连接件，成本也比较低，但是对于可焊性差的薄铝板、非金属、黑色金属之间的焊接连接，则需要预先涂层，甚至无法得到满足强度要求的焊接结构。

胶接连接一般可以用于连接铝合金构件，能够得到较高的静强度和疲劳强度性能，但高温时易发生大变形，外观成形质量差，低温时则胶层容易冷脆，胶体本身老化问题等无法避免。螺栓连接拆卸方便，可以连接任何材料，但连接处易发生松动，密封性比较差，需要定期进行紧固。传统的铆接工艺需要预先钻孔，再使用铆钉进行连接，使得连接工艺复杂、效率低，并且铆接后表面有凸起(外观差)，因此传统铆接工艺有一定的局限性。

机械变形连接技术种类较多，根据连接处结构形式可以分为点连接、线连接和面连接。所谓点连接是指材料在连接成形以后连接处是一种点结构，成形区域较小，连接件在受力时应力主要集中在成形点区域。自冲铆接连接即是一种典型的点连接工艺，不需要在连接处预先钻孔，而是利用铆钉自身的中空或半中空结构穿入板材形成自锁紧固连接，或使连接件自身变形得到连接结构。由于自冲铆接工艺是一种机械自锁连接，与点焊等熔融连接相比更适于连接不同材质与不同厚度的层合板，连接过程基本不会产生热量，耗能低，对环境影响小。与传统铆接工艺相比，自冲铆接连接效率更高，因而得到迅速发展。

针对半空心铆钉自冲铆接结构的性能分析和优化，Huang 等[39,40]采用多种异形铆钉对铝合金等轻金属材料进行自冲铆接连接，分析了铆钉结构、尺寸和参数匹配对连接件成形质量的影响，并通过静力学性能试验研究各工艺参数对自冲铆接结构静力学性能的影响权重。

魏文杰等[41]研究了 DP780/AA6061 薄板不同搭接顺序自冲铆接连接件的疲劳性能，发现在连接件上板近端与下板末端、上板近端与下板远端和铆钉与下板近端接触区域均存在微动磨损，两种连接件的疲劳失效模式分别为铆钉断裂和下板断裂。毛晓东等[42]对 5182-O 铝合金自冲铆接连接件组织、拉伸强度和吸能特性进行了分析。随着铆钉长度的增加，连接件的拉伸强度、吸能呈现先提高后降低的变化趋势，铆接连接件变形区受到强烈的剪切作用，板材组织由等轴晶变为细长的变形组织，晶粒发生拉长、破碎，产生不同程度的位错和亚结构。受剪切作用影响，上下板硬度大致呈 M 形分布。

Kotadia 等[43]研究了腐蚀环境对 5182 铝板与锌铝镁合金自冲铆接连接件机械性能及其退化特性的影响。研究结果表明，涂层类型和前处理对连接件的剪切性能和破坏机制有显著影响。Kang 等[44]制备 AZ31 镁合金-SPCC 钢板十字搭接自冲铆接件，分析了 0°、45°、90°载荷角度下连接件的疲劳强度，若设置疲劳极限循环周次为 10^6 次，则三种角度自冲铆接件的疲劳比（疲劳极限/静强度）分别为 22%、13%、9%。自冲铆接件的疲劳裂纹均出现在铆钉、上板、下板接触区域。Ahmed 等[45]分析了 AA6061-T6 和 AA5052-H32 铝合金板 H 型结构胶接连接件、自冲铆接连接件和混合连接件的拉伸强度、刚度和能量吸收特性。胶接连接件拉伸强度和刚度均高于自冲铆接连接件，而自冲铆接连接件的能量吸收值更高，3mm 薄板混合连接件拉伸强度和刚度低于胶接连接件，而 1mm 和 2mm 薄板混合连接件拉伸强度和刚度与胶接连接件相当，其能量吸收特性得到了改善。

黄志超等[46]开展 TA1 钛合金自冲铆接连接件疲劳性能与失效机理研究，分析应力比与载荷等级水平对连接件疲劳性能的影响，并通过扫描电镜分析循环载荷作用下自冲铆接连接件微动磨损和疲劳微裂纹的萌生与扩展，并对钛合金自冲铆接铆钉与基材疲劳失效竞争机制展开分析。Jiang 等[47]采用电磁自冲铆接技术研究了不同端角、内径和高度铆钉对碳纤维复合材料/铝和钢/铝自冲铆接成形质量和力学性能的影响。研究结果表明，铆钉的结构参数对自冲铆接成形与力学性能影响较大。

Huang 等[48,49]采用管状铆钉与实心铆钉进行铝合金的自冲铆接连接，通过数值模拟与试验结合分析工艺参数对连接件成形质量与力学性能的影响，得到性能优化的参数组合。Zhuang 等[50]建立了 5754 铝合金-Q235 钢 T 型自冲铆接有限元模型，进行剥离工况下的连接件拉伸失效过程仿真，并与试验结果对比验证。研究结果表明，铝-钢连接件加载侧钉脚和钉头区域易产生应力集中，钢-铝连接件加载侧钉头边缘和钉脚内壁区域易产生应力集中。

参 考 文 献

[1] 冯利军, 程正冲, 李伏. 船用复合材料应用现状及发展. 装备环境工程, 2017, 14(5): 51-55.
[2] 赵琪, 陶建峰. 制孔垂直度偏差对复合材料螺栓连接强度的影响规律研究. 传动技术, 2017, 31(3): 32-37.
[3] 蔡正林, 马鹏, 李进, 等. 多因素协同对 GF/VE 复合材料螺栓连接强度的影响研究. 复合材

料科学与工程, 2020, (12): 54-58.

[4] 姜晓伟, 曾建江, 曾昭炜, 等. 配合方式对复合材料单钉单剪螺栓连接接头刚度的影响及其机制. 复合材料学报, 2016, 33(3): 589-596.

[5] 唐旭辉, 张顺琦, 应申舜, 等. 复合材料螺栓连接结构的失效行为. 上海大学学报(自然科学版), 2019, 25(4): 502-515.

[6] 李想, 谢宗蕻. 复合材料多钉连接钉载分配均匀化的泰勒展开方法. 哈尔滨工业大学学报, 2019, 51(11): 108-115.

[7] 罗书舟, 陈超, 伍乾坤, 等. 复合材料单搭接胶接接头低速冲击数值模拟. 振动与冲击, 2019, 38(1): 142-148, 186.

[8] 那景新, 王广彬, 庄蔚敏, 等. 复合材料粘接结构强度与环境耐久性综述. 交通运输工程学报, 2021, 21(6): 78-93.

[9] 蔡启阳, 赵琪. 环境温度和间隙对复合材料-金属混合结构机械连接钉载分配的影响. 复合材料学报, 2021, 38(12): 4228-4238.

[10] 黄志超, 张永超, 彭熙琳, 等. 铝板与复合材料板碾铆连接质量的影响因素. 中国机械工程, 2015, 26(23): 3221-3227.

[11] 孙涛, 周金宇, 臧杰. 复合材料螺栓连接失效分析. 机械设计与制造, 2019, (8): 168-171.

[12] 房子昂, 赵丽滨, 刘丰睿, 等. 碳纤维/树脂复合材料多钉连接钉载系数测试方法. 复合材料学报, 2019, 36(12): 2795-2804.

[13] 吕佳欣, 肖毅. 复合材料螺栓连接预紧力松弛的改进预测模型. 工程力学, 2018, 35(10): 229-237.

[14] 王强, 贾普荣, 张龙, 等. 碳纤维增强复合材料沉头螺栓连接失效分析. 航空材料学报, 2020, 40(6): 59-70.

[15] Yamada S E, Sun C T. Analysis of laminate strength and its distribution. Journal of Composite Materials, 1978, 12(2): 75-84.

[16] Hashin Z. Failure criteria for unidirectional fiber composites. Journal of Applied Mechanics, 1980, 47(3): 29-34.

[17] Chang F, Chang K. A progressive damage model for laminated composites containing stress concentrations. Journal of Composite Materials, 1987, 21(8): 34-55.

[18] Lessard L B, Shokrieh M M. Two-dimensional modeling of composites pinnes-joint failure. Journal of Composite Materials, 1995, 29(6): 71-97.

[19] Kim S J, Hwang J S, Kim J H. Progressive failure analysis of pin loaded laminated composites using penalty finite element method. AIAA Journal, 1998, 36(1): 75-80.

[20] 何柏灵, 葛东云. 复合材料连续损伤力学模型在螺栓接头渐进失效预测中的应用. 复合材料学报, 2020, 37(8): 2065-2075.

[21] 余芬, 刘国峰, 何振鹏, 等. 碳纤维增强复合材料沉头螺栓搭接结构强度及渐进损伤分析.

复合材料科学与工程, 2021, (11): 12-20.

[22] Wang J, Qin T, Mekala N, et al. Three-dimensional progressive damage and failure analysis of double-lap composite bolted joints under quasi-static tensile loading. Composite Structures, 2022, (285): 115227.

[23] Choi I H, Lim C H. Fatigue strength of composite joint structures reinforced by jagged shaped stainless steel Z-pins. Journal of the Korean Society for Aeronautical & Space Sciences, 2013, 41(12): 967-974.

[24] Bodjona K, Raju K, Lim G, et al. Load sharing in single-lap bonded/bolted composite joints. Part I: Model development and validation. Composite Structures, 2015, (129): 268- 275.

[25] Xing P, Yu H. Tension-tension fatigue behavior and its modelling for life estimation of rivet-bonding CFRP/CFRP single lap joints. Composite Structures, 2021, (2): 114367.

[26] Li X, Cheng X, Cheng Y, et al. Tensile properties of a composite-metal single-lap hybrid bonded/bolted joint. Chinese Journal of Aeronautics, 2021, 34(2): 12.

[27] 邹鹏, 倪迎鸽, 毕雪, 等. 胶螺混合连接在复合材料结构中的研究进展. 航空工程进展, 2021, 12(1): 1-12.

[28] 徐建新, 于学民, 陈文俊, 等. 胶铆混合连接复合材料层合板结构的弹性分析. 中国民航大学学报, 2013, 6(31): 49-54.

[29] Chowdhury N M, Wang J, Chiu W K, et al. Static and fatigue testing bolted, bonded and hybrid step lap joints of thick carbon fibre/epoxy laminates used on aircraft structures. Composite Structures, 2016, 142(1): 96-106.

[30] 黄志超, 何俊华, 冯佳. 复合材料-铝合金碾铆与螺栓连接强度对比分析. 玻璃钢/复合材料, 2017, (9): 58-62.

[31] 黄志超, 何俊华, 冯佳. 玻璃纤维增强树脂基复合材料碾铆-粘接接头老化和腐蚀性能研究. 玻璃钢/复合材料, 2017, (11): 50-55.

[32] 吴存利, 万春华, 郭瑜超. 复合材料结构胶-螺连接区域内力分布计算及与试验对比研究. 玻璃钢/复合材料, 2019, (9): 44-51.

[33] 郑艳萍, 李明坤, 熊勇坚, 等. 复合材料双钉胶-螺混合连接结构参数对失效载荷的影响. 复合材料科学与工程, 2021, (4): 18-27.

[34] Yang B, Shan H, Liang Y, et al. Effect of adhesive application on friction self-piercing riveting (F-SPR) process of AA7075-T6 aluminum alloy. Journal of Materials Processing Technology, 2022, (299): 117336.

[35] 钟小丹, 陈普会. 复合材料加筋壁板长桁终止端混合连接设计分析. 复合材料学报, 2013, 6(30): 197-202.

[36] 黄文俊, 程小全, 武鹏飞, 等. 复合材料混合连接结构拉伸性能与影响因素分析. 北京航空航天大学学报, 2013, 10(39): 1408-1413.

[37] 黄志超, 程梁. 未缝合与缝合玻纤泡沫夹层复合板弯曲性能研究. 塑料工业, 2018, 46(8): 89-94.

[38] Li S, Zhang S, Li H, et al. Numerical and experimental investigation of fitting tolerance effects on bearing strength of CFRP/Al single-lap blind riveted joints. Composite Structures, 2022, (281): 115022.

[39] Huang Z, Xue S, Lai J, et al. Self-piercing riveting with inner flange pipe rivet. Procedia Engineering, 2014, 81: 2042-2047.

[40] Huang Z, Yao Q, Lai J, et al. Developing a self-piercing riveting with flange pipe rivet joining aluminum sheets. The International Journal of Advanced Manufacturing Technology, 2017, 91: 2315-2328.

[41] 魏文杰, 何晓聪, 张先炼, 等. DP780/AA6061 薄板自冲铆接头微动损伤特性. 机械工程学报, 2020, 56(6): 169-175.

[42] 毛晓东, 刘庆永, 李利, 等. 5182-O 铝合金板材自冲铆接工艺参数对接头组织和性能的影响. 中国有色金属学报, 2021, 31(5): 1239-1252.

[43] Kotadia H, Rahnama A, Sohn I, et al. Performance of dissimilar metal self-piercing riveting joint and coating behavior under corrosive environment. Journal of Manufacturing Process, 2019, (39): 259-270.

[44] Kang S H, Han D W, Kim H K. Fatigue strength evaluation of self-piercing riveted joints of AZ31 Mg alloy and cold-rolled steel sheets. Journal of Magnesium and Alloys, 2020, (8): 241-251.

[45] Ahmed H, Duane S. Mechanical testing of adhesive, self-piercing rivet, and hybrid jointed aluminum under tension loading. International Journal of Adhesion and Adhesives, 2022(113): 103066.

[46] 黄志超, 宋天赐, 赖家美. TA1 钛合金自冲铆接接头疲劳性能及失效机理研究. 焊接学报, 2019, 40(3): 41-46.

[47] Jiang H, Gao S, Li G, et al. Structural design of half hollow rivet for electromagnetic self-piercing riveting process of dissimilar materials. Materials and Design, 2019, (183): 1-10.

[48] Huang Z, Yao Q, Jiang N, et al. Numerical simulation and experiment of self-piercing riveting with solid rivet joining multi-layer aluminum sheets. Materials Science Forum, 2009, (628-629): 641-646.

[49] Huang Z, Fan K, Yao Q, et al. Numerical simulation and experimental analysis of riveting with pipe rivet. Advanced Science Letters, 2011, 4(3): 686-690.

[50] Zhuang W, Liu Y, Wang P, et al. Simulation on peeling failure of self-piercing riveted joints in steel and aluminum alloy dissimilar sheets. Journal of Jilin University (Engineering and Technology Edition), 2019, 49(6): 1826-1835.

第 2 章　树脂基复合材料螺栓连接工艺

纤维增强树脂基复合材料(以下简称复合材料)因其自身具有强度高、质量轻和耐腐蚀等良好性能,在汽车、飞机等领域中的应用范围持续扩大。复合材料之间的连接和复合材料零部件与金属零件的连接问题随着其应用范围的扩大而日渐明显,常用的金属零部件之间的连接方法如焊接等已经无法满足复合材料连接的需求。复合材料具有的各向异性、脆性及其非均质性的特点使复合材料连接问题变得更加复杂。

通过对树脂基复合材料螺栓连接技术进行研究,能够更好地了解复合材料在受到单向拉伸载荷作用时连接件的破坏模式。通过试验法探究复合材料层合板单搭接结构的几何尺寸和垫圈类型等因素与连接件拉伸强度的关系;并借助三维动态变形测量系统采用数字图像相关(digital image correlation, DIC)方法对两钉连接和三钉连接形式中各钉钉载进行计算分析。除此之外,对紧固件的不同布置形式进行对比分析,得到力学性能较好的布置形式,进而为螺栓连接技术在复合材料连接中的应用提供理论参考。

2.1　复合材料机械连接的设计与分析方法

2.1.1　复合材料机械连接的设计

1. 机械连接影响因素

影响复合材料机械连接件拉伸强度的因素在数量上比金属材料机械连接多很多,在了解这些因素的基础上,在设计中对其加以考虑是很重要的。这些因素可以归纳为以下五种。

1)材料参数

材料参数包含纤维材料的类型、取向和形式(单向带或编织布),树脂基体材料的型号、体积含量,纤维铺层的比例、顺序。树脂可以分为环氧、酚醛、聚酯、聚乙烯等多种。铺层顺序是复合材料特有的影响其力学性能的参数,在铺层角度中±45°层比例对层压板的挤压强度具有重要影响,0°层、90°层也会影响挤压强度,将90°层置于外表面会导致复合材料层合板的承载能力变差。

2)连接几何形状参数

连接几何形状参数主要是指连接形式(搭接或对接、单剪或双剪等)、几何尺寸(排距与孔径的比值、列距与孔径的比值、端距与孔径的比值、边距与孔径的比值、厚度与孔径的比值等)、螺栓孔的排列形式等。

3) 紧固件参数

紧固件参数包括紧固件类型(主要包括螺栓、铆钉等)、紧固件尺寸、垫圈尺寸、预紧力矩和紧固件与孔的配合精度。挤压强度的大小对层压板厚度方向上的预紧力矩较为敏感,对机械连接件施加预紧力矩可以提高层压板的承载能力;沉头孔对较薄的层压板挤压强度有明显影响,影响程度随板厚的增加而减小。

4) 载荷因素

载荷因素侧重于所施加的载荷类型(静载荷、动载荷或疲劳载荷等)、施加载荷的方向和加载的速率。对于具有各向异性特点的复合材料来讲,钉载方向与层压板 0°纤维方向的夹角大小将影响连接强度,随着±45°层比例的增加,载荷方向偏向角对挤压强度的影响逐渐减弱。

5) 环境因素

环境因素包括常见的温度、湿度等,以上条件主要对复合材料层压板中纤维与基体性能产生影响,从而在一定程度上影响成形后的结构连接强度。

2. 机械连接设计的一般准则

复合材料元件之间或者复合材料元件与金属元件之间的机械连接,与普通金属元件之间的机械连接方式类似,包括螺栓连接、铆钉连接、销钉或螺钉连接。

复合材料螺栓连接的一般设计原则:

(1)要满足连接强度要求。在选择合适的边距和端距的基础上,还应满足设计者对连接件的挤压强度和拉伸强度的要求。

(2)采用具有拉伸头的紧固件。一般只允许很小量的过盈配合,但尽量不采用这种配合。

(3)采取防止钉孔孔壁磨损的措施。

(4)满足抗电化学腐蚀的要求。

(5)满足连接件的可靠性和疲劳寿命的要求。

(6)连接系统的成本要低。

(7)连接系统应便于加工制造和装配。

(8)便于维修。

(9)满足破损-安全要求。

(10)要考虑连接件所处的环境条件对其影响和设计者的特殊要求。例如,油箱部分要耐介质浸蚀、防泄漏;在工作环境温度较高的情况下,连接件必须要耐高温等。

多钉连接设计原则如下：

(1)首先设计连接区，然后扩展到基本结构。应对连接区的纤维铺叠方式进行优化设计，设计的原则是使连接传递的总载荷最大而不是周边结构的应变最大。

(2)各排钉的承载比例主要与连接件的相对刚度有关，为使多排钉连接承载比例比较均匀，应尽量使连接件的刚度相近；紧固件的刚度也有一定影响。

(3)为提高多排钉连接的承载能力，应对工艺参数进行优化筛选。采取变钉径、变厚度等措施，以便降低最大承载孔的挤压应力。采用斜削的搭接板可以使螺栓载荷分布更加趋于合理，包括降低第一排螺栓承受的载荷，这种连接方式效率较高，其他连接方式效率较低。但采用复合材料斜削搭接板时应注意采用斜削的垫圈，不可采用局部铣的方法铣出一个平台来安装螺栓和螺母，因为这种加工方法可能使加工表面产生小裂纹。

(4)即使对于相同的材料和铺层，上下搭接板的总厚度也应稍微大于中间蒙皮的厚度。其目的是使搭接板的应力低于蒙皮的应力，防止搭接板分层破坏；否则破坏总是发生在搭接板处。无论在受拉或受压情况下，在整个厚度上是否有夹持对其强度有较大影响。与被搭接板夹在中间的蒙皮相比，位于两侧的搭接板要弱一些。

(5)避免蒙皮加强。从成本和蒙皮可修理性两方面考虑，应避免蒙皮加强。

(6)连接件连接强度对连接结构的几何形状、采用的纤维和树脂类型相当敏感，但对在最佳设计的纤维铺层范围内的微小变化不太敏感。对于碳纤维层合板多排单列连接排距/孔径或多列连接列距/孔径的最佳值为4～5。

(7)连接设计要正确考虑紧固件直径/板厚比值，以保证紧固件不是受力的薄弱环节。由于螺栓弯曲弹性变形的增大导致夹持力的减小和挤压应力许用值的明显降低，要尽可能地避免应力集中。因此，不能仅仅根据由常规的拉伸强度来选择紧固件尺寸从而使质量降至最小的原则，还应当考虑紧固件的刚度。

(8)采用通过衬套实现紧固件干涉配合的连接，与衬套相同外径的螺栓连接相比，强度并未增大，一般还稍有降低。这是因为干涉配合带来的钉载分配改善的优势被螺栓弯曲所抵消。

(9)材料选择应遵循扬长避短的原则，不宜采用复合材料的零件应采用金属。例如，斜削搭接板宜采用金属。若受拉伸多排钉连接件采用复合材料斜削搭接板，斜削元件采用凸头紧固件，在螺栓头和螺母下面将斜削的纤维复合材料层压板弄平会产生危险的剥离应力和局部应力集中，连接件也会由于高剥离应力和层间应力而过早失效。

如采用斜削垫圈将增加成本和装配工艺的复杂性。为方便紧固件的安装，采用在斜削表面上局部弄平的金属搭接板，工艺简单，成本低，而且避免了潜在的破坏模式[1]。

2.1.2 机械连接静力分析

复合材料螺栓连接的静力分析包括：

(1)由设备总体结构分析确定机械连接结构所受的外力。

(2)由机械连接结构所受的外力确定各个钉孔处的挤压载荷和旁路载荷。

(3)进行细节分析，得到钉孔区域的应力，利用材料的失效准则或半经验破坏包线评定机械连接强度。

本节内容包括两部分：单钉连接拉伸强度和多钉连接拉伸强度的分析和计算方法；钉载分配的计算方法。其中单钉连接主要介绍理论分析方法，而多钉连接则主要介绍经验方法和多排钉连接钉载分配的经典刚度计算方法和理论分析方法。以上分析方法可以用于连接件的初步设计，为了证实理论分析的正确性，确保结构的完整性，对于重要的机械连接，还应进行试验验证。

1. 单钉连接分析方法

单钉连接的理论分析方法主要有解析法和有限元法两种，其考察的内容包括应力分析和强度估算两方面。首先根据作用在连接件上的挤压载荷和旁路载荷，计算钉孔附近的应力或应变分布情况；然后选择合适的失效准则和特征曲线估算连接件的强度和破坏模式。

这里介绍的计算方法只限于讨论平面应力情况，假设应变沿厚度方向为常数，销钉无限刚硬，且不考虑层间应力。

1)有限元法

单钉双剪连接计算模型如图 2.1(a)所示。层压板铺层方向可以任意选取，但必须关于平面 $z=0$ 对称。板关于 x 轴对称，孔位于板中心。外力与板平行，并对称于中线。

由于对称性，可以只取二分之一板，对称面按铰支处理，采用四节点等单元，有限元网格划分如图 2.1(b)所示。

计算中做以下假设：

(1)材料为线弹性。

$$\sigma_{ij} = E_{ijkl}\varepsilon_{kl} \tag{2.1}$$

$$\varepsilon_{kl} = \frac{1}{2}\left(\frac{\partial u_k}{\partial x_l} + \frac{\partial u_l}{\partial x_k}\right) \tag{2.2}$$

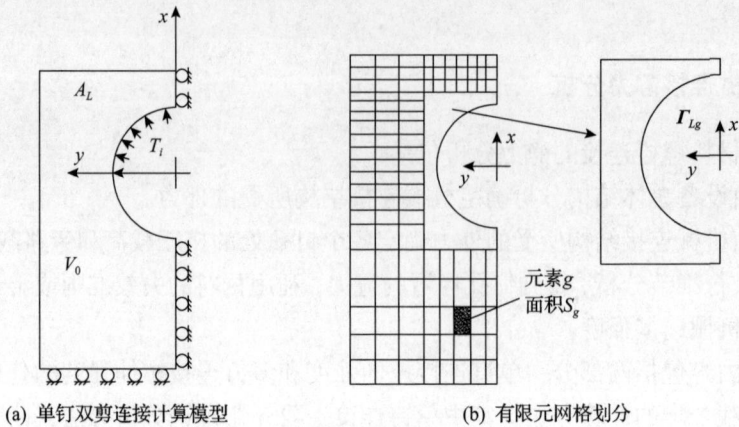

(a) 单钉双剪连接计算模型　　　　　(b) 有限元网格划分

图 2.1　有限元法

(2) 作用在孔半周上的销钉力服从余弦分布，即

$$T_i = -\frac{4P}{\pi D} n_i \cos\theta \tag{2.3}$$

(3) 每个单元的位移可以用节点位移表示：

$$u_i = N_\alpha q_{i\alpha}, \quad \alpha = 1, 2, 3, 4 \tag{2.4}$$

式中，N_α 为形状函数；$q_{i\alpha}$ 为节点 α 在 i 方向的位移。

由平衡方程和边界条件，应用虚功原理，可以得到有限元计算的基本方程

$$\bar{K}_{i\beta k\alpha} q_{k\alpha} = \bar{F}_{i\beta} \tag{2.5}$$

$$\bar{K}_{i\beta k\alpha} = \sum_{g=1}^{M} K_{i\beta k\alpha}^g \tag{2.6}$$

$$\bar{F}_{i\beta} = \sum_{g=1}^{M} \int_{\Gamma_{Lg}} -4\frac{P}{\pi D} n_i N_\beta \cos\theta \mathrm{d}\Gamma \tag{2.7}$$

$$K_{i\beta k\alpha}^g = \int_{s_g} E_{ijkl} N_{\alpha,i} \mathrm{d}s \tag{2.8}$$

$\bar{K}_{i\beta k\alpha}$ 和 $\bar{F}_{i\beta}$ 是已知的，可以用高斯消去法求出点位移 $q_{k\alpha}$，然后代入式 (2.4) 求出单元位移 u_i，应力和应变随之由式 (2.1) 和式 (2.2) 求得。

上述方法进一步考虑大变形和剪切应变的非线性，对不同失效模式采用不同的失效准则。

2) 解析法

销钉挤压计算模型如图 2.2 所示。在销钉载荷 P（合力）作用下的均质正交各向异性板，载荷 P 的方向与 x 轴一致。设销钉无限刚硬，钉径与孔径一致，均为 r_0。

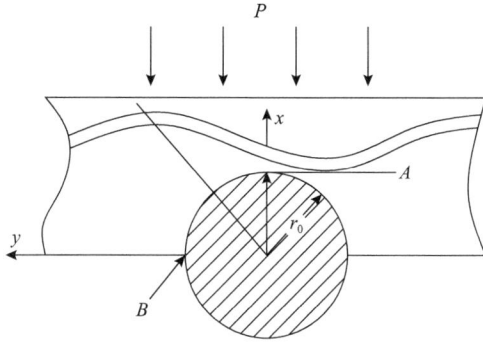

图 2.2　销钉挤压计算模型

用复变函数法计算含钉载孔均质正交各向异性半无限大板受压缩载荷时的应力，然后把结果推广到实际结构中经常遇到的其他受载情况。这种方法的优点是能得到孔边应力的封闭解析表达式，不需要假设钉载的分布类型，可以方便地计算与分析铺层、板宽、摩擦系数、旁路载荷和载荷类型等多种参数对应力分布的影响。得到的销钉位移表达式还可以用于最大变形准则估算挤压强度。当钉载合力与层压板弹性主轴不一致时，可以方便又比较精确地计算出销钉位移方向与载荷方向的夹角，这对多钉连接载荷分配计算十分重要。

复变函数法对板宽的修正是由无限大开孔板引申得到的，因此，只有当排距超过 4 倍孔径时才能够得到较好的精度。

这种方法能考虑到钉孔之间的摩擦力对拉伸强度的影响情况。摩擦力改变了板的应力分布，因而也影响了连接强度。一般来说，对于常用连接的铺层范围，摩擦系数小于 0.2 时，摩擦力将对拉伸强度产生有利的影响。螺栓与树脂基复合材料孔之间的摩擦系数可以取 0.2。

对于层压板结构，求出的应力实际上是沿板厚的平均值。可以由这一组值根据层压板的弹性模量求出层压板相应点的三个应变，然后由各层的模量就可以求出各层相应点的应力。

2. 多钉连接分析方法

螺栓连接由于其连接可靠和承载能力大等优点，在复合材料重要受力结构中有广泛应用。与各向同性塑性材料螺栓连接相比，复合材料螺栓连接涉及的参数更多，加之复合材料螺栓连接结构在破坏时既非完全弹性又非完全塑性的行为，从而使复合材料螺栓连接结构分析存在一定的难度。

机械连接的经验方法在飞机工程界应用广泛。该方法可以回避不少难以考虑的因素，方法简单，且便于工程应用。经验方法的缺点是适用的层压板范围有限，并需要较多的试验数据作为支撑。

本节以经验方法为主，介绍经验方法在多钉连接中的应用。单钉或单排钉连接时，只利用螺栓载荷就能唯一确定连接破坏形式。但对于多排钉来说，在载荷更复杂的情况下，必须考虑钉(挤压)载荷和旁路载荷的组合作用，否则是没有意义的。下面以拉伸载荷情况为例，对于压缩载荷情况等本节不再详述。

拉伸载荷作用下挤压应力和旁路应力的相互干涉如图 2.3 所示。斜线段代表拉伸破坏，即

$$K_{bc}\sigma_{br} + K_{tc}\sigma_{net} = \sigma_b \tag{2.9}$$

平直线代表挤压破坏，即

$$\sigma_{br} = \sigma_{bru} \tag{2.10}$$

式中，K_{bc} 为受载孔挤压应力集中减缩系数；K_{tc} 为开孔拉伸应力集中减缩系数；σ_b 为光滑层压板拉伸应力；σ_{br} 为受载孔的挤压应力；σ_{bru} 为挤压破坏应力；σ_{net} 为由旁路载荷引起的净截面拉伸应力。

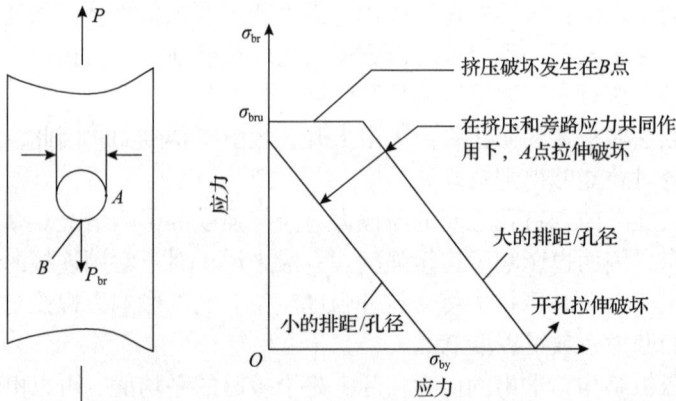

图 2.3 拉伸载荷作用下挤压应力和旁路应力的相互干涉

3. 钉载分配比例计算方法

计算复合材料螺栓连接中各钉载荷分配比例的方法主要有两种：一是经典的刚度方法，二是有限元法。刚度方法较为简便，适用于各钉的排列方式比较规则的连接中，有限元法则适用于形状较为复杂多变的机械连接。与金属材料机械连

接相比，复合材料机械连接问题的不同之处在于：①复合材料层合板的刚度和强度与所施加载荷的方向密切相关；②碳纤维热固性树脂基复合材料层合板从开始承载一直到破坏均表现出近似线弹性行为，几乎没有载荷重新分配的能力。

1)单排钉连接

单排钉连接是最简单的多钉连接形式，有以下三种情况。

(1)载荷垂直于钉排(见图 2.4)。

每个钉的载荷都等于单位长度作用下的载荷与钉间距的乘积，即

$$P_{bm} = N_x S \tag{2.11}$$

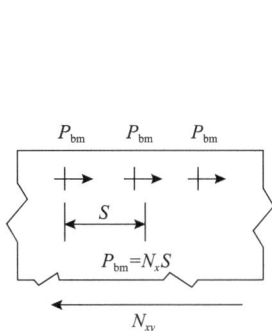

(2)载荷平行于钉排(见图 2.5)。

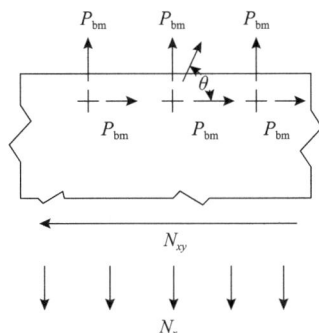

每个钉的载荷计算公式为

$$P_{brs} = N_{xy} S \tag{2.12}$$

(3)纵向和剪切复合加载(见图 2.6)。

每个钉的载荷计算公式为

$$P_{br} = \sqrt{P_{bm}^2 + P_{brs}^2} \tag{2.13}$$

钉载方向：

$$\theta = \arctan \frac{P_{bm}}{P_{brs}} \tag{2.14}$$

单排钉连接的载荷全部由钉承受，不存在旁路载荷。

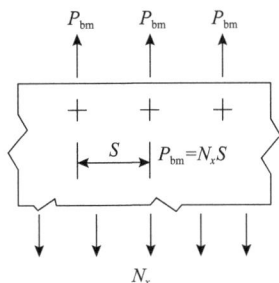

图 2.4　载荷垂直于钉排　　图 2.5　载荷平行于钉排　　图 2.6　纵向和剪切复合加载

2)多排单列钉连接

多排单列钉连接如图 2.7 所示。

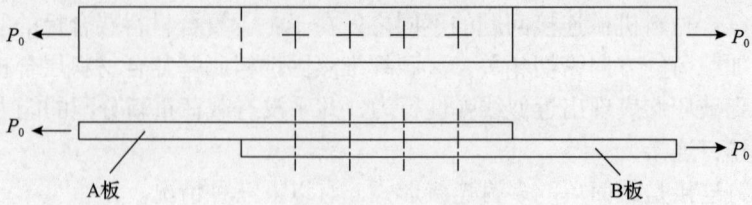

图 2.7　多排单列钉连接

下面基于弹性超静定力的钉尺寸和钉间距，并忽略被连接板的弯曲刚度，对多排单列钉连接进行分析。

(1)平衡条件。

钉：

$$P_1 + P_2 + \cdots + P_n = P_0 \tag{2.15}$$

元件板 A：

$$\begin{cases} P_{12}^{A} = P_0 - P_1 \\ P_{23}^{A} = P_0 - (P_1 + P_2) \\ \cdots \\ P_{n-1,n}^{A} = P_0 - (P_1 + P_2 + \cdots + P_{n-1}) \end{cases} \tag{2.16}$$

元件板 B：

$$\begin{cases} P_{12}^{B} = P_1 \\ P_{23}^{B} = P_1 + P_2 \\ \cdots \\ P_{n-1,n}^{B} = P_1 + P_2 + \cdots + P_{n-1} \end{cases} \tag{2.17}$$

相容性条件为

$$\begin{cases} \Delta_1 - \Delta_2 = \Delta_{12}^{A} - \Delta_{12}^{B} \\ \Delta_2 - \Delta_3 = \Delta_{23}^{A} - \Delta_{23}^{B} \\ \cdots \\ \Delta_{n-1} - \Delta_n = \Delta_{n-1,n}^{A} - \Delta_{n-1,n}^{B} \end{cases} \tag{2.18}$$

(2)载荷位移关系为

$$
\begin{cases}
\varDelta_i = \dfrac{P_i}{K_i^{\mathrm{S}}} \\[3mm]
\varDelta_{i,i+1}^{\mathrm{A}} = \dfrac{P_{i,i+1}^{\mathrm{A}}}{K_{i,i+1}^{\mathrm{A}}} \\[3mm]
\varDelta_{i,i+1}^{\mathrm{B}} = \dfrac{P_{i,i+1}^{\mathrm{B}}}{K_{i,i+1}^{\mathrm{B}}} \\[3mm]
K_{i,i+1}^{\mathrm{A}} = \dfrac{E_x^{\mathrm{A}} W^{\mathrm{A}} t^{\mathrm{A}}}{L^{\mathrm{A}}}
\end{cases}
\tag{2.19}
$$

式中，E_x^{A} 为第 i 和第 $i+1$ 个钉之间板 A 的拉伸弹性模量；K_i^{S} 为第 i 个钉的剪切刚度；$K_{i,i+1}^{\mathrm{A}}$ 为第 i 和第 $i+1$ 个钉之间板 A 的纵向拉伸刚度；L^{A} 为板 A 第 i 和第 $i+1$ 个钉之间的间距；P_i 为第 i 个钉的载荷；$P_{i,i+1}^{\mathrm{A}}$ 为第 i 和第 $i+1$ 个钉之间板 A 的纵向载荷；W^{A} 为第 i 和第 $i+1$ 个钉之间板 A 的有效宽度；t^{A} 为第 i 和第 $i+1$ 个钉之间板 A 的有效厚度；$\varDelta_i$ 为第 i 个钉的剪切引起的位移；$\varDelta_{i,i+1}^{\mathrm{A}}$ 为第 i 和第 $i+1$ 个钉之间板 A 的长度变化。

将式 (2.16) 代入式 (2.15)，可以得到

$$
\frac{P_i}{K_i^{\mathrm{S}}} - \frac{P_{i+1}}{K_{i+1}^{\mathrm{S}}} = \frac{P_{i,i+1}^{\mathrm{A}}}{K_{i,i+1}^{\mathrm{A}}} - \frac{P_{i,i+1}^{\mathrm{B}}}{K_{i,i+1}^{\mathrm{B}}}
\tag{2.20}
$$

将式 (2.12)～式 (2.14) 代入式 (2.17)，可以得到

$$
\begin{cases}
\dfrac{P_1}{K_1^{\mathrm{S}}} - \dfrac{P_2}{K_2^{\mathrm{S}}} = \dfrac{P_0 - P_1}{K_{12}^{\mathrm{A}}} - \dfrac{P_1}{K_{12}^{\mathrm{B}}} \\[3mm]
\dfrac{P_2}{K_2^{\mathrm{S}}} - \dfrac{P_3}{K_3^{\mathrm{S}}} = \dfrac{P_0 - (P_1 + P_2)}{K_{23}^{\mathrm{A}}} - \dfrac{P_1 + P_2}{K_{23}^{\mathrm{B}}} \\[3mm]
\cdots \\[3mm]
\dfrac{P_i}{K_i^{\mathrm{S}}} - \dfrac{P_{i+1}}{K_{i+1}^{\mathrm{S}}} = \dfrac{P_0 - \sum\limits_{j=1}^{i} P_j}{K_{i,i+1}^{\mathrm{A}}} - \dfrac{\sum\limits_{j=1}^{i} P_j}{K_{i,i+1}^{\mathrm{B}}} \\[3mm]
\cdots \\[3mm]
\dfrac{P_{n-i}}{K_{n-1}^{\mathrm{S}}} - \dfrac{P_n}{K_n^{\mathrm{S}}} = \dfrac{P_0 - \sum\limits_{j=1}^{n-i} P_j}{K_{n-1,n}^{\mathrm{A}}} - \dfrac{\sum\limits_{j=1}^{n-1} P_j}{K_{n-1,n}^{\mathrm{B}}} \\[3mm]
P_n = P_0 - \sum\limits_{j=1}^{n-1} P_j
\end{cases}
\tag{2.21}
$$

利用 P_0 求解 P_i，即

$$BP = C \tag{2.22}$$

或

$$P = B^{-1}C \tag{2.23}$$

板 A 中第 i 个钉处的旁路载荷为

$$P_{byi}^{A} = P_0 - \sum_{j=1}^{i} P_j \tag{2.24}$$

板 B 中第 i 个钉处的旁路载荷为

$$P_{byi}^{B} = \sum_{j=1}^{i-1} P_j \tag{2.25}$$

当 $n=3$ 时，

$$\frac{P_1}{K_1^{S}} + \frac{P_1}{K_{12}^{B}} + \frac{P_1}{K_{12}^{A}} - \frac{P_2}{K_2^{S}} = \frac{P_0}{K_{12}^{A}} \tag{2.26}$$

或

$$P_1\left(\frac{1}{K_1^{S}} + \frac{1}{K_{12}^{B}} + \frac{1}{K_{12}^{A}}\right) + P_2\left(-\frac{1}{K_2^{S}}\right) = \frac{P_0}{K_{12}^{A}} \tag{2.27}$$

$$P_1\left(\frac{1}{K_{23}^{A}} + \frac{1}{K_{23}^{B}}\right) + P_2\left(\frac{1}{K_2^{S}} + \frac{1}{K_{23}^{A}} + \frac{1}{K_{23}^{B}}\right) + P_3\left(-\frac{1}{K_3^{S}}\right) = \frac{P_0}{K_{23}^{A}} \tag{2.28}$$

$$P_1(1) + P_2(1) + P_3(1) = P_0 \tag{2.29}$$

$$B = \begin{bmatrix} \dfrac{1}{K_1^{S}} + \dfrac{1}{K_{12}^{A}} + \dfrac{1}{K_{12}^{B}} & -\dfrac{1}{K_2^{S}} & 0 \\[2mm] \dfrac{1}{K_{23}^{A}} + \dfrac{1}{K_{23}^{B}} & \dfrac{1}{K_2^{S}} + \dfrac{1}{K_{23}^{A}} + \dfrac{1}{K_{23}^{B}} & -\dfrac{1}{K_3^{S}} \\[2mm] 1 & 1 & 1 \end{bmatrix} \tag{2.30}$$

$$C = \begin{bmatrix} \dfrac{P_0}{K_{12}^{A}} \\[3mm] \dfrac{P_0}{K_{23}^{A}} \\[3mm] P_0 \end{bmatrix} \tag{2.31}$$

$$P = \begin{bmatrix} P_1 \\ P_2 \\ P_3 \end{bmatrix} = B^{-1}C \tag{2.32}$$

旁路载荷计算同式(2.24)和式(2.25)。

2.1.3　机械连接失效

1. 机械连接失效准则

应力计算后，需要基于应力失效准则进行失效分析。失效分析必须能准确描述材料状态并能够预测失效。

1) Matthews-Camanho 失效准则[2]

(1) 纤维拉伸模式:

$$\left(\frac{\sigma_{11}}{X_{\text{t}}}\right)^2 + \frac{1}{S_{12}^2}\left(\sigma_{12}^2 + \sigma_{13}^2\right)^2 \geqslant 1, \quad \sigma_{11} \geqslant 0 \tag{2.33}$$

(2) 纤维压缩模式:

$$\left(\frac{\sigma_{11}}{X_{\text{c}}}\right) \geqslant 1, \quad \sigma_{11} < 0 \tag{2.34}$$

(3) 基体拉伸或剪切模式:

$$\frac{(\sigma_{22} + \sigma_{33})^2}{Y^2} + \frac{\sigma_{12}^2 + \sigma_{13}^2 + \sigma_{23}^2 - \sigma_{22}\sigma_{33}}{S_{12}^2} \geqslant 1, \quad \sigma_{22} + \sigma_{33} \geqslant 0 \tag{2.35}$$

(4) 基体压缩或剪切模式:

$$\frac{1}{Y_{\text{c}}}\left[\left(\frac{Y_{\text{c}}}{2S_{12}}\right)^2 - 1\right](\sigma_{22} + \sigma_{33}) + \frac{(\sigma_{22} + \sigma_{33})^2}{4S_{12}^2} + \frac{\sigma_{12}^2 + \sigma_{13}^2 + \sigma_{23}^2 - \sigma_{22}\sigma_{33}}{S_{12}^2} \geqslant 1, \quad \sigma_{22} + \sigma_{33} < 0$$

$$\tag{2.36}$$

2)Chang 失效准则[3]

(1)纤维拉伸模式:

$$\left(\frac{\sigma_{11}}{X_t}\right)^2 \geqslant 1, \quad \sigma_{11} \geqslant 0 \tag{2.37}$$

(2)纤维压缩模式:

$$\left(\frac{\sigma_{11}}{X_c}\right)^2 \geqslant 1, \quad \sigma_{11} < 0 \tag{2.38}$$

(3)基体拉伸模式:

$$\left(\frac{\sigma_{22}}{Y_t}\right)^2 + \left(\frac{\sigma_{12}}{S_{12}}\right)^2 \geqslant 1, \quad \sigma_{22} \geqslant 0 \tag{2.39}$$

(4)基体压缩模式:

$$\left(\frac{\sigma_{22}}{Y_c}\right)^2 + \left(\frac{\sigma_{12}}{S_{12}}\right)^2 \geqslant 1, \quad \sigma_{22} < 0 \tag{2.40}$$

(5)纤维-基体剪切模式:

$$\left(\frac{\sigma_{11}}{X_t}\right)^2 + \left(\frac{\sigma_{12}}{S_{12}}\right)^2 \geqslant 1, \quad \sigma_{11} > 0, \quad \sigma_{22} + \sigma_{33} > 0 \tag{2.41}$$

(6)纤维-基体压缩模式:

$$\left(\frac{\sigma_{11}}{X_c}\right)^2 + \left(\frac{\sigma_{12}}{S_{12}}\right)^2 \geqslant 1, \quad \sigma_{11} < 0 \tag{2.42}$$

2. 刚度性质退化规则

一旦破损发生,损伤区的材料性质发生退化,性质损伤程度与破坏机理有关。

材料刚度性质退化规则如表 2.1 所示。它们都是基于元素内部的损伤,仅对其弹性性质有影响。元素退化基于假设某点的刚度缩减仅限于该点附近。由于复合材料工程弹性性质的相互关系,泊松比的变化已经包括在内。

表 2.1　材料刚度性质退化规则

失效模式	第一组	第二组
基体拉伸模式	$E_{22} = v_{12} = 0$	$E_0 = 0.2E_{22}, G_{12} = 0.2G_{12}, G_{23} = 0.2G_{23}$
基体压缩模式	$E_{22} = v_{12} = 0$	$E_{22} = 0.4E_{22}, G_{12} = 0.4G_{12}, G_{23} = 0.4G_{23}$
纤维拉伸模式	$E_{11} = E_{22} = E_{33} = G_{12} = G_{23}$ $= G_{13} = v_{12} = v_{23} = v_{13} = 0$	$E_{11} = 0.07E_{11}$
纤维压缩模式	$E_{11} = E_{22} = E_{33} = G_{12} = G_{23}$ $= G_{13} = v_{12} = v_{23} = v_{13} = 0$	$E_{11} = 0.14E_{11}$
纤维-基体剪切模式	$G_{12} = v_{12} = 0$	$G_{12} = v_{12} = 0$
拉伸分层模式	$E_{33} = G_{23} = G_{13} = v_{23} = v_{13} = 0$	$E_{33} = G_{23} = G_{13} = v_{23} = v_{13} = 0$
压缩分层模式	$E_{33} = G_{23} = G_{13} = v_{23} = v_{13} = 0$	$E_{33} = G_{23} = G_{13} = v_{23} = v_{13} = 0$

2.2　复合材料螺栓连接有限元分析方法

2.2.1　复合材料螺栓连接数值模拟

复合材料机械连接研究方法主要有试验法和数值模拟法两种。与试验法相比，数值模拟法有独特的优势。数值模拟利用有限元法，采用数学近似的方法对真实物理系统(几何特征和载荷工况)进行模拟仿真。有限元分析过程可以分为三步：前置处理、计算求解和后置处理。前置处理主要包括：有限元模型建立和单元网格划分两部分；后置处理则是采集并处理模拟数据，使用户能便捷地获取信息，查看可视化的仿真结果。通过真实工况的数值模拟仿真，可以为研究者提供有价值的数据参考，为试验做准备，节省试验费用和时间成本。

在采用数值模拟法分析复合材料层合板螺栓连接初期，通常将螺栓模拟为梁或弹簧，不考虑孔的形状，且仿真过程对网格划分精度比较敏感。螺栓连接问题本质上是三维的，采用二维模型无法模拟所有因素对螺栓连接的影响，例如，贯穿厚度方向的非均匀的应力分布，螺栓弯曲或者螺栓在间隙孔中的倾斜，螺栓夹持对结构性能的影响等，因此最好建立三维模型进行数值模拟分析。

随着复合材料在飞机主承力结构的应用日益增多，需要设计厚板大直径螺栓连接结构，如果还沿用二维连接的设计方法，可能出现欠安全或者过于保守的设计。欠安全设计的缺点是存在安全隐患，而保守设计则是设计预留空间过大，浪费材料且不能充分发挥复合材料减重的优点。早期螺栓连接三维有限元分析在飞机结构连接设计中的应用很少，主要原因是计算机性能不足，导致分析所需时间太长；同时三维有限元模型的生成复杂耗时，且与分析者的经验有关，接触条件的精确设置需要相当多的人工介入；后处理时间也比较长。

随着计算机技术飞速发展，数值模拟软件不断升级换代，出现了很多可以用于复合材料仿真的 CAE 分析软件。ABAQUS 软件作为一种通用仿真分析软件，已广泛应用于理论研究和工业生产中。本章主要使用 ABAQUS 软件对复合材料螺栓连接进行分析。ABAQUS 软件拥有强大的分析能力，不仅能够对复杂的固体力学和结构力学系统进行仿真模拟，还可以对复杂模型进行仿真分析，并有效处理高度非线性问题[4]。ABAQUS 软件的单元库包含绝大部分工程常用材料，包括钢、铁、塑料、土壤、岩石等。ABAQUS/CAE 建模次序流程如图 2.8 所示。

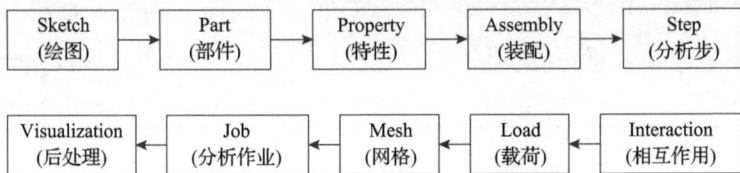

图 2.8　ABAQUS/CAE 建模次序流程

2.2.2　ABAQUS 软件中接触问题设置

1. 接触问题的基本概念

接触问题可以理解为边界条件非线性问题，这里的非线性既包括由于接触面积发生变化而引起的非线性，也包括接触压力分布变化而产生的非线性，同时还有摩擦作用产生的非线性。基于这种非线性和边界不定性，通常接触问题的求解是一个反复迭代的过程。

在模拟计算中，除分离情况外，其他两种情况间的不连续会引发模拟收敛问题。为简化计算过程，使其收敛更快，可以使用一个允许弹性滑动的罚摩擦公式来计算。一般情况下，只有把摩擦力作为主要因素，其对计算模型有明显影响时才考虑在模型中设置摩擦条件。

2. ABAQUS 软件中对接触模拟的一般过程

ABAQUS/CAE 中的接触分析主要包括以下几个步骤：

(1)定义各个接触面。

(2)定义接触属性，包括法向接触属性和切向摩擦属性。

(3)定义接触，包括主面、从面、滑动公式、从面位置调整、接触属性、接触面距离和接触控制等。

(4)定义边界条件，保证消除模型的刚体位移。

1）接触面

在 ABAQUS 软件中可以利用定义接触面或接触单元来模拟接触问题，其中接触面有三种类型：由单元构成的柔体接触面或刚体接触面、由节点构成的接触面、解析刚体接触面。

2）相对滑移

对于接触面的相对滑动问题，ABAQUS 软件中提供了两种接触公式：

（1）有限滑移，两个接触面之间可以有任意的相对滑动。在计算时，系统需不断判断从面节点和主面节点在哪一步发生接触，导致计算量很大。

（2）小滑移，两个接触面之间只有很小的相对滑动，滑动量的大小只是单元尺寸的一部分。小滑移有两种算法，一是点对面，二是面对面。面对面算法应力结果精度较高，对于板壳和膜单元可以考虑其初始厚度。

3）接触属性

接触属性包括两个部分：一是接触面之间的法向作用，二是切向作用。对于切向作用，当两个相互作用的表面不光滑时，需考虑二者之间存在的摩擦关系。常用的摩擦模型为库仑摩擦，通过使用摩擦系数来表示接触面之间的摩擦特性，默认的摩擦系数为无摩擦，即值为 0。其计算公式为

$$\tau_{\text{crit}} = \mu p \tag{2.43}$$

式中，p 为法向接触压强；τ_{crit} 为临界切应力；μ 为摩擦系数。

在切向力达到临界切应力之前，接触面之间不会发生相对滑动。

4）ABAQUS 软件中的接触算法

通用模块中主要采用标准 Newton-Raphson 方法。该算法是在每个增量步开始检查所有接触相互作用状态，以确定从属节点是开放还是闭合。

Newton-Raphson 迭代法是把非线性方程 $f(x)=0$ 线性化的一种近似方法。把 $f(x)$ 在点 x_0 的某邻域内展开成泰勒级数：

$$f(x) = f(x_0) + f'(x_0)(x-x_0) + \frac{f''(x_0)}{2!}(x-x_0)^2 + \cdots + \frac{f^{(n)}(x)}{n!}(x-x_0)^n$$

取其线性部分（即泰勒展开式的前两项），并令其等于 0，即 $f(x_0) + f'(x_0) \cdot (x-x_0) = 0$，以此作为非线性方程 $f(x)=0$ 的近似方程，若 $f'(x) \neq 0$，则其解为 $x_1 = x_0 - \dfrac{f(x_0)}{f'(x_0)}$，这样得到牛顿迭代法的一个迭代关系式：$x_{n+1} = x_n - \dfrac{f(x_n)}{f'(x_n)}$。首次迭代结束后，通过改变接触约束实现接触状态的变化，随后进行下次迭代。重复上述迭代过程，直到接触状态不再发生变化为止，即停止迭代计算。

2.2.3　复合材料螺栓连接建模和拉伸数值模拟

1. 有限元模型的创建

对于复合材料螺栓连接件，可以分为复合材料层合板、螺栓、螺母等几部分。其中，对于复合材料层合板，本章涉及的材料是玻璃纤维树脂基复合材料，基体是环氧树脂，增强纤维是玻璃纤维。

在 ABAQUS 软件中，层合板选用非线性不协调单元(C3D8I)。由于螺栓螺纹处的应力与应变状态不是分析的重点，因此可以不对螺纹精确建模，实现网格简化，避免在螺纹处出现网格畸变。紧固件建模时可以采用将垫圈与螺栓绑定的方法，即螺帽外径尺寸用垫圈外径代替，以此来考虑垫圈的影响。通过如上设置，模型中部件数目和接触对数目减少，从而能够加快收敛速度。紧固件材料为 30CrMnSiA，采用三维实体单元(C3D8)。复合材料层合板和紧固件模型如图 2.9 所示。在螺栓的外表面与制孔的内表面二者之间建立了绑定约束，所建立模型的刚度大于真实结构，但能够简化建模过程，降低收敛的困难程度，且不需要在螺纹处进行网格细分。

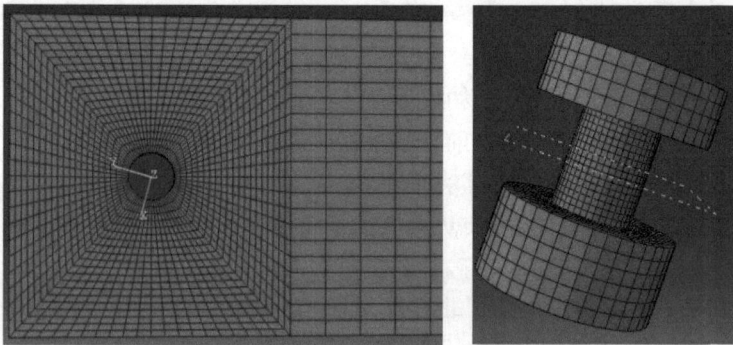

(a) 复合材料网格模型　　　　　　　　(b) 紧固件网格模型

图 2.9　复合材料层合板和紧固件模型

数值模拟中所用复合材料性能参数参考文献[5]。数值模拟中复合材料层合板力学性能如表 2.2 所示。

表 2.2　数值模拟中复合材料层合板力学性能

复合材料层合板力学性能	参数值
密度 ρ	1804kg/m^3
玻璃纤维含量	69.40%

复合材料层合板力学性能	参数值
纵向拉伸弹性模量 E_{1t}	32.50GPa
横向拉伸弹性模量 E_{2t}	10.40GPa
剪切模量	6.90GPa
泊松比 ν	0.25
纵向拉伸强度 X_t	690MPa
纵向压缩强度 X_c	353.50MPa
横向拉伸强度 Y_t	38.80MPa
横向压缩强度 Y_c	138.50MPa
纵横剪切弹性模量 G_{12}	63.30MPa

2. 拉伸过程设置

复合材料单搭接连接有限元模型中有四种类型接触关系，接触部分分别为螺钉和复合材料孔壁、螺帽和连接件上板表面、螺母和连接件下板表面、复合材料上板和下板之间。为避免接触分析中发生实体间的刚体位移和计算不收敛，模拟中将使用额外分析步和边界条件，使模型能够平稳地进入接触状态。在分析过程中一般不会出现很大的滑移现象，因此选用小滑移，各接触面上使用库仑摩擦，摩擦系数设为 0.15。

3. 数值模拟结果分析

单钉模拟中主要以预紧力矩为 3N·m 条件下的模型为例，介绍在施加了预紧力矩的情况下，孔邻近区域所受的 Mises 应力在第二个分析步中的分布情况。三条路径的相对位置（同心圆）如图 2.10 所示，直径最小的圆代表螺栓柱与层合板孔接触的区域；直径最大的圆代表垫圈外区域；中间的圆则代表垫圈外径区域。图中路径左侧的三个点分别为各路径的起点，路径由起点开始沿顺时针方向分布。

通过 ABAQUS 软件将三条路径的数据导出，并进行处理得到图 2.11。以预紧力矩为 3N·m 时的情况为例介绍施加拉伸载荷后螺栓孔周边

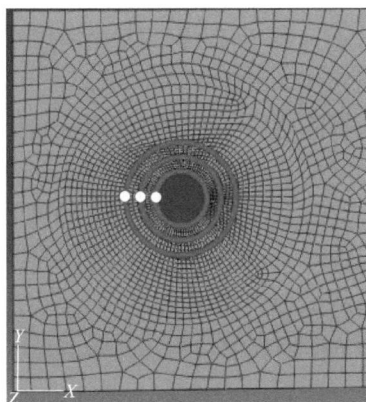

图 2.10　三条路径的相对位置
（同心圆）

应力变化情况。图 2.11(a)中路径 1 曲线可以看作为轴对称曲线,对称轴为 x=9.4mm。沿路径方向,随着与起点距离的逐渐增加,应力也逐渐增大;当距离大于周长的一半时,应力开始逐渐减小。路径 2 曲线在距离起点 2.4~7.5mm 处的变化趋势与其他区域存在显著差异,该段网格变密且离圆心较近,网格越密且距螺栓孔越近应力越大。路径 3 则类似于正弦曲线,结合图 2.11(b)可以看出,路径 2、3 中峰值点几乎都位于云图中孔周围的应力较大区域。

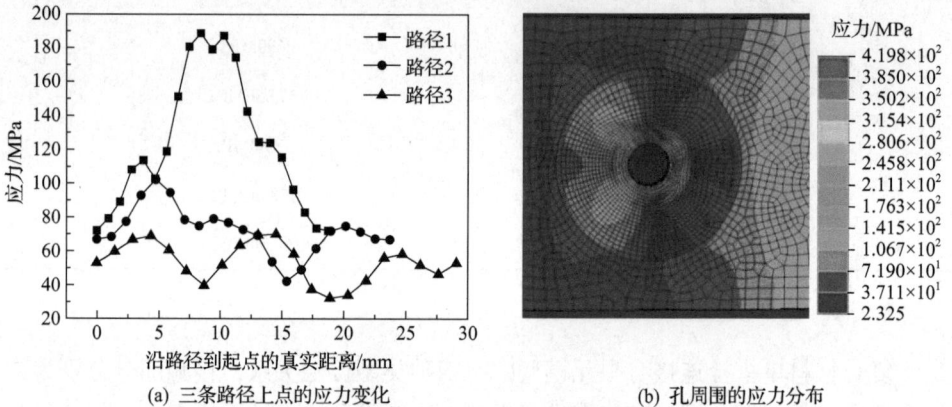

(a) 三条路径上点的应力变化　　　(b) 孔周围的应力分布

图 2.11　预紧力矩为 3N·m 时三条路径的变化趋势

2.3　单钉连接拉伸强度分析

2.3.1　试验设备

本节主要进行单钉连接拉伸强度分析。试验参数包括垫圈、预紧力矩、端距。试验分为三部分:一是对所用复合材料层合板的性能进行测试,包括拉伸力学性能测试、压缩力学性能测试等;二是对连接件的拉伸强度进行分析研究;三是对连接区域的应变分布进行三维散斑测量。

试验所用主要设备包括万能拉伸试验机、三维动态变形测量系统、扭力扳手等。三维动态变形测量系统利用两个高速摄像机实时进行拍摄,采集被测物体在拉伸过程中各个变形阶段的图像数据信息。然后再根据各个图像中准确识别的标志点(包括编码标志点和非编码标志点)进行位置匹配,以此实现立体匹配,重建物体表面点的三维空间立体坐标,从而计算得到物体的全场三维坐标、位移、应变数据等。

三维动态变形测量系统工作流程如图 2.12 所示。设备在使用前需对相机进行标定，以确保相机处于最佳工作状态。在标定过程中，需要获得两个工作相机的内外参数。内参数包括相机的焦距、镜头畸变量、快门和增益等；外参数包括两个电荷耦合器件，相机坐标系与世界坐标系之间的旋转和平移关系，两个相机之间的旋转和平移关系。

标定完成后，采用左右两个相机对负载状态下的连接件进行测量。测量过程可以分为以下两步：

(1) 对准备好的连接件被测区域表面进行喷漆处理，形成随机的散斑图案。首先将连接件表面擦拭干净，去除污渍等杂物，避免污渍影响表面喷漆质量。然后在连接件表面喷上白漆，等白漆稍干后再随机喷黑漆以形成散斑图案。喷白漆时要求白漆分布均匀且厚度适中；黑漆喷涂要求黑点大小与疏密适中。操作中所采用的漆均为哑光白漆和哑光黑漆，喷漆后连接件如图 2.13 所示。散斑图案会随连接件的变形而不同程度地改变位置，这样高速相机就可以采集到连接件的实时信息。

图 2.12　三维动态变形测量系统工作流程

图 2.13　喷漆后连接件

(2) 随着拉伸机不断对连接件施加载荷，三维动态变形测量系统利用两个摄像机可以获得每个特定阶段的连接件的表面图像变化情况，配套的分析软件在计算时利用匹配方法(二维匹配和立体匹配)，综合所有状态进行变形前后的同名点三维匹配，根据立体视觉原理获得每个测量点变形前后的三维空间坐标，可以得到测量点的三维变形量，在此基础上对比计算所有采集到的图像信息得到应变场[6]。

三维动态变形测量系统组成包括放置高速相机的测量头、采集控制箱、支承测量头的移动支撑架、对数据进行处理的计算机和检测分析软件等。三维动态变形测量系统如图 2.14 所示。

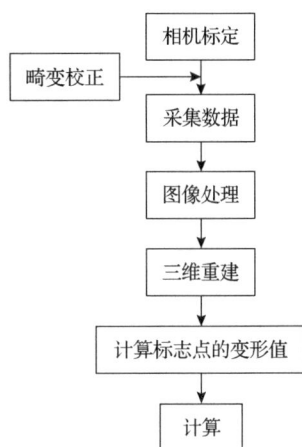

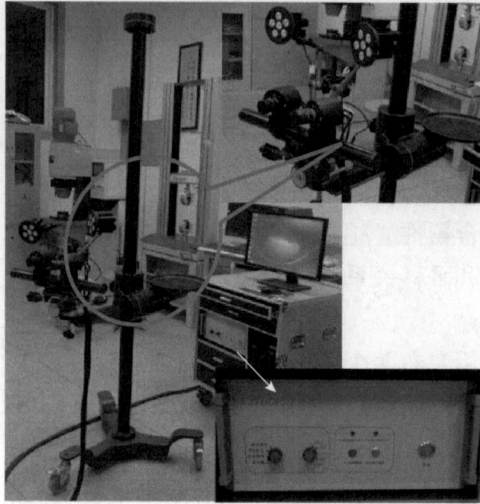

图 2.14　三维动态变形测量系统

2.3.2　材料性能测试

复合材料力学性能比金属材料复杂，材料的测试内容主要包括两方面：一是物理性能如密度、纤维含量等；二是力学性能包括拉伸强度、压缩强度等。物理性能参数由材料生产厂家提供，试验中不再进行测试。力学性能测试中需注意的问题和标准均参照《纤维增强塑料拉伸性能试验方法》(GB/T 1447—2005)[7]、《纤维增强塑料压缩性能试验方法》(GB/T 1448—2005)[8]、《聚合物基复合材料纵横剪切试验方法》(GB/T 3355—2014)[9]。根据上述国标中的要求分别测试复合材料层合板的拉伸力学性能、压缩力学性能、剪切力学性能等，测试中所需要的连接件和其他要求均以国标为准。在拉伸试验中，测试时加载速度设置为 1mm/min，试验中所用到的加强片采用 2mm 厚度铝板，复合材料测试试样厚度均为 3mm。

在力学性能测试试验开始前，需要准备复合材料测试试样和加强片。采用水刀对复合材料层合板进行切割得到需要的尺寸；用线切割法切割得到加强片。在黏结加强片之前先对加强片和层合板表面用砂纸均匀打磨，再将表面清理干净，然后采用环氧 AB 胶黏结加强片与复合材料测试试样，黏结定位之后外加压力固化得到测试试样。

1. 拉伸力学性能测试

试验使用的复合材料层合板按铺层方式属于正交编织玻璃纤维布层压板，因此在拉伸力学性能测试中，只需要进行纵向拉伸力学性能测试即可，对应的应变变化则借助 DIC 系统进行分析。拉伸试验试样尺寸如图 2.15 所示。

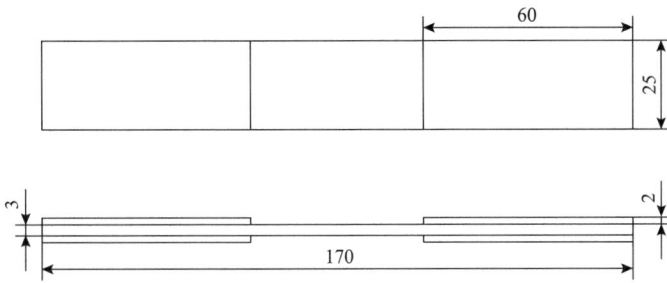

图 2.15　拉伸试验试样尺寸(单位：mm)

纵向拉伸弹性模量为

$$E_{1t} = \frac{\Delta P}{bh\Delta\varepsilon_1} \tag{2.44}$$

式中，E_{1t} 为纵向拉伸弹性模量，GPa；ΔP 为载荷-形变曲线上初始直线段的载荷增量，N；$\Delta\varepsilon_1$ 为与 ΔP 对应的纵向应变增量。

相应的横向拉伸弹性模量为

$$E_{2t} = \frac{\Delta P}{bh\Delta\varepsilon_2} \tag{2.45}$$

式中，$\Delta\varepsilon_2$ 为与 ΔP 对应的横向应变增量。

主泊松比为

$$\nu_1 = -\frac{\varepsilon_2}{\varepsilon_1} \tag{2.46}$$

式中，ν_1 为主泊松比；ε_1、ε_2 分别为与 ΔP 对应的纵向应变和横向应变。

次泊松比为

$$\nu_2 = \frac{E_{2t}}{E_{1t}}\nu_1 \tag{2.47}$$

测定纵向拉伸强度 X_t 时，连续加载直至测试试样失效。纵向拉伸强度为

$$X_t = \frac{P_{bt}}{bh} \tag{2.48}$$

式中，X_t 为纵向拉伸强度，MPa；P_{bt} 为试样拉伸破坏时的峰值载荷，N。

2. 压缩力学性能测试

由于复合材料层合板纤维铺层自身的特点，压缩力学性能的测试也只需要进行

纵向压缩力学性能试验，测定纵向压缩强度 X_c。压缩试验试样尺寸如图 2.16 所示。

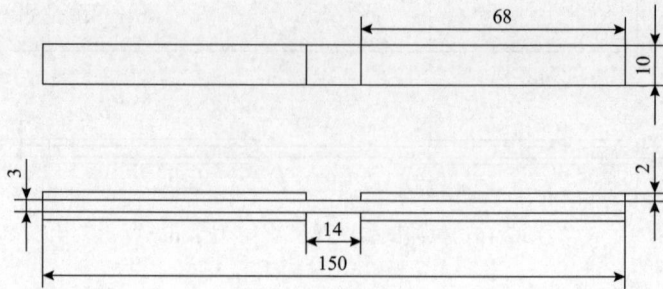

图 2.16　压缩试验试样尺寸(单位：mm)

纵向压缩强度为

$$X_c = \frac{P_{bc}}{bh} \tag{2.49}$$

式中，X_c 为纵向压缩强度，MPa；P_{bc} 为试样压缩破坏时的峰值载荷，N。

3. 纵横剪切力学性能测试

沿与纤维铺层呈±45°方向切割纵横剪切试验层合板。纵横剪切试验试样尺寸如图 2.17 所示。

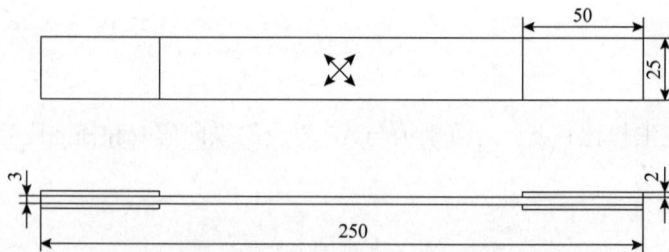

图 2.17　纵横剪切试验试样尺寸(单位：mm)

根据应力分析纵横剪切弹性模量 G_{12} 为

$$G_{12} = \frac{\Delta P}{2bh(\Delta\varepsilon_x - \Delta\varepsilon_y)} \tag{2.50}$$

式中，$\Delta\varepsilon_x$ 为与 ΔP 对应的试样纵向应变增量；$\Delta\varepsilon_y$ 为与 ΔP 对应的试样横向应变增量。

纵横剪切强度为

$$\tau_{lt} = \frac{P_{blt}}{2bh} \tag{2.51}$$

式中，τ_{lt} 为纵横剪切强度，MPa；P_{blt} 为试样纵横剪切破坏时的峰值载荷，N。

经过上述试验分别测出复合材料层合板测试试样的拉伸、压缩、剪切力学性能。试验测得复合材料层合板力学性能如表 2.3 所示。

表 2.3　试验测得复合材料层合板力学性能

纵向拉伸弹性模量/GPa	泊松比	纵向拉伸强度/MPa	纵向压缩强度/MPa	纵横剪切弹性模量/GPa	纵横剪切强度/MPa
23.03	0.21	144.95	182.97	5.29	56.28

2.3.3　制备孔和装配

复合材料是一种脆性聚合物，钻孔会导致开孔处纤维断裂，降低纤维的拉伸强度，同时也会使开孔处的树脂结构破坏、出现裂纹等。钻孔不当会造成树脂碎裂或局部分层等损伤。因此，复合材料层合板开孔比金属材料困难，刀具在进入复合材料层合板和脱离复合材料层合板的过程中会产生比较严重的磨损。

工程实践中，较为典型的钻孔参数为 2000~3000r/min，每转的进给量为 0.05~0.1mm。在刀具开始进入材料和开始离开材料(即进刀、出刀)时，需要降低刀具的进给速度，同时加大刀具的转速。由于制孔的质量直接关系表面的损伤程度，而损伤程度又会对连接件的拉伸强度产生影响，所以要严格控制孔的质量。不合格孔和合格孔如图 2.18 所示。可以看出，图 2.18(a)的材料出现劈裂，表层材料

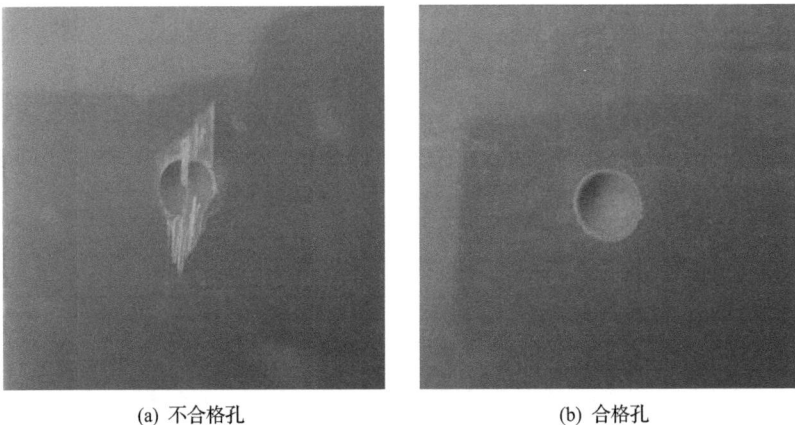

(a) 不合格孔　　　　　　　　　　　　(b) 合格孔

图 2.18　不合格孔和合格孔

损伤严重，将直接导致复合材料层合板拉伸强度降低。图 2.18(b) 的孔边缘较平整且无毛刺，表层材料亦未出现明显损伤。

装配时，用扭力扳手将螺栓拧紧，根据扳手上的刻度确定所施加的预紧力矩，从而完成连接件的装配工作。在装配时，需用夹具将两个层合板左右固定，避免在拧紧时两板错位。

2.3.4　试验方案

本次单钉试验中，研究的参数包括垫圈类型、预紧力矩和端距。所有连接件均采用单搭接连接形式，上下板均为同种复合材料，板长为 150mm，板宽为 40mm，板厚为 3mm，孔中心边距和端距均为 20mm。螺栓连接示意图如图 2.19 所示。

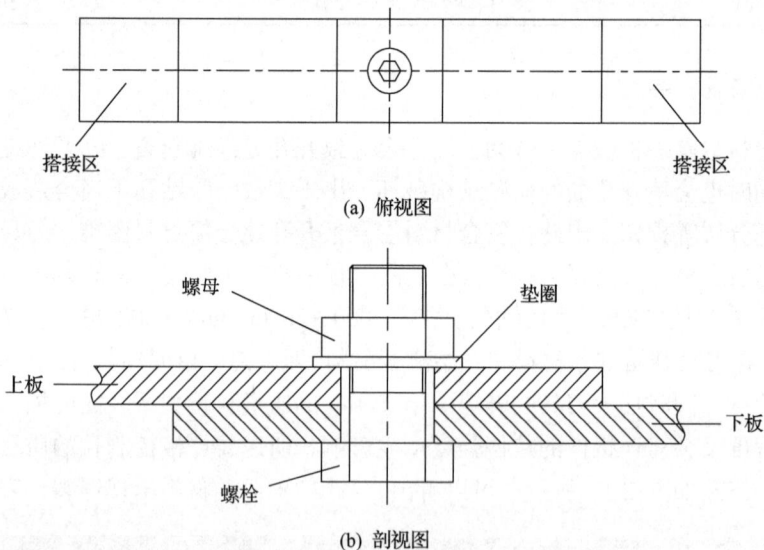

(a) 俯视图

(b) 剖视图

图 2.19　螺栓连接示意图

采用单一因素进行试验，端距分别为 12mm、18mm、24mm；预紧力矩分别为 0N·m、3N·m、6N·m、9N·m，其中 0N·m 为手动预紧，通过试验逐个确定其他参数。单钉试验方案如表 2.4 所示。

表 2.4　单钉试验方案

连接件编号	垫圈类型	端距/mm	端距/孔径	预紧力矩/(N·m)
SLW1	无垫圈	18	3	3
SLW2	平垫圈	18	3	3
SLW3	弹簧垫圈	18	3	3

续表

连接件编号	垫圈类型	端距/mm	端距/孔径	预紧力矩/(N·m)
SLWxl1	平垫圈	18	3	0
SLWxl2	平垫圈	18	3	3
SLWxl3	平垫圈	18	3	6
SLWxl4	平垫圈	18	3	9
SLW$xlye$1	平垫圈	12	3	9
SLW$xlye$2	平垫圈	18	3	9
SLW$xlye$3	平垫圈	24	3	9

注：表中 S 代表单钉试验，L 代表螺栓连接，W 代表垫圈类型，l 代表预紧力矩，e 代表端距；x 代表试验结果最优的垫圈类型代号（1 代表无垫圈，2 代表平垫圈，3 代表弹簧垫圈），y 代表试验结果最优的预紧力矩大小代号（1 代表 0N·m，2 代表 3N·m，3 代表 6N·m，4 代表 9N·m）。上述每组试验各做三个求平均值。

2.3.5 单钉连接拉伸强度试验

采用的拉伸试验设备为万能拉伸试验机，在试验过程中选用单向拉伸模式，速度设置为 2mm/min。在拉伸强度试验开始前将连接件装夹在夹具中，保证上下对中。由于夹具采用机械夹紧的方式，所以在拉伸开始前需手动对夹具施加夹紧力。拉伸强度试验开始后，试验机上的力传感器将采集到的载荷等相关数据实时传递到计算机中，通过相应的软件绘制连接件的载荷变化曲线。

1. 垫圈类型对连接件拉伸强度的影响

连接件的拉伸强度可以用静态单向拉伸试验获得的峰值载荷来表示。静态单向拉伸试验建立在连接件的位移和所能承受的拉伸载荷的基础上，结果用载荷-位移曲线图表示。曲线的形状表明连接件在载荷作用下的总体变形情况，峰值载荷是从载荷-位移曲线上得到的重要参数之一。每组试验重复三次，对试验载荷和峰值载荷取平均值。

对于垫圈类型，无垫圈时紧固件与层合板的接触面积为螺栓帽减去螺栓杆的横截面积；平垫圈和弹簧垫圈时接触面积则为垫圈自身的面积。接触面积不同意味着连接件承受的摩擦力不同。除去无垫圈类型，其他两种垫圈连接件为上下均加垫圈的装配形式。不同垫圈类型连接件拉伸性能如表 2.5 所示。

无垫圈时连接件所能承受的峰值载荷平均值为 6.4kN，加平垫圈的连接件所能承受的峰值载荷平均值为 7.15kN，加弹簧垫圈的连接件所能承受的峰值载荷平均值为 6.29kN。由此可知在承受峰值载荷方面，加平垫圈的连接件大于加弹簧垫圈和无垫圈时的连接件。加平垫圈比其他两种情况增加了摩擦面积，所以拉伸强度

表 2.5　不同垫圈类型连接件拉伸性能

连接件编号	预紧力矩/(N·m)	峰值载荷/kN	峰值载荷位移/mm	失效位移/mm	破坏模式
SLW1-1	3	6.38	6.70	9.18	孔边拉断
SLW1-2	3	6.53	3.01	6.00	分层失效
SLW1-3	3	6.30	7.54	9.78	孔边拉断
SLW2-1	3	7.02	7.78	10.00	孔边拉断
SLW2-2	3	7.22	7.80	9.06	孔边拉断
SLW2-3	3	7.22	8.10	9.98	孔边拉断
SLW3-1	3	6.07	8.94	12.43	孔边拉断
SLW3-2	3	6.37	7.56	9.38	孔边拉断
SLW3-3	3	6.42	8.05	10.00	孔边拉断

较高；虽然弹簧垫圈可以防止松动，使连接件在相同预紧力矩下更加牢固，但由于其独特的结构，在拧紧时会对复合材料表面造成很大损伤，导致连接件自身的拉伸强度降低。

不同垫圈类型连接件载荷-位移曲线如图 2.20 所示。可以看出，不同垫圈类型连接件的载荷变化趋势是相似的，在开始阶段需克服摩擦力和消除孔间隙。另外连接件与夹具在初始阶段会有一个相对滑移的阶段，经过此阶段直到达到最大值时载荷-位移曲线近似为直线，载荷达到最大值时，层合板开始出现明显的破坏。在载荷达到峰值载荷的 70%左右时，连接件会发出“啪啪”的声音，表明此时复合材料层合板内部纤维断裂，并伴随树脂破碎，但宏观上连接件并未断裂。

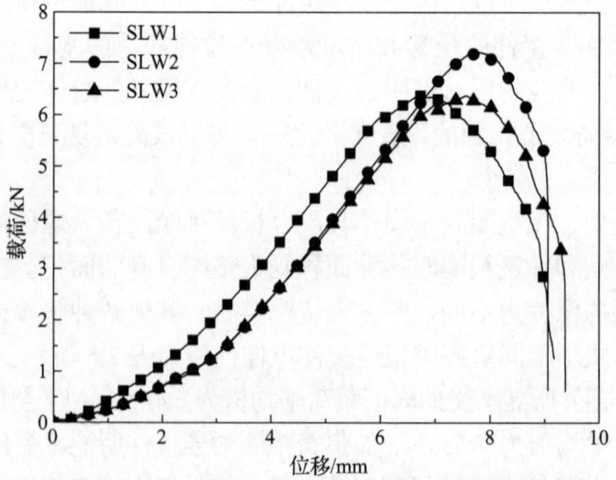

图 2.20　不同垫圈类型连接件载荷-位移曲线

不同垫圈类型连接件的破坏形式如图 2.21 所示。可以看出，不同垫圈类型连接件均发生上板开孔处的孔边断裂并伴随孔的挤压变形。由下板孔的变形情况可知，无垫圈连接件的孔在受力时孔边材料沿载荷方向出现堆叠现象，且孔周围材料表层出现变形，有一条沿孔边方向的裂纹，如图 2.21(a)所示；而平垫圈连接件的下板也出现轻微材料堆积现象，沿孔边出现的裂纹则比较明显，如图 2.21(b)所示；弹簧垫圈连接件的下板是三种连接件中变化最小的，除孔边有压痕外无明显的破坏现象，如图 2.21(c)所示，孔周边出现层合板损伤，甚至出现裂纹。由此可知弹簧垫圈虽然可以增大预紧力矩，但对层合板表面损伤过大，最终造成连接件拉伸强度的下降。

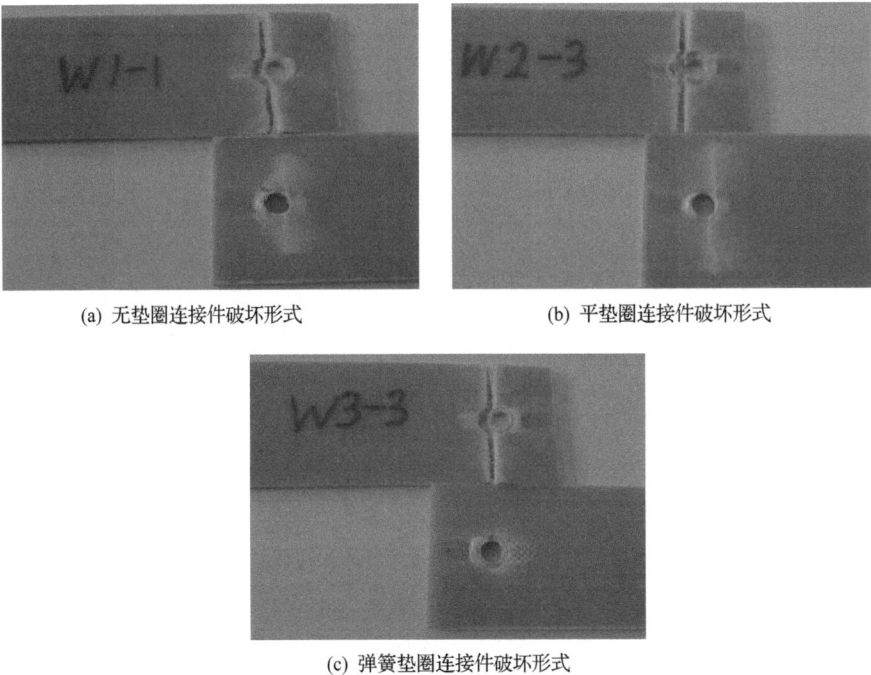

(a) 无垫圈连接件破坏形式　　　　　　　(b) 平垫圈连接件破坏形式

(c) 弹簧垫圈连接件破坏形式

图 2.21　不同垫圈类型连接件的破坏形式

2. 预紧力矩对连接件拉伸强度的影响

连接件在受到载荷作用之前，连接件与夹具之间不可避免地存在间隙，为确保连接件的可靠性和紧密性，避免连接件在受到载荷后，连接件之间出现缝隙或二者之间存在相对滑移，需要预先对螺栓施加力矩。当采用螺纹连接时，为确保连接件的可靠性，必须确保螺纹副具有一定的摩擦力矩，该力矩就是由连接时所施加的预紧力矩而使螺纹副产生的力矩。适当的预紧力矩可以明显提高螺栓连接件的拉伸强度。不同预紧力矩连接件拉伸性能如表 2.6 所示。

表 2.6 不同预紧力矩连接件拉伸性能

连接件编号	预紧力矩 /(N·m)	峰值载荷 /kN	峰值载荷位移 /mm	失效位移 /mm	破坏模式
SLW2l0-1	0	6.64	6.13	7.46	孔边拉断
SLW2l0-2	0	5.54	6.65	7.45	有劈裂现象的组合破坏
SLW2l0-3	0	6.17	7.93	9.51	孔边拉断(一边未断开)
SLW2l0-4	0	5.62	7.87	8.74	孔边拉断(一边未断开)
SLW2l0-5	0	5.80	7.48	8.14	挤压-拉伸-剪切
SLW2l3-1	3	7.02	7.78	10.00	孔边拉断
SLW2l3-2	3	7.22	7.80	9.06	孔边拉断
SLW2l3-3	3	7.22	8.10	9.98	孔边拉断
SLW2l6-1	6	7.34	8.06	9.41	孔边断裂
SLW2l6-2	6	7.21	6.74	8.51	孔边拉断
SLW2l6-3	6	7.69	8.55	10.15	孔边拉断
SLW2l9-1	9	7.53	5.95	7.77	孔边断裂
SLW2l9-2	9	7.75	6.37	7.64	孔边拉断
SLW2l9-3	9	7.65	6.17	7.98	孔边拉断

四种预紧力矩连接件的峰值载荷平均值分别为 5.95kN、7.15kN、7.41kN、7.64kN。预紧力矩为 0N·m 时，试验结果不稳定，且破坏形式多样，说明预紧力矩为 0N·m 时螺栓连接的紧密性无法得到完全保证，造成连接件拉伸性能不稳定。

不同预紧力矩连接件载荷-位移曲线如图 2.22 所示。可以看出：

(1)预紧力矩从 0N·m 增大到 3N·m 时，连接件所承受的峰值载荷增长较快，在这个过程中螺栓的受力由剪切力变为摩擦力；预紧力矩从 3N·m 增大到 6N·m 连接件的拉伸强度增大不明显；预紧力矩从 6N·m 增大到 9N·m 连接件的拉伸强度有所增大，但增长幅度较小，不足 10%。

(2)预紧力矩为 0N·m 时，螺栓主要承受剪切力，而预紧力矩增大到 3N·m 时，螺栓主要承受摩擦力。预紧力矩为 0N·m 时，在达到峰值载荷后层合板立即断裂，而其他连接件在达到峰值载荷后仍有一定的位移增加，其断裂过程相对较慢，与金属材料瞬时整体失效不同，复合材料层合板中发生纤维连续断裂失效，可以有效避免连接件突然失效等突发情况。

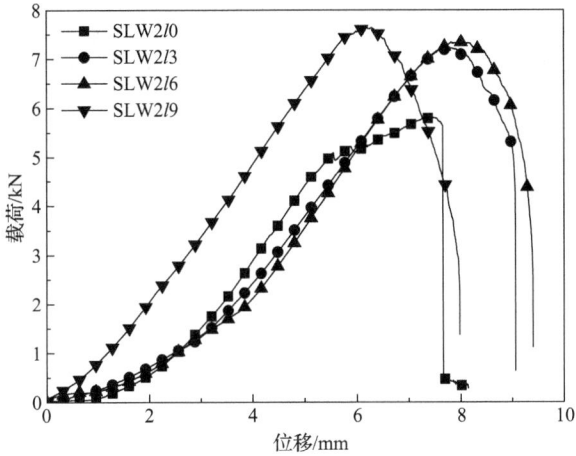

图 2.22　不同预紧力矩连接件载荷-位移曲线

　　预紧力矩不同时，连接件的破坏形式也不相同，如图 2.23 和图 2.24 所示。可以看出，预紧力矩为 0N·m 时，出现了低强度破坏，且破坏形式多样，包括孔边拉断破坏、劈裂破坏和挤压-拉伸-剪切破坏，如图 2.23 所示。图 2.23(a) 为孔边断裂，且断裂处层合板出现分层现象；图 2.23(b) 中出现劈裂现象，裂纹出现在层合板中间位置；图 2.23(c) 中上板出现组合破坏现象，下板孔周边材料堆积现象较为严重。预紧力矩为其他值时破坏形式均为孔边拉断，孔发生不同情况的挤压变形，如图 2.24 所示。其中，图 2.24(a) 破坏形式均为孔边断裂，下板出

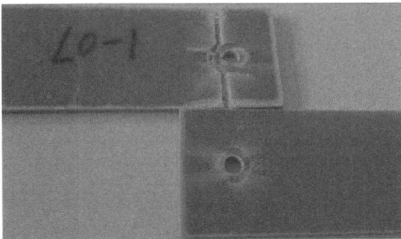

(a) SLW2l0-1连接件发生孔边断裂

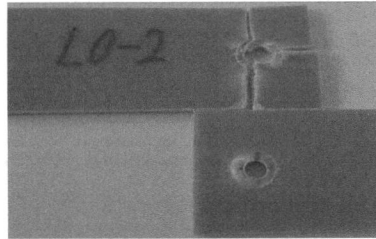

(b) SLW2l0-2连接件发生劈裂破坏

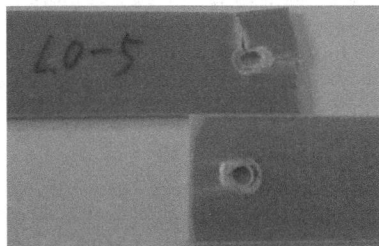

(c) SLW2l0-5连接件发生挤压-拉伸-剪切破坏

图 2.23　预紧力矩为 0N·m 时连接件的破坏形式

(a) SLW2l3-3连接件的破坏形式　　　　　(b) SLW2l6-2连接件的破坏形式

(c) SLW2l9-3连接件的破坏形式

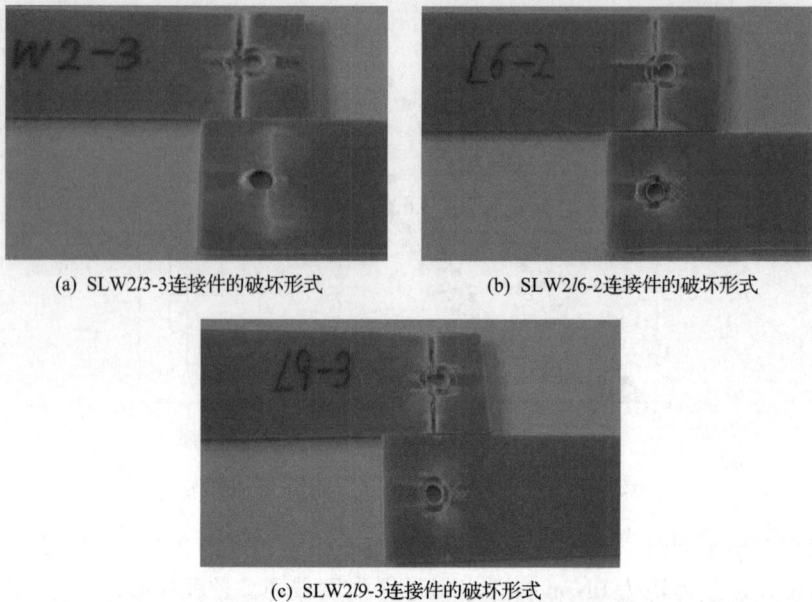

图 2.24　不同预紧力矩连接件的破坏形式

现裂纹；图 2.24(b)中破坏形式同样是孔边断裂，且在拉伸方向还出现较明显的裂纹；图 2.24(c)中上板破坏形式同图 2.24(a)相似，下板的变化则同图 2.24(b)中下板的变化相似。

3. 端距对连接件拉伸强度的影响

本组试验研究端距对连接件的拉伸强度的影响，端距分别为 12mm、18mm、24mm、30mm，垫圈类型选用平垫圈。连接件装配图如图 2.25 所示。

图 2.25　连接件装配图

不同端距连接件拉伸性能如表 2.7 所示。端距为 12mm、18mm、24mm、30mm 时连接件的峰值载荷平均值分别为 6.87kN、7.64kN、7.13kN、6.43kN。端距为 12mm 时连接件的拉伸强度不稳定，且出现了低强度破坏。

表 2.7　不同端距连接件拉伸性能

连接件编号	预紧力矩/(N·m)	峰值载荷/kN	峰值载荷平均值/kN	峰值载荷位移/mm	失效位移/mm	破坏模式
SLW2l9e12-1	9	6.66		5.76	6.65	劈裂
SLW2l9e12-2	9	6.96	6.87	5.54	6.46	劈裂
SLW2l9e12-3	9	7.00		5.47	6.54	劈裂
SLW2l9e18-1	9	7.53		5.95	7.77	孔边断裂
SLW2l9e18-2	9	7.75	7.64	6.37	7.64	孔边断裂
SLW2l9e18-3	9	7.65		6.17	7.98	孔边断裂
SLW2l9e24-1	9	7.09		5.95	7.83	孔边断裂
SLW2l9e24-2	9	7.31	7.13	6.21	7.69	孔边断裂
SLW2l9e24-3	9	6.99		8.13	9.61	孔边断裂
SLW2l9e30-1	9	6.24		4.78	6.09	孔边断裂
SLW2l9e30-2	9	6.66	6.43	5.49	6.08	孔边断裂
SLW2l9e30-3	9	6.38		5.71	6.18	孔边断裂

　　不同端距连接件载荷-位移曲线如图 2.26 所示。可以看出，在达到峰值载荷之前，各连接件载荷随位移的变化趋势是相近的；端距为 12mm 时，连接件达到峰值载荷时即刻失效，并未像其他连接件有层合板失效的过程。其他端距时，连接件缓慢失效，载荷达到最大值后仍有位移变化，载荷值缓慢降低，直至连接件彻底失效。其中端距为 30mm 的连接件载荷达到最大值后的卸载过程持续时间比端距为 18mm、24mm 的连接件的时间短。

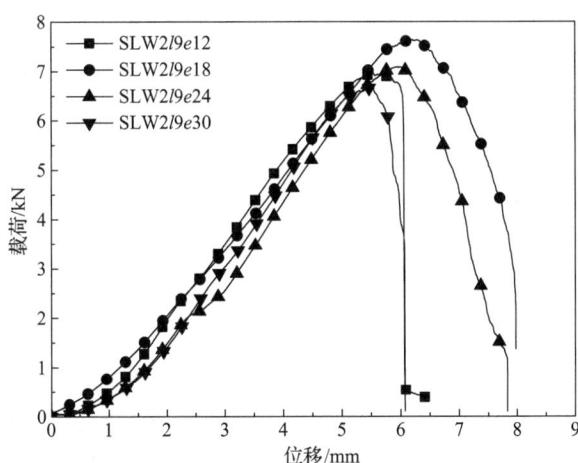

图 2.26　不同端距连接件载荷-位移曲线

　　不同端距连接件峰值载荷如图 2.27 所示。可以看出，端距达到 18mm 之前，随着端距增加，连接件所承受的载荷不断增大；但端距超过 18mm 之后，随着端距增加连接件的峰值载荷减小。这是由于端距增加使连接区面积增加，而单钉单搭接连接时本身存在偏心载荷，另外连接件在夹具中不可避免地存在扭矩作用，而试验中材料本身强度低，最终导致连接件的拉伸强度下降，而不是一直随端距增加而增大。

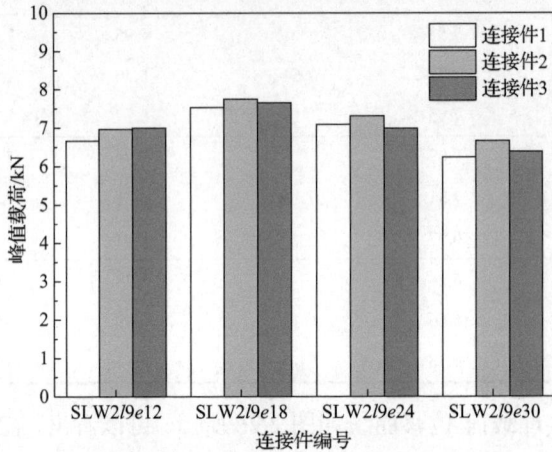

图 2.27　不同端距连接件峰值载荷

不同端距连接件的破坏形式如图 2.28 所示。图 2.28(a) 为端距为 12mm 时的

(a) SLW2*l*9*e*12-2连接件的破坏形式

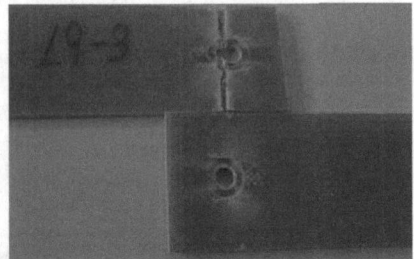

(b) SLW2*l*9*e*18-3连接件的破坏形式

(c) SLW2*l*9*e*24-2连接件的破坏形式

(d) SLW2*l*9*e*30-5连接件的破坏形式

图 2.28　不同端距连接件的破坏形式

连接件破坏形式，层合板出现劈裂现象，类似于预紧力矩为 0N·m 时连接件的破坏形式。该破坏形式属于低强度破坏，这种现象在工程应用中应该尽量避免。其他端距条件下，连接件的破坏形式一致，均为孔边断裂，且孔在拉伸载荷方向均有材料堆积，图 2.28(d) 中下板变形最小。

2.4　多钉连接载荷分配问题和拉伸强度分析

2.4.1　多钉连接载荷分配试验

1. 试验设备

多钉连接钉载分配比例试验设备包括拉伸试验机、扭力扳手、三维动态变形测量系统。

2. 试验原理

拉伸试验机施加在连接件上的总载荷 P 是由螺栓挤压载荷和复合材料层合板之间的摩擦力来平衡的。复合材料在强度和刚度上具有各向异性，并且材料自身缺乏延展性，导致多钉连接时连接件上各螺栓承担载荷的重新分配能力较差，每个螺栓所承担的载荷占总载荷的比例差异比较明显，这一现象与金属材料连接有很大不同。连接件加载到峰值载荷时各螺栓承受的钉载比例与初始承载时几乎一样，分配严重不均匀。

在单搭接区域粘贴应变片，分别测量应变片位置的应变，计算得到各测量位置的钉载分配比例，是一种应用比较广泛的应变测量方法。以单搭接 3 钉连接为例，应变片贴片位置示意图如图 2.29 所示。

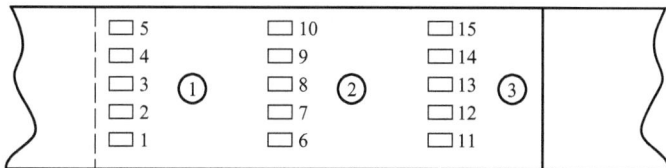

图 2.29　应变片贴片位置示意图

图 2.29 中的编号分别为 1, 2, $\cdots$, 15 的应变片所测得的应变分别记为 ε_1, ε_2, $\cdots$, ε_{15}。因此，图中三个钉所承担的钉载与总载荷的比值记为 R_1/P、R_2/P、R_3/P，即

$$\frac{R_1}{P} = \frac{\varepsilon_1 + \varepsilon_2 + \varepsilon_3 + \varepsilon_4 + \varepsilon_5 - \varepsilon_6 - \varepsilon_7 - \varepsilon_8 - \varepsilon_9 - \varepsilon_{10}}{\varepsilon_1 + \varepsilon_2 + \varepsilon_3 + \varepsilon_4 + \varepsilon_5} \tag{2.52}$$

$$\frac{R_2}{P} = \frac{\varepsilon_6 + \varepsilon_7 + \varepsilon_8 + \varepsilon_9 + \varepsilon_{10} - \varepsilon_{11} - \varepsilon_{12} - \varepsilon_{13} - \varepsilon_{14} - \varepsilon_{15}}{\varepsilon_1 + \varepsilon_2 + \varepsilon_3 + \varepsilon_4 + \varepsilon_5} \tag{2.53}$$

$$\frac{R_3}{P} = \frac{\varepsilon_{11} + \varepsilon_{12} + \varepsilon_{13} + \varepsilon_{14} + \varepsilon_{15}}{\varepsilon_1 + \varepsilon_2 + \varepsilon_3 + \varepsilon_4 + \varepsilon_5} \tag{2.54}$$

应变片贴片质量、位置等均会影响测量结果，应变片贴片要求会导致试验准备时间增长，另外，单个应变片只能测得该应变片位置的层合板应变。与应变片法相比，采用三维动态变形测量系统进行应变测量具有高效率和高精度优势。连接件制备完成后进行喷漆，然后静置 10～20min 即可以得到应变测量试样，从而显著减少了试验步骤和试验耗时；随后进行应变测量试样的拉伸试验，可以得到幅面内任意区域的应变。

DIC 系统输出的报告包括每个状态的载荷、位移、时间、最大主应变、工程应变等。这些数据与拉伸试验机输出的数据是相对应的。在散斑计算完成进行三维重建后计算得到应变值。对数据处理有多种方法，包括截线、状态点、点对和面片等，试验中用到的是点对信息所输出的数据。

所谓点对是在连接件所取幅面内任意取两个点，可以得到这两个点在状态 x 时二者之间的距离 l_x，下标 x 表示第 x 个状态。系统自行计算出第 $x+1$ 个状态时的应变，即

$$\varepsilon_x = \frac{l_x - l_0}{l_0} \tag{2.55}$$

式中，l_0 为状态 0 时的初始间距；ε_x 为状态 x 时的应变。

2.4.2 多钉连接载荷分配计算方法

试验中对钉载分配的研究主要是针对两钉单列连接和三钉单列连接两种情况。两钉单列布置如图 2.30 所示，三钉单列布置如图 2.31 所示。两图中 A 和 B、C 和 D、E 和 F 六个点分别组成三个点对即点对 AB、点对 CD、点对 EF。对于这三个点对的应变值记为 ε_{AB}、ε_{CD}、ε_{EF}。各钉所承受的载荷比例记为 f_1、f_2、f_3。

此时计算各钉载比例的方法与应用应变片相同。

1）两钉单列布置形式

1 号钉所得钉载比 f_1 为

$$f_1 = \frac{\varepsilon_{AB} - \varepsilon_{CD}}{\varepsilon_{AB}} \tag{2.56}$$

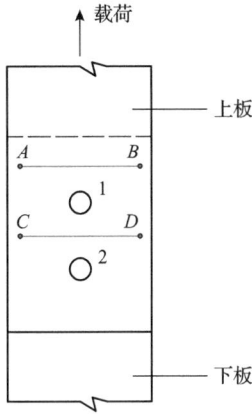

图 2.30　两钉单列布置　　　　　图 2.31　三钉单列布置

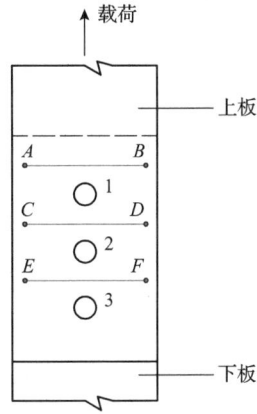

2 号钉所得钉载比 f_2 为

$$f_2 = \frac{\varepsilon_{CD}}{\varepsilon_{AB}} = 1 - f_1 \tag{2.57}$$

2）三钉单列布置形式

1 号钉所得钉载比 f_1 为

$$f_1 = \frac{\varepsilon_{AB} - \varepsilon_{CD}}{\varepsilon_{AB}} \tag{2.58}$$

2 号钉所得钉载比 f_2 为

$$f_2 = \frac{\varepsilon_{CD} - \varepsilon_{EF}}{\varepsilon_{AB}} \tag{2.59}$$

3 号钉所得钉载比 f_3 为

$$f_3 = \frac{\varepsilon_{EF}}{\varepsilon_{AB}} = 1 - f_1 - f_2 \tag{2.60}$$

2.4.3　试验方案

试验所用的复合材料层合板尺寸为 40mm×150mm，且在整个试验中层合板的长度、宽度和厚度等尺寸固定不变。由于层合板尺寸不变，限制了部分参数的选择范围。根据参数之间的关系比，确定两钉单列连接排距为 18mm 和 24mm 两个数值。三钉单列连接排距分别为 18mm 和 24mm 两个数值。其他参数则参考单钉试验确定，即采用两面加平垫圈，预紧力矩为 9N·m，端距均为 18mm。多钉载荷分配试验方案如表 2.8 所示。

表 2.8　多钉载荷分配试验方案

连接件编号	垫圈类型	预紧力矩/(N·m)	端距/mm	排距/mm
DLW2*l*9*e*18*P*18				18
DLW2*l*9*e*18*P*24	平垫圈	9	18	24
TLW2*l*9*e*18*P*18				18
TLW2*l*9*e*18*P*24				24

注：表中 D 代表两钉试验，T 代表三钉试验，L 代表螺栓连接，W 代表垫圈类型，2 代表平垫圈，*l* 代表预紧力矩，预紧力矩为 9N·m；*e* 代表端距，端距为 18mm；*P* 代表排距，排距分别为 18mm 和 24mm。上述每组试验各做三个求平均值。

连接件尺寸如图 2.32(a)所示。连接件装配图如图 2.32(b)所示。

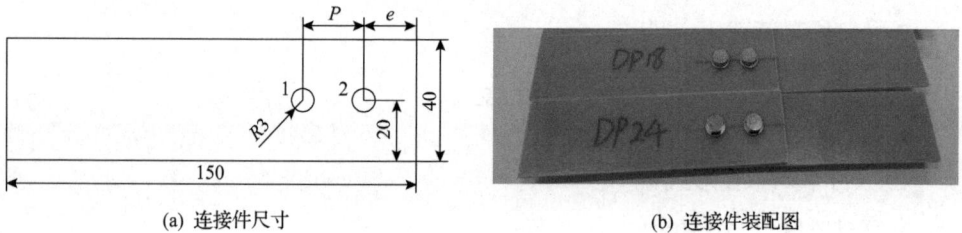

(a) 连接件尺寸　　　　　　　　　　(b) 连接件装配图

图 2.32　连接件连接图(单位：mm)

2.4.4　DIC 试验结果分析

1. 两钉单列布置不同排距对钉载分配的影响

两钉采用单列布置时，排距分别为 18mm 和 24mm 两种尺寸。试验中将 DIC 系统与拉伸试验机相连，实现数据共享，这样就可以对拉伸过程中连接件的应变进行实时测量。拉伸试验过程中采集 70 个状态对应的载荷值。为减小试验中的误差，降低数据的离散性，每种参数至少做 5 个连接件，然后从中选取效果较好的 3 个进行分析。选取标准包括：①喷漆质量高，无大面积黑点；②拉伸过程中设备运行平稳，连接件无振动。对选出的三组数据按公式进行计算，得到两钉单列布置钉载分配比例，如表 2.9 所示。

表 2.9　两钉单列布置钉载分配比例

连接件编号	1 号钉钉载比例/%	2 号钉钉载比例/%
DLW2*l*9*e*18*P*18-1	54.97	45.03
DLW2*l*9*e*18*P*18-2	59.28	40.72
DLW2*l*9*e*18*P*18-3	52.21	47.79

续表

连接件编号	1 号钉钉载比例/%	2 号钉钉载比例/%
DLW2*l*9*e*18*P*24-1	74.15	25.85
DLW2*l*9*e*18*P*24-2	77.03	22.97
DLW2*l*9*e*18*P*24-3	75.82	24.18

由表 2.9 可知，排距为 18mm 时 1 号钉钉载比例平均值为 55.49%，2 号钉钉载比例平均值为 44.51%。排距为 24mm 时，1 号钉和 2 号钉钉载比例平均值分别为 75.67%和 24.33%。由此可知，在试验环境下，排距为 18mm 时钉载分配情况比排距为 24mm 时更均匀，两钉也得到较充分的利用。

由于复合材料自身的特点，钉载从拉伸初始到达到峰值载荷的过程中，各钉钉载比例变化较小。选取 DIC 系统测试效果较好的 DLW2*l*9*e*18*P*18-1、DLW2*l*9*e*18*P*24-2 连接件各状态两钉钉载分配比例，如表 2.10 所示。

表 2.10　DLW2*l*9*e*18*P*18-1、DLW2*l*9*e*18*P*24-2 连接件各状态两钉钉载分配比例

拉伸状态	DLW2*l*9*e*18*P*18-1		DLW2*l*9*e*18*P*24-2	
	1 号钉钉载比例/%	2 号钉钉载比例/%	1 号钉钉载比例/%	2 号钉钉载比例/%
20	84.69	15.31	72.66	27.34
30	65.55	34.45	80.48	19.52
40	52.21	47.79	78.92	21.08
50	49.67	50.33	66.90	33.10
60	46.74	53.26	71.27	28.73
70	30.96	69.04	64.96	35.04

两连接件各状态钉载分配情况如图 2.33 所示。可以看出，DLW2*l*9*e*18-*P*18-1 连接件的两钉钉载前后变化较大，1 号钉随着载荷的不断增大，钉载所占的比例逐渐减小，而 2 号钉则承担更多载荷，其数值占总载荷的比例逐渐增大。DLW2*l*9*e*18*P*24-2 连接件中两钉载荷在整个拉伸过程中的变化相较于 DLW2*l*9*e*18-*P*18-1 不明显，1 号钉钉载比例在 70%～80%之间波动，2 号钉钉载比例则在 20%～30%之间波动。两钉钉载所占总载荷的比例相差很大，分配很不均匀。

2. 三钉单列布置不同排距对钉载分配的影响

单列布置下三个螺栓连接时，连接件排距同样为 18mm、24mm 两个数值，与两钉连接试验步骤相同，选取三组连接件计算每个钉的钉载比例。三钉单列布置钉载分配比例如表 2.11 所示。由表 2.11 可知，TLW2*l*9*e*18*P*18 的 1、2、3 号钉钉载所占总载荷的比例平均值分别为 53.8%、20.41%、25.79%。TLW2*l*9*e*18*P*24 各

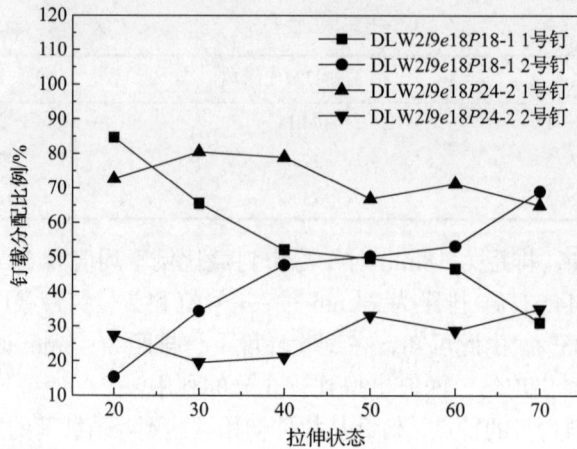

图 2.33　两连接件各状态钉载分配情况

表 2.11　三钉单列布置钉载分配比例

连接件编号	1 号钉钉载比例/%	2 号钉钉载比例/%	3 号钉钉载比例/%
TLW2*l*9*e*18*P*18-1	56.92	14.40	28.68
TLW2*l*9*e*18*P*18-2	52.03	26.35	21.62
TLW2*l*9*e*18*P*18-3	52.45	20.49	27.06
TLW2*l*9*e*18*P*24-1	39.19	22.83	37.98
TLW2*l*9*e*18*P*24-2	47.20	16.69	36.11
TLW2*l*9*e*18*P*24-3	42.01	19.49	38.50

钉钉载所占总载荷的比例平均值分别为 42.8%、19.67%、37.53%。从以上平均值来看，三钉单列布置时，无论排距为多少，各钉承载大小趋势一致，即 1 号钉承担的载荷最大，然后是 3 号钉，中间的 2 号钉承载比例最小。排距为 24mm 时各钉载比例分配较排距为 18mm 时更均匀，且排距为 24mm 时 3 号钉承载比例有所增大。

对三钉单列布置连接件拉伸过程中各钉载变化情况进行研究。TLW2*l*9*e*18*P*18-3、TLW2*l*9*e*18*P*24-1 连接件各状态两钉钉载分配比例如表 2.12 所示。

表 2.12　TLW2*l*9*e*18*P*18-3、TLW2*l*9*e*18*P*24-1 连接件各状态两钉钉载分配比例

拉伸状态	TLW2*l*9*e*18*P*18-3			TLW2*l*9*e*18*P*24-1		
	1 号钉钉载比例/%	2 号钉钉载比例/%	3 号钉钉载比例/%	1 号钉钉载比例/%	2 号钉钉载比例/%	3 号钉钉载比例/%
20	54.51	20.92	24.57	36.41	20.75	42.84
30	69.29	11.17	19.54	39.20	20.51	40.29
40	52.60	15.02	32.38	36.57	26.71	36.72

续表

拉伸状态	TLW2*l*9*e*18*P*18-3			TLW2*l*9*e*18*P*24-1		
	1 号钉钉载比例/%	2 号钉钉载比例/%	3 号钉钉载比例/%	1 号钉钉载比例/%	2 号钉钉载比例/%	3 号钉钉载比例/%
50	46.73	24.65	28.62	40.37	23.39	36.24
60	45.56	24.47	29.97	41.51	21.88	36.61
70	46.00	26.72	27.28	41.05	23.75	35.20

　　两连接件各状态钉载分配情况如图 2.34 所示。图 2.34 中实线为 TLW2*l*9*e*18*P*18-3 连接件各钉载在整个拉伸过程中的变化情况。对于排距为 18mm 的三个钉，各个钉载荷分配比例变化曲线不相交，除第二个状态相比于邻近状态变化较大外，其他状态变化趋势较缓，各钉比例依次在 55%～65%、25%～30%、15%～25% 之间波动，三个钉承载比例差别较大，2 号钉与 3 号钉承载比例都较小且数值比较接近。

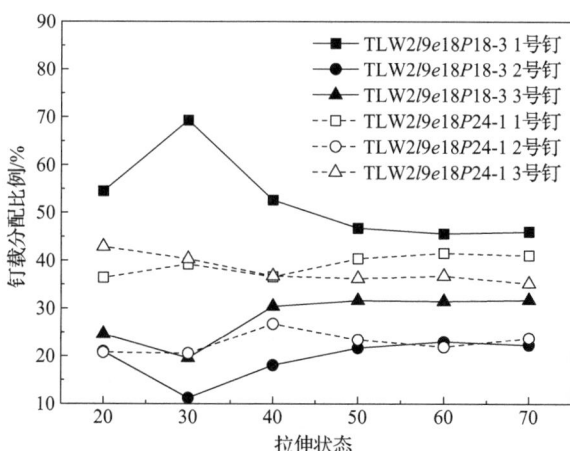

图 2.34　两连接件各状态钉载分配情况

　　图 2.34 中虚线为 TLW2*l*9*e*18*P*24-1 连接件各钉载在整个拉伸过程中的变化情况。与 TLW2*l*9*e*18*P*18-3 连接件相比，排距为 24mm 时各钉承担的比例较为接近，1 号钉与 3 号钉数值上相近，2 号钉所承担的载荷最小。得到以下结论：

　　(1)排距为 18mm、24mm 时各钉钉载比例分配都不均匀，2 号钉钉载比例最小。

　　(2)排距为 24mm 时钉载较 18mm 时分配更均匀。

2.4.5　多钉连接拉伸强度分析

　　对单搭接多钉连接件进行拉伸强度分析，主要侧重于两钉单排、单列和单列不同排距布置形式时连接件的拉伸强度大小；三钉单列、多排多列、单列不同排距和多排多列不同排距布置形式时的拉伸强度大小。同时应注意观察在一定强度范围内，哪种连接方式效率最高。由于所用复合材料层合板尺寸固定，为避免连接件出现低强度破坏，对排距和列距都有限制，尤其是两钉单排布置时列距的选择受到限制。所以试验中钉点单排布置时列距只有一个参数，重点变化的尺寸是排距。

1. 两钉不同布置不同排距对连接件拉伸强度的影响

两钉连接时主要采用单列布置形式和单排布置形式。其中单列布置对 18mm、24mm 两种排距进行了研究，如图 2.32 所示。两钉单排布置形式如图 2.35 所示。两种布置形式连接件装配图如图 2.36 所示。

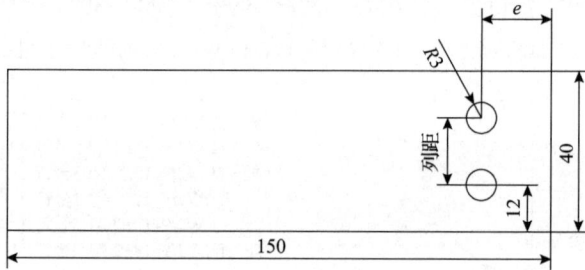

图 2.35　两钉单排布置形式(单位：mm)

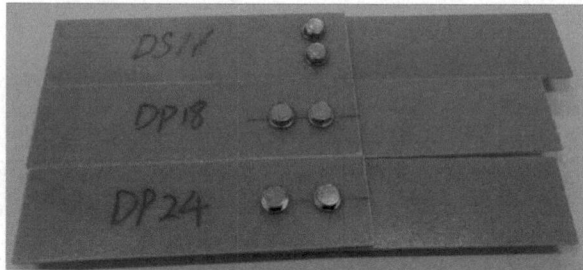

图 2.36　两种布置形式连接件装配图

两钉不同布置形式连接件拉伸性能如表 2.13 所示。对于两钉单排布置连接件，由于板宽为 40mm，为避免连接件发生低强度破坏，确定两钉间距离为 16mm。

由表 2.13 计算得到两钉单排布置时连接件的峰值载荷平均值为 9.06kN；两钉单列布置排距为 18mm 时峰值载荷平均值为 9.03kN；两钉单列布置排距为 24mm 时峰值载荷平均值为 11.13kN。两钉不同布置形式连接件峰值载荷如图 2.37 所示。单列排距为 24mm 连接件载荷大于单列排距为 18mm 和单排布置连接件载荷，而后两者相差不大，峰值载荷均为 9kN 左右。

表 2.13　两钉不同布置形式连接件拉伸性能

连接件编号	峰值载荷/kN	峰值载荷位移/mm	失效位移/mm	破坏形式
DLW2*l*9*e*18*S*16-1	9.13	6.27	6.58	孔边断裂
DLW2*l*9*e*18*S*16-2	9.40	7.39	7.64	孔边断裂
DLW2*l*9*e*18*S*16-3	8.66	5.51	5.83	孔边断裂
DLW2*l*9*e*18*P*18-1	9.17	5.86	5.94	孔边断裂
DLW2*l*9*e*18*P*18-2	8.99	6.30	6.39	孔边断裂
DLW2*l*9*e*18*P*18-3	8.93	5.81	5.86	孔边断裂
DLW2*l*9*e*18*P*24-1	10.98	6.84	6.99	孔边断裂
DLW2*l*9*e*18*P*24-2	11.29	6.52	6.67	孔边断裂
DLW2*l*9*e*18*P*24-3	11.11	6.07	6.38	孔边断裂

注：表中 *S* 代表列距，为 16mm。

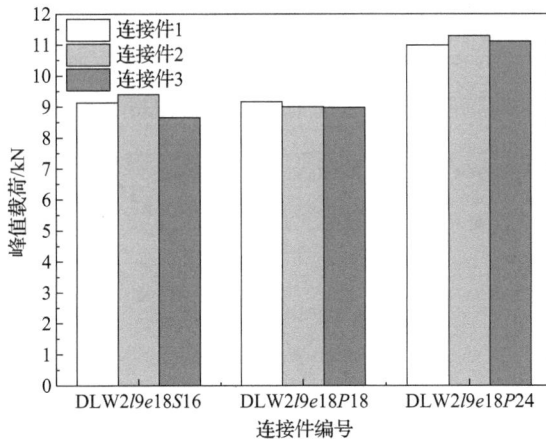

图 2.37　两钉不同布置形式连接件峰值载荷

　　两钉不同布置形式连接件的破坏形式如图 2.38 所示。可以看出，三种连接件的破坏形式相同，均为孔边断裂，且将连接件拆卸后发现孔边出现明显的挤压现象，材料在拉伸载荷方向出现明显的堆积。

　　两钉不同布置形式连接件载荷-位移曲线如图 2.39 所示。可以看出，从整体趋势看三种连接件的载荷-位移曲线变化趋势相似：在拉伸试验初始阶段，夹具与层合板之间未完全贴合，位移小于 1mm 时载荷增长比较平缓；此后随着位移不断增加载荷增大速度也加快；在接近峰值载荷时，层合板发出"啪啪"的响声，层合板内部纤维断裂。由于复合材料自身的特点，层合板不会瞬间失效，而是纤维、基体逐步失效直至最后的断裂。

(a) 两钉单排布置形式连接件的破坏形式

(b) 两钉单列布置形式排距18mm连接件的破坏形式

(c) 两钉单列布置形式排距24mm连接件的破坏形式

图 2.38　两钉不同布置形式连接件的破坏形式

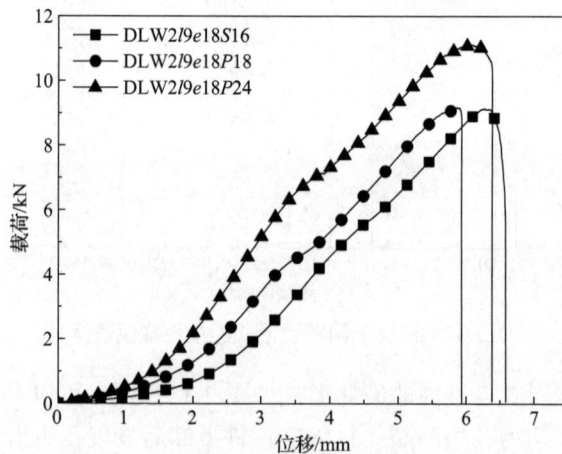

图 2.39　两钉不同布置形式连接件载荷-位移曲线

2. 三钉不同布置不同排距对连接件拉伸强度的影响

三钉连接时由于板宽限制，本试验主要研究两种布置形式：单列布置形式、多排多列布置形式。其中排距均为18mm和24mm。三钉连接件布置形式如图2.40所示，其中 P 为排距，e 为端距，e 均为18mm。

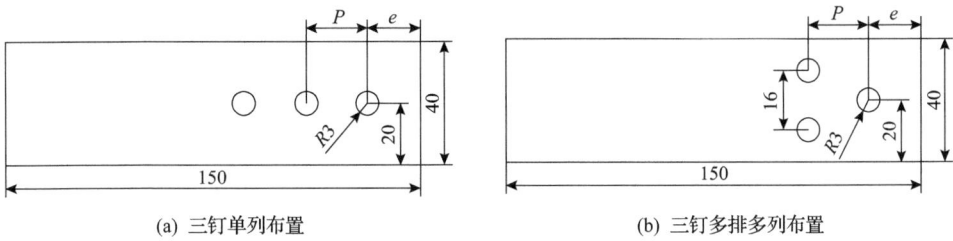

(a) 三钉单列布置　　　　　　　　　　　(b) 三钉多排多列布置

图 2.40　三钉连接件布置形式（单位：mm）

三钉不同布置形式连接件拉伸性能如表 2.14 所示。三钉不同布置形式连接件峰值载荷如图 2.41 所示。可以看出，在不考虑排距的情况下，单列布置形式连接件所能承受的峰值载荷高于多排多列布置形式连接件；单列布置时，排距 18mm 的连接件和排距 24mm 的连接件峰值载荷相近；多排多列布置形式时，排距对连接件峰值载荷的影响不明显。由各连接件峰值载荷计算得到每种连接件的峰值载荷平均值：TLW2l9e18P18 的平均值为 11.46kN；TLW2l9e18P24 的平均值为 11.52kN；TLW2l9e18MP18 的平均值为 9.49kN；TLW2l9e18MP24 的平均值为 9.71kN。

三钉不同布置形式连接件的破坏形式如图 2.42 所示。三钉连接件的破坏形式与两钉连接件类似，均为孔边拉断，三钉连接件破坏位置均在拉伸载荷方向的第一排钉处，孔在沿拉伸载荷方向有材料堆积现象。

表 2.14　三钉不同布置形式连接件拉伸性能

连接件编号	峰值载荷/kN	峰值载荷位移/mm	失效位移/mm	破坏形式
TLW2l9e18P18-1	11.69	6.87	6.99	孔边断裂
TLW2l9e18P18-2	11.42	6.29	6.36	孔边断裂
TLW2l9e18P18-3	10.11	6.36	6.43	孔边断裂
TLW2l9e18P18-4	12.63	7.63	7.82	孔边断裂
TLW2l9e18P24-1	10.24	5.96	6.03	孔边断裂
TLW2l9e18P24-2	12.09	6.08	6.16	孔边断裂
TLW2l9e18P24-3	11.67	4.26	4.31	孔边断裂
TLW2l9e18P24-4	12.06	6.80	6.85	孔边断裂
TLW2l9e18MP18-1	9.86	6.17	6.23	孔边断裂
TLW2l9e18MP18-2	9.49	5.64	5.69	孔边断裂
TLW2l9e18MP18-3	9.12	7.92	7.98	孔边断裂
TLW2l9e18MP24-1	10.36	6.07	6.16	孔边断裂
TLW2l9e18MP24-2	8.93	6.19	6.21	孔边断裂
TLW2l9e18MP24-3	9.84	5.78	5.86	孔边断裂

注：表中 MP 代表三钉多排多列布置形式中的排距，分别为 18mm 和 24mm。

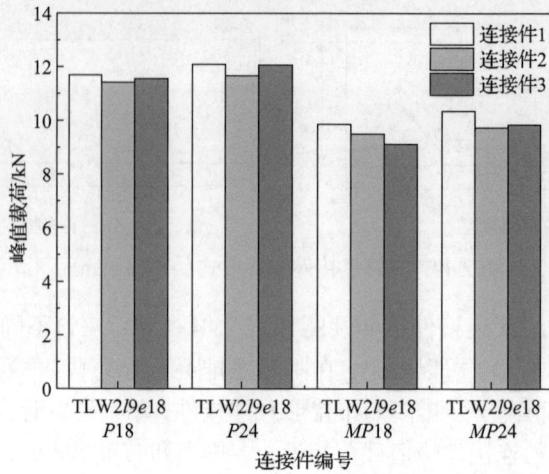

图 2.41　三钉不同布置形式连接件峰值载荷

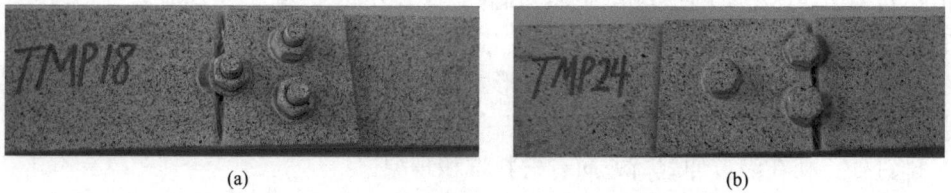

图 2.42　三钉不同布置形式连接件的破坏形式

　　三钉不同布置形式连接件载荷-位移曲线如图 2.43 所示。可以看出,四种连接件中单列布置形式不同排距的两个连接件的曲线在断裂前几乎重合,只有峰值载荷不同;同样,多排多列布置形式的两个排距的连接件在曲线走势上几乎完全一

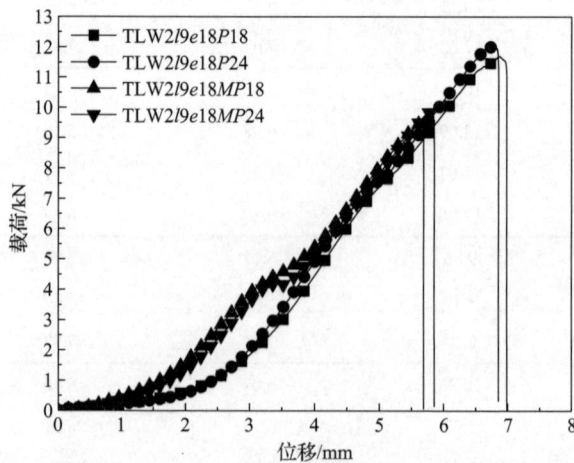

图 2.43　三钉不同布置形式连接件载荷-位移曲线

样，与单列布置形式的两个连接件相同，不同排距的两个连接件只有峰值载荷不同。因此，排距对单列三钉连接件和三钉多排多列连接件的峰值载荷影响较小。

2.4.6　连接方式的选择

连接的目的就是把两个或者多个元件连接在一起，以便将载荷从一个元件传递到另一个元件。在确保连接安全的条件下，用最少的紧固件(连接面积)实现最大的载荷传递是连接设计的目的。从两钉连接件和三钉连接件的拉伸试验数据中可以看出，并不是采用的螺栓越多越好，也不是连接区面积越大越好。为避免浪费材料和减轻连接件的质量，下面对所做多钉试验进行总结：在载荷一定的情况下哪种方式连接区面积最小且紧固件个数最少。

两钉和三钉不同布置形式连接件连接区面积和峰值载荷平均值如表 2.15 所示。可以看出，当连接需求载荷达到 10kN 以上时可以优先考虑两钉连接排距为24mm 的单列布置形式，此种连接形式紧固件数量少，连接区面积最小，可以实现连接的最大经济化。当需求载荷为 10kN 以下时，则需要根据连接结构承载的具体情况来考量。

表 2.15　两钉和三钉不同布置形式连接件连接区面积和峰值载荷平均值

	连接形式	连接区面积/mm²	峰值载荷平均值/kN
	单排布置形式	1440	9.06
两钉连接	单列布置，排距为 18mm	2160	9.03
	单列布置，排距为 24mm	2400	11.13
	单列布置，排距为 18mm	2880	11.46
三钉连接	单列布置，排距为 24mm	3360	11.52
	多排多列布置，排距为 18mm	2160	9.49
	多排多列布置，排距为 24mm	2400	9.71

多钉连接时各钉钉载比例分配情况(均匀性)归纳如下：两钉连接排距 18mm连接件优于排距 24mm 连接件；三钉连接排距 24mm 连接件略优于排距 18mm 连接件。从拉伸强度角度考虑可以归纳以下结论：两钉连接排距 24mm 连接件的拉伸强度高于排距 18mm 的连接件；三钉连接排距 24mm 连接件略优于排距 18mm连接件。因此，从均匀性角度考虑连接件连接形式时，两钉连接中，均匀性好的连接件拉伸强度不高，而且在整个拉伸过程中钉载变化比较剧烈；三钉连接中，均匀性好的连接件强度同样较高。由此可以得到结论：均匀性与多钉连接件的强度紧密相关，但不可一概而论。

复合材料螺栓连接是一种重要的复合材料连接方式，也是工程中常用的连接方式。通过试验对复合材料螺栓连接进行研究，归纳了连接设计的一般原则和相关理论计算方法等。试验分为两部分：单钉连接与多钉连接。单钉连接采用单搭接连接方式，主要对垫圈类型、预紧力矩和端距三个因素进行了分析。对多钉连接的研究可以分为两部分：一是钉载分配情况，二是连接件的强度问题。研究钉载分配时利用 DIC 系统测得连接件幅面内应变分布情况，然后计算各钉载荷分配的比例。多钉连接强度研究主要侧重于两钉和三钉连接时布置形式和排距对拉伸强度的影响。

参 考 文 献

[1] 薛克兴, 周瑾. 复合材料结构连接件设计与强度. 北京: 航空工业出版社, 1988.

[2] Camanho P P, Matthews F L. A progressive damage model for mechanically fastened joints in composite laminates. Journal of Composite Materials, 1999, 33(24): 2248-2280.

[3] Chang F K, Chang K Y. A progressive damage model for laminated composites containing stress concentrations. Journal of Composite Materials, 1987, 21(8): 34-55.

[4] 石亦平, 周玉蓉. Abaqus 有限元分析实例详解. 北京: 机械工业出版社, 2006.

[5] 沈帆, 王钧, 蔡浩鹏. 不同铺层复合材料螺栓连接的研究. 玻璃钢/复合材料, 2012, (1): 39-43.

[6] 黄鲛, 陈婧旖, 罗磊, 等. 基于数字图像技术的 C/SiC 复合材料拉伸行为与失效机制. 复合材料学报, 2022, 39(5): 2387-2397.

[7] 中华人民共和国国家质量监督检验检疫总局, 中国国家标准化管理委员会. 纤维增强塑料拉伸性能试验方法(GB/T 1447—2005). 北京: 中国标准出版社, 2005.

[8] 中华人民共和国国家质量监督检验检疫总局, 中国国家标准化管理委员会. 纤维增强塑料压缩性能试验方法(GB/T 1448—2005). 北京: 中国标准出版社, 2005.

[9] 中华人民共和国国家质量监督检验检疫总局, 中国国家标准化管理委员会. 聚合物基复合材料纵横剪切试验方法(GB/T 3355—2014). 北京: 中国标准出版社, 2014.

第 3 章　树脂基复合材料胶接连接工艺

胶接连接是通过胶黏剂的黏附作用实现材料连接的工艺。胶接连接时材料之间接触发生相互作用，同时起到传递载荷的作用。研究胶接连接机理和连接区的应力分布可以指导胶黏剂的使用并优化工艺流程，为获得更好的结构力学性能提供理论依据。

3.1　胶接连接理论

3.1.1　胶接连接机理

胶接连接机理有多种，包括机械嵌合理论、吸附理论、静电理论、化学键理论、扩散理论、酸碱理论。

1. 机械嵌合理论

液态胶黏剂具有流动性，在使用时会渗入被黏结物表面的间隙内，排出间隙中吸附的空气。经过固化，胶黏剂与被黏结物的表面之间通过胶层产生机械互锁，依靠锚固、钩合、楔合等作用黏合在一起。对经过表面处理的胶接连接件进行拉伸试验，可以看出粗糙表面比光滑表面的胶接连接效果好，被黏结物表面打磨后变得粗糙，使得黏合面积增加，能够提高胶接连接件的拉伸强度。采用 TS-8105 聚丙烯胶黏剂进行复合材料层合板胶接连接试验，表面处理方式分别为：①仅丙酮处理；②丙酮处理后用 3000 号砂纸打磨胶接连接面；③丙酮处理后用 2000 号砂纸打磨胶接连接面；④丙酮处理后用 600 号砂纸打磨胶接连接面。不同表面处理方式的胶接连接面如图 3.1 所示。

| (a) 表面处理方式① | (b) 表面处理方式② | (c) 表面处理方式③ | (d) 表面处理方式④ |

图 3.1　不同表面处理方式的胶接连接面

由于使用的胶黏剂为 PP 专用塑料胶黏剂，与环氧树脂表面无法反应生成化学键、发生分子扩散等，并且连接件在拉伸试验中会出现滑移现象，可见使用该胶黏剂胶接环氧树脂复合材料层合板并不适合。不同板厚不同表面处理方式连接件载荷-位移曲线如图 3.2 所示。可以看出，随着连接件的表面粗糙度增大，峰值载荷也随之增大，机械嵌合可以在一定程度上提高连接件的拉伸强度。

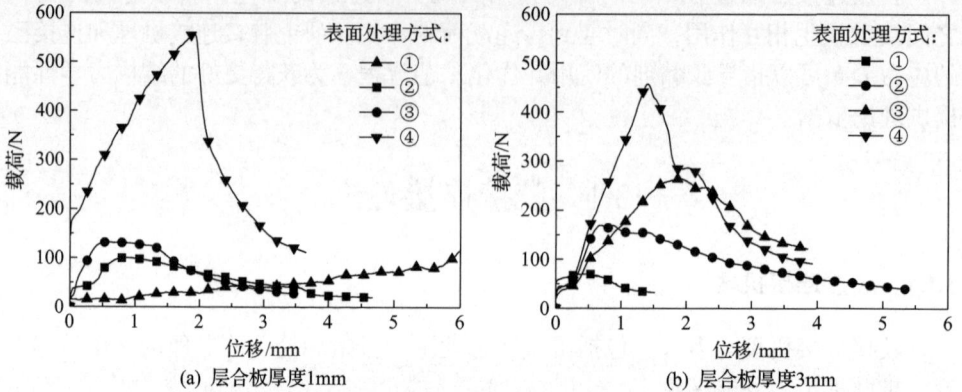

图 3.2　不同板厚不同表面处理方式连接件载荷-位移曲线

2. 吸附理论

吸附理论是比较通用的理论，该理论认为胶接连接主要是胶层和被黏结物表面分子间接触产生吸附力，可能是分子间的相互作用力如范德瓦耳斯力、氧键作用的结果。液体(胶黏剂)在固体(被黏结物)表面分子间力作用下均匀铺展，胶黏剂与被黏结物表面接触结合从而润湿。表面张力示意图如图 3.3 所示。润湿力的平衡方程为

$$\gamma_{sg} = \gamma_{sl} + \gamma_{lg}\cos\theta \tag{3.1}$$

式中，γ_{lg} 为液气界面的自由能或表面张力；γ_{sl} 为固液界面的自由能或表面张力；γ_{sg} 为固气界面的自由能或表面张力；θ 为接触角。

理想状态 $\theta = 0°$ 时的润湿效果最好，这也是获得优良胶接连接性能的重要条件，能够体现固体对液体的亲和性，一般来说，胶黏剂的表面张力小则润湿效果好。涂胶后复合材料层合板润湿图如图 3.4 所示。

3. 静电理论

静电理论认为，胶接连接力是胶接连接表面以双电层形式产生静电力，由于相互吸引而形成的黏结。

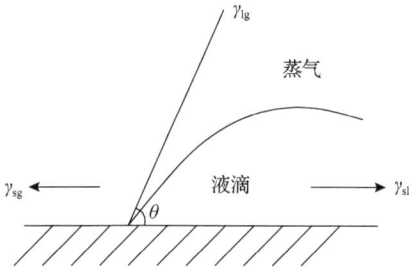

图 3.3　表面张力示意图

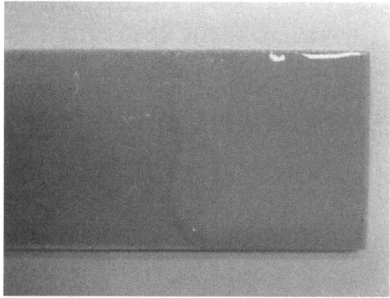

图 3.4　涂胶后复合材料层合板润湿图

4. 化学键理论

化学键理论认为，胶黏剂在润湿的过程中，分子中产生化学键力，而化学键力是相邻的分子间产生的吸引力，使胶黏剂与被黏结物表面形成化学键，例如，共价键、配位键、离子键等。通常，化学键之间的相互作用力是范德瓦耳斯力的很多倍，其结合非常牢固。

5. 扩散理论

扩散理论认为，黏结力是通过胶黏剂内部的高分子穿过接触面扩散纠缠产生的。胶黏剂在固化之前一般都是液态的，而胶黏剂的高分子比被黏结物的分子运动频繁，所以胶接连接可能主要是由胶黏剂的高分子扩散到被黏结物形成的，如图 3.5 所示，分子间的扩散就是通常所说的物质溶解。因此在实际的连接件设计过程中，需要根据被黏结物选用与其相溶的胶黏剂。

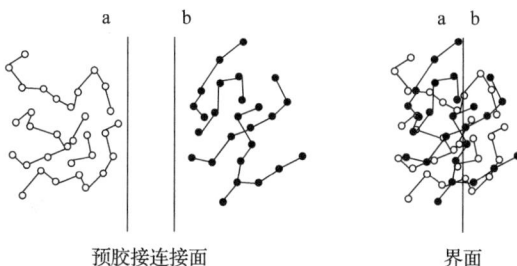

图 3.5　胶黏剂和被黏结物表面上的分子扩散

6. 酸碱理论

胶黏剂和被黏结物按其接受质子能力分为酸性(付出质子)、碱性(接受质子)，在酸碱配对的情况下，胶接连接面通过酸碱作用形成配位键而相连。

胶接连接件的结构示意图如图 3.6 所示。胶接连接件的结构比机械连接件复杂，如果把一个简单的胶接连接件剖开来看，当胶接连接件受到外力作用时，应力分布在连接件的每一部分中，任一部分的破坏将导致整个连接件的破坏。因此，胶接连接件的机械强度与每一部分的内聚力和相互之间的黏附力有密切关系[1]。

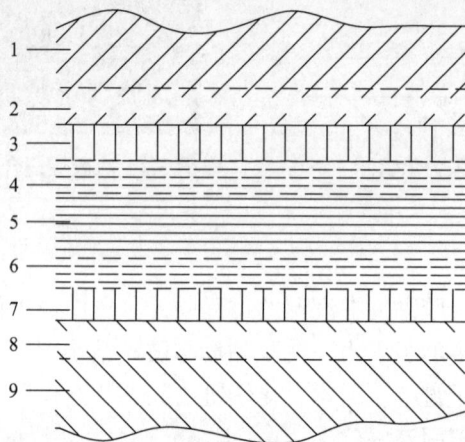

图 3.6 胶接连接件的结构示意图

1. 被黏结物 1；2. 被黏结物的表层 1；3. 被黏结物与胶黏剂的界面 1；4. 受界面影响的胶黏剂层 1；5. 胶黏剂；
6. 受界面影响的胶黏剂层 2；7. 被黏结物与胶黏剂的界面 2；8. 被黏结物的表层 2；9. 被黏结物 2

3.1.2 胶接连接件形式及制备

胶接连接强度受多种因素影响，主要取决于胶黏剂本身的内聚力、胶黏剂同胶接连接材料之间的黏附力和胶接连接件形式等。对于选定的胶黏剂和胶接连接件，胶接连接件形式是影响胶接连接强度的重要因素。胶接连接件设计形式如图 3.7 所示。

(a) 单搭接 (b) 双搭接 (c) 斜接 (d) 斜搭接

图 3.7 胶接连接件设计形式

本次试验连接件为单搭接形式，胶接连接件的制备流程如图 3.8 所示。

(1)环境参数的变化会对胶接连接效果产生一定影响，包括室内温度、相对湿度和净化程度等。温度过高或者过低，都会影响胶黏剂与被黏结物表面的润湿情况，从而影响胶接连接质量；当空气净化度太低时，灰尘可能会黏附在胶接连接表面和胶层内部,破坏界面层;当空气湿度过大时,被黏结物的表面无法完全干燥,影响胶黏剂和层合板的完全接触。为了排除环境参数对胶接连接强度的影响,在试验中对胶接连接工艺的环境条件加以控制,同时在试验中还应考虑环境温度对胶接连接性能的影响。胶接连接工艺环境条件要求如表 3.1 所示。

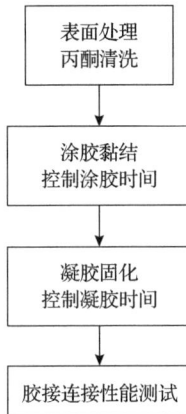

图 3.8 胶接连接件的制备流程

表 3.1 胶接连接工艺环境条件要求

环境参数	指标
温度	试验控制
相对湿度	小于 70%
照度	200~300lx
尘埃	大于 5μm 尘埃不多于 10 万粒/m²
风量	有进、排气装置及时换气

(2)复合材料层合板长时间暴露在空气中会吸附灰尘、油脂、水分等,需在胶接连接前进行表面处理,防止产生弱界面层。表面处理包括:清洁表面、用水擦洗(防止水浸渍纤维层)胶接连接表面、清除颗粒杂质、丙酮擦洗、清除材料表面上吸附的油脂和水分等、根据不同的试验要求对层合板进行表面粗糙度处理。

(3)在涂胶黏结时,需确保层合板置于水平台面,搭接区域涂满胶黏剂,保证涂胶均匀,厚度一致。由于胶黏剂具有流动性,涂胶后的静置也是必要的,可以使胶层均匀,并排出胶层间隙中的空气。

(4)凝胶是指胶接连接后固化的过程。为获得胶接连接性能更优的连接件,在凝胶过程中层合板应固定不动,如图 3.9 所示。在给定的胶接连接压力下,经过一定时间,极易产生溢胶,称为胶瘤[2]。由于胶瘤的存在,单搭接结构受力变得复杂,在胶接连接边缘产生应力集中现象,对连接件的拉伸强度也会产生一定影响,甚至会导致连接件的整体剪切破坏,如图 3.10(a)所示,这种现象对于结构性能是不利的。在测试胶层对拉伸强度的影响时,由于胶瘤的存在,连接件应力分析更为复杂,如图 3.10(b)所示,胶瘤处发生剪切破坏,因此需对胶瘤因素进行试验分析,推断胶瘤对拉伸强度的影响程度。

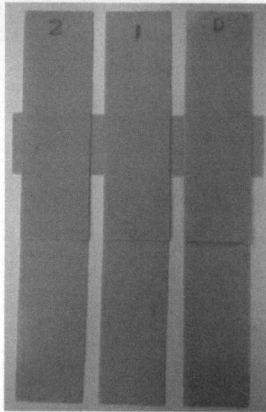

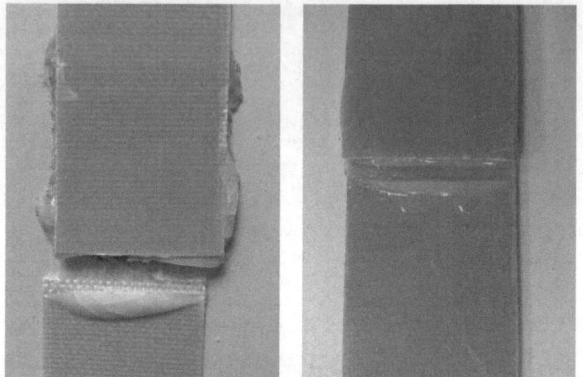

| (a) 整体剪切破坏 | (b) 胶瘤处发生剪切破坏 |

图 3.9　胶接连接件放置方式　　　　　图 3.10　胶瘤对拉伸试验影响

在胶接连接过程中层合板表面处理、温度、涂胶、凝胶时间和胶瘤都是胶接连接工艺的重要参数,每个参数的变化都将对胶接连接性能产生直接影响。因此,在试验施胶时将分析以下情况:

(1)试验所用树脂基复合材料具有亲水性,在试验前用水刀切割,已吸附了一层水膜,而在加工、运输、储存过程中层合板表面还将受到不同程度的污染,如有油脂表面溢出、灰尘黏附等。因此可以采用脱脂溶剂清洗,通过砂纸打磨对材料表面处理。

(2)温度的提高会加快固化过程,恰当的固化时间既可以减小内应力,又可以提高胶接连接强度。

(3)在层合板黏结、固化过程中,对胶接连接部位施以一定压力,不仅可以使胶黏剂的流动性增强,润湿效果好,也可以使胶层与层合板紧密接触,排出胶黏剂中残余的空气,减少弱界面,同时也可以使胶层厚度更加均匀。

(4)给予一定的涂胶时间,使胶黏剂有充分时间渗入层合板表面,增大结合力。若胶黏剂与层合板的材料极性相同,会在界面产生化学交联反应,涂胶静置的时间有利于化学键结合。同时胶黏剂的流动性能够促使其内部的空气排出,但如果涂胶时间过长,反而会使空气和空气中的杂质吸附在胶黏剂上,影响胶接连接质量。

(5)由于在胶接连接过程中,存在对层合板的压力,胶黏剂受到挤压溢出而在层合板端部形成胶瘤,胶瘤的存在会影响胶接连接强度,对连接件应力分布和断裂形貌也会有一定影响。

3.1.3 胶接连接强度和破坏形式

1. 胶接连接件受力分析

由于胶接连接过程影响因素比较多,受力部位和胶接连接处可能存在内部缺陷或弱界面等,都会影响连接件应力分布。胶接连接件的受力情况比较复杂,可能存在几种应力同时作用,除了存在正应力、剪切应力,还有剥离应力、劈裂应力。胶接连接件受力情况如图 3.11 所示。

(1)正应力:拉力与胶接连接面垂直,且均匀分布在胶接连接面上。

(2)剪切应力:拉力与胶接连接面平行,且均匀分布在胶接连接面上。

(3)剥离应力:拉力与胶接连接面呈一定角度,在胶接连接端由于应力集中而存在,可能使胶层连同玻璃纤维铺层一起剥离。

(4)劈裂应力:拉力与胶接连接面垂直,且外力不均匀作用在胶接连接面上。

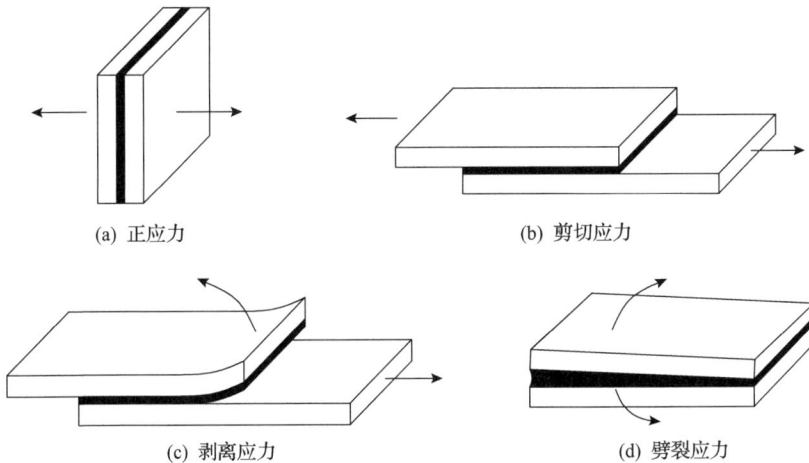

(a) 正应力　　　　　　　　　　　　(b) 剪切应力

(c) 剥离应力　　　　　　　　　　　(d) 劈裂应力

图 3.11　胶接连接件受力情况

2. 胶接连接件的破坏形式

胶接连接件的破坏是胶接连接的逆过程,对胶接连接件进行拉伸试验,可以从其破坏形式反过来判断胶接连接质量,为胶接连接强度分析提供理论依据。

胶接连接件在受到超过自身强度的外力作用时,就会发生破坏。根据破坏形式和部位可以分为被黏结物破坏、胶黏剂破坏、界面破坏和混合破坏。在拉伸试验时，若发生被黏结物破坏，说明胶黏剂的强度已满足材料胶接连接要求。大部分情况下，被黏结物与胶接连接件均会破坏，需要更全面地考虑胶接连接件的破坏形式。胶接连接件破坏可以分为内聚破坏、界面破坏和混合破坏。

1）内聚破坏

内聚破坏示意图如图 3.12 所示。内聚破坏包含胶层破坏和被黏结物破坏，内聚破坏与被黏结物材料、尺寸、内部缺陷、胶层厚度和涂胶工艺等有关。

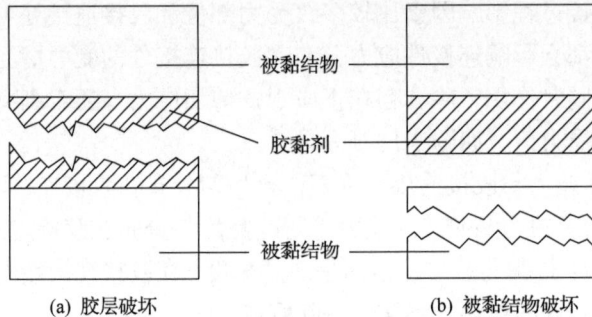

(a) 胶层破坏　　　　　　　(b) 被黏结物破坏

图 3.12　内聚破坏示意图

2）界面破坏

界面破坏是指胶层与被黏结物在界面处整体脱开而形成的破坏，如图 3.13(a)所示，造成界面破坏最直接的原因是被黏结物材料可黏结性差，胶接连接时应设法避免界面破坏。

3）混合破坏

混合破坏包含内聚破坏和界面破坏，此时内聚力与界面力同时作用于胶接连接部位，如图 3.13(b)所示。

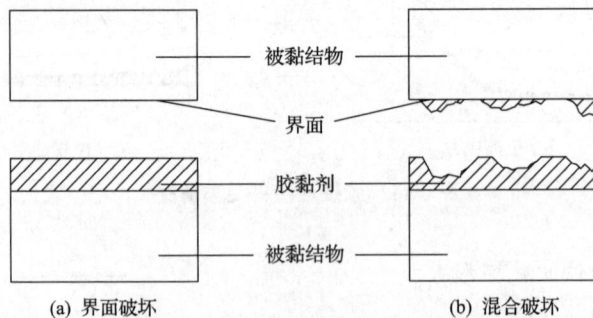

(a) 界面破坏　　　　　　　(b) 混合破坏

图 3.13　界面破坏与混合破坏示意图

胶接连接部位的破坏形式不仅与胶黏剂、被黏结物、胶接连接工艺有关，也与环境、试验方式有一定关系。若拉伸加载速度过快或固化时周围环境潮湿，连接件也可能由内聚破坏逐渐转为界面破坏。因此胶接连接件受力时的破坏形式是多种多样的，在试验中也将分析对破坏形式有较大影响的因素。

3.2　试验材料和方案设定

3.2.1　材料参数的确定

试验采用玻璃纤维增强树脂基复合材料层合板，主要成分为环氧树脂与玻璃纤维，采用预浸料热压层工艺生产，密度为 1.804g/cm^3。复合材料层合板力学性能如表 2.3 所示。

复合材料层合板单搭接胶接连接件尺寸如图 3.14 所示。复合材料层合板厚度分别为 1mm 与 3mm，胶接连接区域长度为 40mm，宽度为 40mm。材料为环氧树脂基复合材料 3240，铺层顺序为[0/90/0/90]$_{2s}$，即铺层角度由上至中性面依次为[0/90/0/90/90/0/90/0]，下半部分进行对称铺设，1mm 厚度层合板铺层共 6 层，3mm 厚度层合板铺层共 18 层[3]。

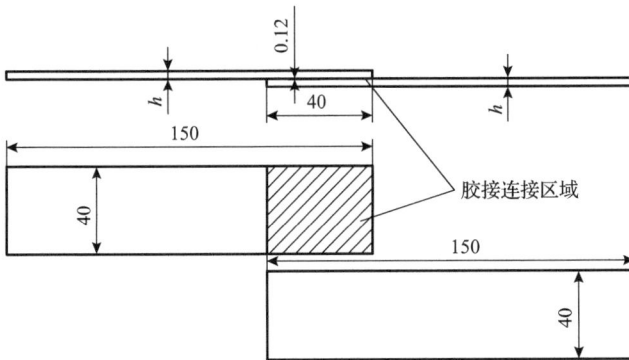

图 3.14　复合材料层合板单搭接胶接连接件尺寸(单位：mm)

在胶接连接时，为形成均匀、致密的胶层，要求胶黏剂满足以下要求：

(1)胶黏剂中气泡少，若需加固化剂，在反应中不产生或少产生挥发气体或水分，以免在涂胶过程中产生气孔和气泡。

(2)胶黏剂在固化时收缩率低，避免在凝胶时产生裂纹。

(3)胶黏剂具有良好的耐腐蚀性，在不同介质中仍然能够保持良好的胶接连接性能。

考虑以上因素，胶黏剂类型、主要性能和使用方法如表 3.2 所示。采用 J-133 环氧树脂胶黏剂、J-272 胶膜和 JX-9 丁腈酚醛胶黏剂等进行复合材料层合板胶接连接和连接件拉伸试验，从而判定其适用性。

表 3.2　胶黏剂类型、主要性能和使用方法

胶黏剂类型	主要性能	使用方法
E-44 双酚 A 型环氧树脂胶黏剂	双酚 A 型环氧树脂	与聚氨酯(PU)1:1 配比
J-133 环氧树脂胶黏剂	室温固化双组分改性环氧液状耐 100℃结构胶黏剂,黏结强度高,韧性好	A、B 组分按 5:1 配比
J-272 胶膜	中温固化结构胶膜机械性能好,快固,工艺要求低	120～125℃固化 3h
JX-9 丁腈酚醛胶黏剂	丁腈酚醛	B 组分按 4:1 配比常温固化,适用范围为-55～150℃
TS-8105 聚丙烯胶黏剂	塑料专用胶,黏结强度高,胶层透明,统一性强	采用处理剂预处理

注: J-133 环氧树脂胶黏剂和 JX-9 丁腈酚醛胶黏剂组分均为 A、B 两组分, A 组分为树脂, B 组分为固化剂。

3.2.2　不同胶黏剂胶接连接试验与分析

1. 胶接连接整体工艺

胶接连接工艺过程如图 3.15 所示。

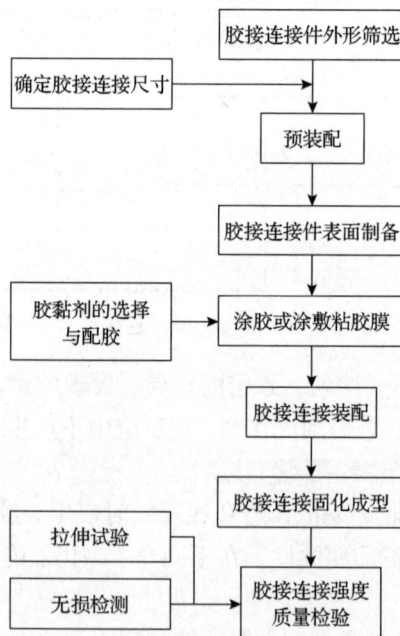

图 3.15　胶接连接工艺过程

胶接连接件为单搭接结构, 胶接连接环境参数如表 3.3 所示。涂胶静置 10min

之后，将两块复合材料层合板贴合在一起并施加 0.08～0.1MPa 压力，在室温下放置 7d，然后在拉伸试验机上测定其拉伸强度。搭接面单位面积上的平均剪切应力为胶黏剂搭接时的拉伸强度。拉伸试验在室内环境下进行，环境温度为 5～15℃，相对湿度为 50%，拉伸试验前应清除留在胶缝外已固化的胶瘤，考虑到不宜损伤胶缝和拉伸强度，故采用砂纸打磨的方式将胶瘤去除，如图 3.16 所示。

表 3.3　胶接连接环境参数

温度 /℃	胶层厚度 /mm	相对湿度/%	尘埃颗粒密度	风量	胶接连接压力 /MPa	固化时间 /d
10	0.10～0.12	50	大于 5μm 尘埃不多于 10 万/m³	有进、排气装置及时通风	0.04～0.06	7

(a) 有胶瘤连接件　　　　　　　(b) 无胶瘤连接件

图 3.16　胶接连接件

2. 胶接连接件拉伸试验

采用拉伸试验机测定试验数据，最大测试量程为 20kN，载荷测定精度为 0.01N，位移测定精度为 0.01mm。将连接件装夹在试验机的上下夹持器中，上夹持器加载速度为 2mm/min，实时记录连接件的拉伸载荷和位移等数据。

采用 J-133 环氧树脂胶黏剂分别制备 1mm 厚度层合板和 3mm 厚度层合板连接件，两种连接件的拉伸试验各重复三次。J-133 环氧树脂胶黏剂连接件拉伸性能如表 3.4 所示。试验中观察到在 J-133 环氧树脂胶黏剂连接件中，1mm 厚度层合板连接件破坏大部分为复合材料的内聚破坏，小部分为层合板的直接断裂，可见连接件的拉伸强度主要反映为材料本身强度。3mm 厚度层合板连接件破坏形式大部分为连接件和胶层的内聚破坏，小部分为界面与胶层的混合破坏，如图 3.17 所示。连接件的拉伸强度主要反映为胶层的强度。复合材料层合板厚度分别为 1mm、3mm 的 J-133 环氧树脂胶黏剂连接件载荷-位移曲线如图 3.18 所示。

表 3.4　J-133 环氧树脂胶黏剂连接件拉伸性能

连接件编号	层合板厚度/mm	峰值载荷/kN	拉伸强度/MPa	拉伸强度平均值/MPa	破坏形式	CV/%
1		3.14	1.97			
2	1	3.01	1.88	1.95	内聚破坏，多为胶接连接件剥离	2.38
3		3.18	1.99			
1		5.25	3.28			
2	3	5.04	3.15	3.20	内聚破坏，多为胶层破坏	1.73
3		5.08	3.18			

注：CV 为变异系数。

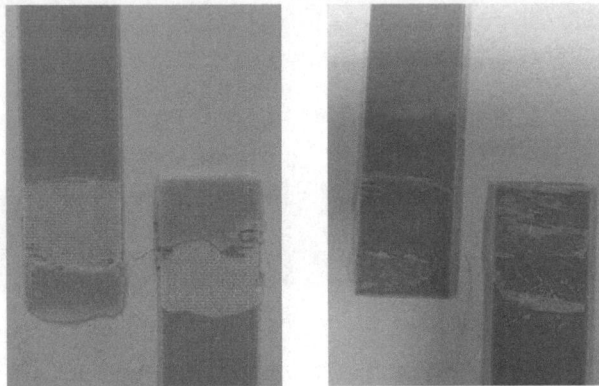

(a) 1mm厚度层合板连接件　　　　(b) 3mm厚度层合板连接件

图 3.17　J-133 环氧树脂胶黏剂连接件拉伸破坏形式

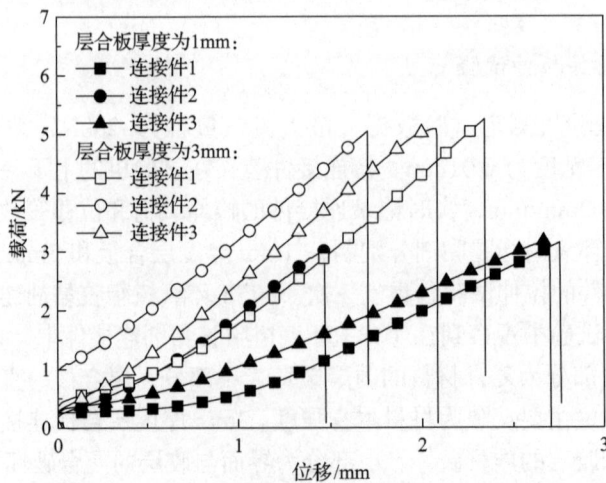

图 3.18　J-133 环氧树脂胶黏剂连接件载荷-位移曲线

　　使用 J-272 胶膜制备连接件操作简单，胶层分布均匀可控。涂胶时应保证胶层无孔隙，若胶层气孔太多，则胶层质量较差，在固化时易产生孔隙。采用 J-272 胶膜分别制备 1mm 厚度层合板和 3mm 厚度层合板连接件，两种连接件的拉伸试验各重复三次。J-272 胶膜连接件拉伸性能如表 3.5 所示。可以看出，连接件的峰值载荷离散性小。1mm 厚度层合板连接件的破坏形式为复合材料的内聚破坏，甚至出现连接件的剪切和连接件的完全剥离，可见胶接连接拉伸强度主要反映为材料本身强度，如图 3.19(a)所示；3mm 厚度层合板连接件的破坏大部分为连接件和界面与胶层的混合破坏，胶接连接的拉伸强度主要反映为界面的强度，如图 3.19(b)所示，界面发生粉碎式剥离，胶接连接效果较为优良。复合材料层合板厚度分别为 1mm、3mm 的 J-272 胶膜连接件载荷-位移曲线如图 3.20 所示。

表 3.5　J-272 胶膜连接件拉伸性能

连接件编号	层合板厚度/mm	峰值载荷/kN	拉伸强度/MPa	拉伸强度平均值/MPa	破坏形式	CV/%
1		5.15	3.22			
2	1	5.27	3.29	3.31	内聚破坏，多为胶接连接件剥离	2.68
3		5.49	3.43			
1		6.59	4.12			
2	3	6.26	3.91	3.99	界面与胶层混合破坏	2.26
3		6.31	3.94			

注：CV 为变异系数。

(a) 1mm厚度层合板连接件　　　　(b) 3mm厚度层合板连接件
图 3.19　J-272 胶膜连接件拉伸破坏形式

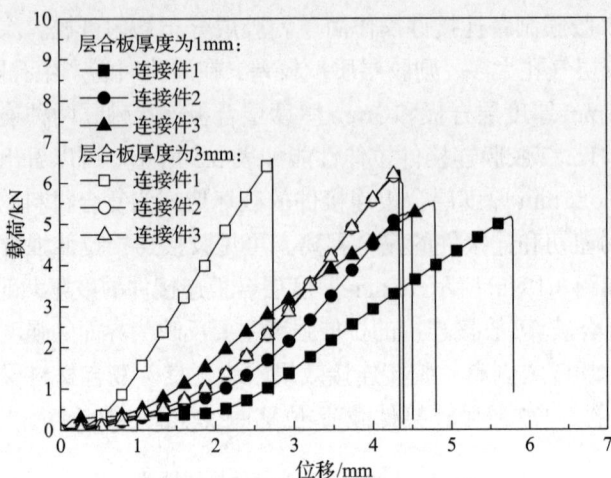

图 3.20　J-272 胶膜连接件载荷-位移曲线

　　JX-9 丁腈酚醛胶黏剂与复合材料表面发生强烈的界面反应，形成网状胶层，其破坏形式大多为界面破坏和胶层的内聚破坏。由试验可知，JX-9 丁腈酚醛胶黏剂胶接连接时不易产生胶瘤，胶黏剂渗透能力较强，涂胶时胶黏剂流动性较高，胶层均匀。采用 JX-9 丁腈酚醛胶黏剂分别制备 1mm 厚度层合板和 3mm 厚度层合板连接件，两种连接件的拉伸试验各重复三次。试验中观察到 1mm 厚度层合板连接件的破坏小部分为连接件的内聚破坏，大部分为界面与胶层的混合破坏，如图 3.21 所示，可见胶接连接的拉伸强度主要反映为胶层的强度。3mm 厚度层合板连接件的破坏大部分为界面与胶层的混合破坏，小部分为连接件内聚破坏和胶层的内聚破坏。JX-9 丁腈酚醛胶黏剂连接件拉伸性能如表 3.6 所示，胶接连接的拉伸强度主要反映为胶层的强度。复合材料层合板厚度分别为 1mm、3mm 的 JX-9 丁腈酚醛胶黏剂连接件载荷-位移曲线如图 3.22 所示。

表 3.6　JX-9 丁腈酚醛胶黏剂连接件拉伸性能

连接件编号	层合板厚度/mm	峰值载荷/kN	拉伸强度/MPa	拉伸强度平均值/MPa	破坏形式	CV/%
1		1.87	1.17			
2	1	1.69	1.06	1.07	混合破坏，主要体现为界面破坏	7.58
3		1.55	0.97			
1		2.57	1.60			
2	3	2.62	1.64	1.58	混合破坏，主要体现为胶层的内聚破坏	3.67
3		2.40	1.50			

注：CV 为变异系数。

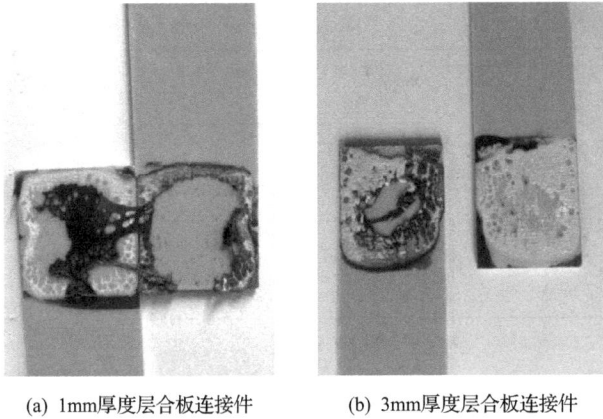

(a) 1mm厚度层合板连接件　　　　(b) 3mm厚度层合板连接件

图 3.21　JX-9 丁腈酚醛胶黏剂连接件拉伸破坏形式

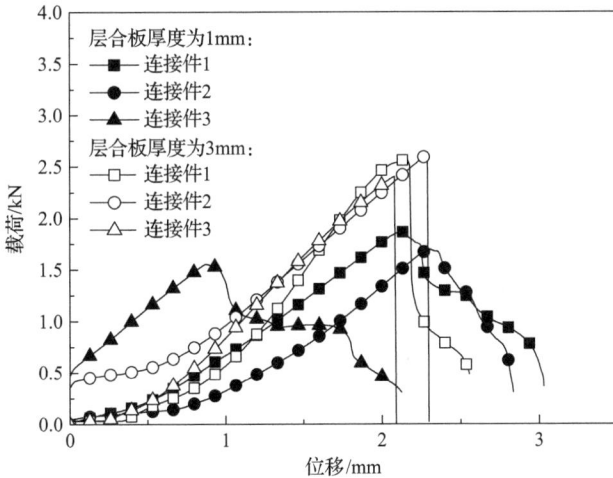

图 3.22　JX-9 丁腈酚醛胶黏剂连接件载荷-位移曲线

采用 E-44 双酚 A 型环氧树脂胶黏剂分别制备 1mm 厚度层合板和 3mm 厚度层合板连接件,两种连接件的拉伸试验各重复三次。E-44 双酚 A 型环氧树脂胶黏剂连接件拉伸性能如表 3.7 所示。双酚 A 型环氧树脂具有附着力大、黏度高的特点,与聚氨酯 1:1 配比所合成胶黏剂的黏度增大,导致分散困难,流动性差,因而胶层厚度不一,造成应力分布不均匀,涂胶静置 10min 后 E-44 双酚 A 型环氧树脂胶黏剂胶层如图 3.23 所示。同时,胶接连接后易形成胶瘤且不易除去,胶接连接件均有胶瘤产生,破坏形式基本为连接件的内聚破坏,并在接近胶瘤的连接件端部发生因应力集中而造成的多层玻璃纤维层的剥离,如图 3.24 所示。虽然连接件黏合强度高,但胶瘤会对拉伸强度产生较大影响,造成 E-44 双酚 A 型环氧树脂胶黏剂胶接连接应力不均匀性严重,如图 3.25 所示。

表 3.7　E-44 双酚 A 型环氧树脂胶黏剂连接件拉伸性能

连接件编号	层合板厚度/mm	峰值载荷/kN	拉伸强度/MPa	拉伸强度平均值/MPa	破坏形式	CV/%
1		4.43	2.77			
2	1	4.06	2.54	2.63	内聚破坏，剥离-劈裂	3.85
3		4.12	2.57			
1		5.19	3.24			
2	3	6.83	4.27	3.67	内聚破坏，连接件端部剥离严重	11.89
3		5.60	3.50			

注：CV 为变异系数。

图 3.23　涂胶静置 10min 后 E-44 双酚 A 型环氧树脂胶黏剂胶层

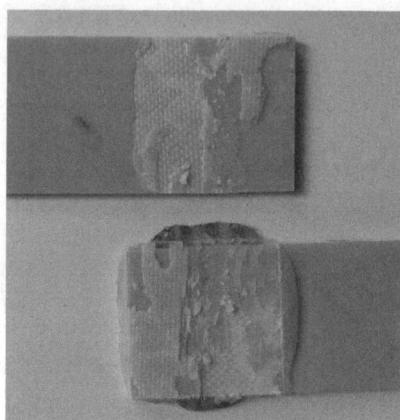

图 3.24　E-44 双酚 A 型环氧树脂胶黏剂连接件破坏形式

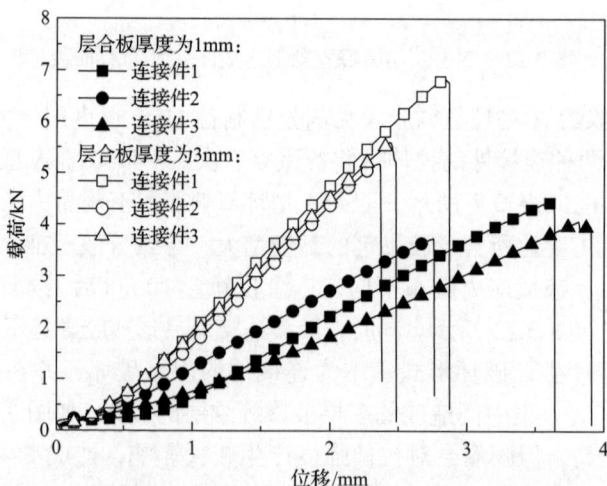

图 3.25　E-44 双酚 A 型环氧树脂胶黏剂连接件载荷-位移曲线

采用 TS-8105 聚丙烯胶黏剂分别制备 1mm 厚度层合板和 3mm 厚度层合板连接件，两种连接件的拉伸试验各重复三次。TS-8105 聚丙烯胶黏剂连接件拉伸性能如表 3.8 所示。在试验中观察到不论复合材料层合板厚度为 1mm 还是 3mm，连接件破坏形式始终为胶层的内聚破坏和界面的混合破坏。1mm 和 3mm 厚度层合板胶接连接件在拉伸试验过程中均出现滑移失效，载荷也没有明显差别。可见环氧树脂基复合材料的本身性质完全不同于塑料，胶层与板材不存在化学键或扩散等，胶层在连接件表面未浸润，由此可见塑料胶水不适于复合材料胶接连接。TS-8105 聚丙烯胶黏剂连接件载荷-位移曲线如图 3.26 所示。

表 3.8　TS-8105 聚丙烯胶黏剂连接件拉伸性能

连接件编号	层合板厚度/mm	峰值载荷/N	拉伸强度/MPa	拉伸强度平均值/MPa	破坏形式	CV/%
1		119.90	0.07			
2	1	177.50	0.11	0.08	胶层滑移，无浸润	26.05
3		96.10	0.06			
1		106.20	0.07			
2	3	102.10	0.06	0.07	胶层滑移，无浸润	16.13
3		144.20	0.09			

注：CV 为变异系数。

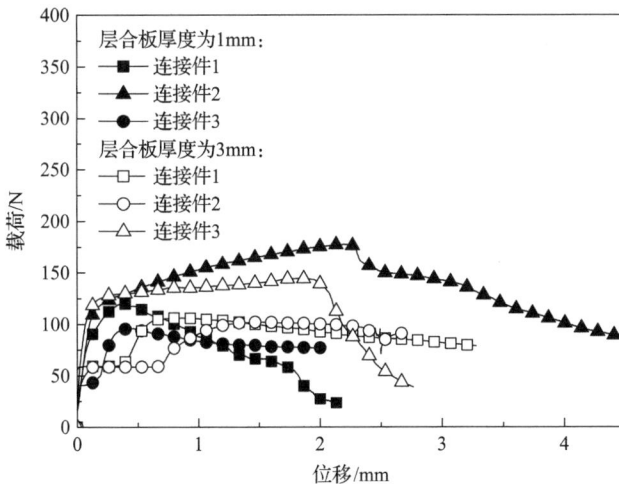

图 3.26　TS-8105 聚丙烯胶黏剂连接件载荷-位移曲线

复合材料层合板厚度为 1mm 和 3mm 时的试验选用胶黏剂拉伸强度如表 3.9和表 3.10 所示。通过使用不同类型胶黏剂对环氧树脂基复合材料进行胶接连接试验可知，J-133 环氧树脂胶黏剂、E-44 双酚 A 型环氧树脂胶黏剂和 J-272 胶膜的拉伸强度较高。E-44 双酚 A 型环氧树脂胶黏剂涂胶时无法达到理想的表面均匀润湿，存在很大的应力分布不均匀现象，同时易产生胶瘤，对拉伸强度影响较大，因此在后续优化工艺中暂不考虑。J-272 胶膜胶接连接工艺要求低，胶层制备简单，因而在后续优化工艺中暂未提及。JX-9 丁腈酚醛胶黏剂的胶接连接质量虽不如环氧树脂胶黏剂，但能够形成致密胶层且胶瘤较少。J-133 环氧树脂胶黏剂作为环氧胶黏剂对胶接连接件表面的润湿效果好，胶层的应力分布较均匀。可以看出，J-133 环氧树脂胶黏剂连接件与 E-44 双酚 A 型环氧树脂胶黏剂连接件均有较高的拉伸强度，J-133 环氧树脂胶黏剂连接件拉伸性能更稳定；JX-9 丁腈酚醛胶黏剂的拉伸强度不是很高，但 CV 值相对较低；而 TS-8105 聚丙烯胶黏剂无法用于复合材料连接，因此峰值载荷不能作为胶接连接性能指标，其 CV 值也偏大。因此，在后续试验中进一步分析 J-133 环氧树脂胶黏剂和 JX-9 丁腈酚醛胶黏剂对胶接连接件力学性能的影响。

表 3.9　试验选用胶黏剂拉伸强度（复合材料层合板厚度为 1mm）

胶黏剂类型	拉伸强度平均值/MPa	CV/%
J-133 环氧树脂胶黏剂	1.95	2.38
J-272 胶膜	3.31	2.68
JX-9 丁腈酚醛胶黏剂	1.07	7.58
E-44 双酚 A 型环氧树脂胶黏剂	2.63	3.85
TS-8105 聚丙烯胶黏剂	0.08	26.05

注：CV 为变异系数。

表 3.10　试验选用胶黏剂拉伸强度（复合材料层合板厚度为 3mm）

胶黏剂类型	拉伸强度平均值/MPa	CV/%
J-133 环氧树脂胶黏剂	3.20	1.73
J-272 胶膜	3.99	2.26
JX-9 丁腈酚醛胶黏剂	1.58	3.67
E-44 双酚 A 型环氧树脂胶黏剂	3.67	11.89
TS-8105 聚丙烯胶黏剂	0.07	16.13

注：CV 为变异系数。

3.3　胶接连接工艺影响因素分析

对复合材料层合板试用不同胶黏剂胶接连接后，选定 J-133 环氧树脂胶黏剂进行后续的试验研究，主要分析固化时间（涂胶、凝胶时间）、固化温度、涂胶面积和厚度、胶接连接压力、粗糙化处理、湿老化处理等对胶接连接件拉伸性能的影响。通过拉伸强度测试，充分了解环氧基复合材料胶接连接工艺的要求。考虑到参数的数量，为分析各参数对胶接连接性能的影响，试验环境温度为 5℃和25℃，采用正交试验分析各影响因素的显著性。在环境温度为 65℃时用单因素分析法分析各因素对胶接连接性能的影响。

3.3.1　试验方案设定

J-133 环氧树脂胶黏剂在常温下一般为黏稠状，具有一定的流动性，因此固化是必要的工序，经过固化后连接件才能发挥其连接作用。从化学角度分析，固化是胶黏剂内部分子之间作用力慢慢加强的过程。从力学性能角度分析，固化是胶黏剂弹性模量慢慢变化的过程。胶接连接件拉伸强度与胶黏剂的固化过程有密切关系，固化质量直接决定胶接连接件的拉伸强度。在连接件的制备工序中，固化温度和固化时间是两个关键因素。

一般来说，固化温度过高或者过低，固化时间中涂胶时间过长或者凝胶时间过短都不利于拉伸强度的提高。固化温度和固化时间合理匹配才能获得更高的拉伸强度。固化温度过高时，胶黏剂固化速度快，界面未产生良性胶接连接，胶层便已固化，如图 3.27(a)所示；固化凝胶时间太短时，胶层未完全固化，仍具有流动性，在外力作用下易产生胶层的滑动失效，如图 3.27(b)所示。因此，在实际的胶接连接件制备过程中，应该根据胶黏剂类型选取合理的固化温度和固化时间，才能得到满足性能要求的胶接连接件。

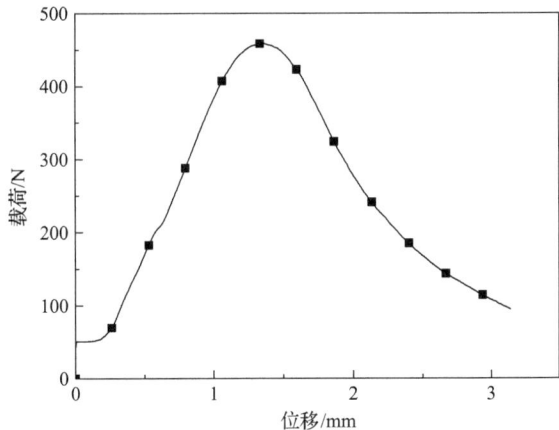

(a) 胶层过早固化　　　　(b) 胶接连接件载荷-位移曲线

图 3.27　胶接连接失效形式

选用环氧基复合材料层合板，胶接连接件为中间涂有 J-133 环氧树脂胶黏剂的单搭接结构，胶层厚度为 0.1～0.12mm，搭接长度为 40mm。考虑固化时间(涂胶、凝胶时间)和固化温度对胶接连接件拉伸强度的影响，参数取值如下：

(1) 复合材料层合板厚度为 1mm、3mm。

(2) 固化温度为 5℃时，涂胶时间为 90min、120min、180min，凝胶时间为 1d、2d、4d、7d。固化温度为 25℃时，涂胶时间为 90min、120min、180min，凝胶时间为 1d、2d、4d、7d。固化温度为 65℃时，涂胶时间为 5min、10min、15min、25min、40min，凝胶时间为 1h、2h、3h。

(3) 胶层厚度为 0.12mm、0.24mm。

J-133 环氧树脂胶黏剂在温度升高时活性和流动性都会增强，因此，对固化时间的选定也无法完全做到统一变量。如果对每个因素中的水平进行单因素试验，试验工作量较大，另外对试验数据进行统计分析需要花费大量人力物力。因此，采用正交试验设计，根据试验目的，选择主要因素，略去次要因素，减少考察的因素数，利用正交表合理安排多因素试验。同时对正交表进行单指标正交设计，并对试验结果进行直观分析。固化温度为 5℃ 和 25℃时，采用混合水平正交表 $L_{24}(2^3 \times 3^3 \times 4^1)$，试验参数和参数值如表 3.11 所示。每个因素的各水平之间的搭配比较均衡，即"整齐可比、均衡分散"，体现出正交性。

表 3.11　试验参数和参数值

因素水平	A 胶接连接件厚度 /mm	B 胶层厚度 /mm	C 固化温度 /℃	D 涂胶时间 /min	E 凝胶时间 /d
1	1(A_1)	0.24(B_1)	5(C_1)	90(D_1)	4(E_1)
2	3(A_2)	0.12(B_2)	25(C_2)	180(D_2)	2(E_2)
3	—	—	—	120(D_3)	7(E_3)
4	—	—	—	—	1(E_4)

为避免人为因素导致的误差，水平对应的因素不完全按数值的大小顺序排列，随机地确定水平对应的因素。如水平 1 对应 90(D_1)，水平 2 对应 180(D_2)，水平 3 对应 120(D_3)。正交设计方案如表 3.12 所示。

表 3.12　正交设计方案

连接件编号	1(E)	2(A)	3(B)	4(C)	5(D)	空列	空列
SJ*CFt*1	1(E_1)	1(A_1)	1(B_1)	1(C_1)	1(D_1)	1	1
SJ*CFt*2	1(E_1)	1(A_1)	2(B_2)	2(C_2)	2(D_2)	2	2
SJ*CFt*3	1(E_1)	2(A_2)	1(B_1)	2(C_2)	3(D_3)	3	3
SJ*CFt*4	2(E_2)	2(A_2)	2(B_2)	2(C_2)	1(D_1)	2	3

续表

连接件编号	1(E)	2(A)	3(B)	4(C)	5(D)	空列	空列
SJCFt5	2(E_2)	2(A_2)	1(B_1)	1(C_1)	2(D_2)	3	2
SJCFt6	2(E_2)	2(A_2)	2(B_2)	1(C_1)	3(D_3)	1	1
SJCFt7	3(E_3)	1(A_1)	1(B_1)	2(C_2)	1(D_1)	3	1
SJCFt8	3(E_3)	1(A_1)	2(B_2)	2(C_2)	2(D_2)	1	2
SJCFt9	3(E_3)	1(A_1)	1(B_1)	1(C_1)	3(D_3)	2	3
SJCFt10	4(E_4)	1(A_1)	2(B_2)	1(C_1)	1(D_1)	2	3
SJCFt11	4(E_4)	2(A_2)	1(B_1)	1(C_1)	2(D_2)	3	2
SJCFt12	4(E_4)	2(A_2)	2(B_2)	2(C_2)	3(D_3)	1	1
SJCFt13	1(E_1)	2(A_2)	1(B_1)	2(C_2)	1(D_1)	2	3
SJCFt14	1(E_1)	2(A_2)	2(B_2)	1(C_1)	2(D_2)	3	2
SJCFt15	1(E_1)	1(A_1)	1(B_1)	1(C_1)	3(D_3)	1	1
SJCFt16	2(E_2)	1(A_1)	2(B_2)	1(C_1)	1(D_1)	3	1
SJCFt17	2(E_2)	1(A_1)	1(B_1)	2(C_2)	2(D_2)	1	2
SJCFt18	2(E_2)	1(A_1)	2(B_2)	2(C_2)	3(D_3)	2	3
SJCFt19	3(E_3)	2(A_2)	1(B_1)	1(C_1)	1(D_1)	2	3
SJCFt20	3(E_3)	2(A_2)	2(B_2)	1(C_1)	2(D_2)	3	2
SJCFt21	3(E_3)	2(A_2)	1(B_1)	2(C_2)	3(D_3)	1	1
SJCFt22	4(E_4)	2(A_2)	2(B_2)	2(C_2)	1(D_1)	1	1
SJCFt23	4(E_4)	1(A_1)	1(B_1)	2(C_2)	2(D_2)	2	2
SJCFt24	4(E_4)	1(A_1)	2(B_2)	1(C_1)	3(D_3)	3	3

注：表中 S 代表单搭接试样，J 代表胶接连接，C 代表固化时间(包括涂胶和凝胶时间)，F 代表温度，t 代表厚度(包括胶层和层合板厚度)。

3.3.2　拉伸强度试验

在制备胶接连接件时要注意以下三点：

(1)保证涂胶面积一致、胶接连接后连接件所受压力均匀一致。

(2)保证胶接连接过程中无粉尘、水分等浸入胶层。

(3)在试验阶段未了解胶瘤对试验结果的影响，故在拉伸试验前需先去掉胶瘤。

由于胶瘤紧靠胶接连接件，不宜用过大作用力去除胶瘤以免损伤连接件，因此采用 120 号砂纸打磨胶瘤。

考虑到胶接连接试验的难操作性，操作误差较大，制备 24×3 个胶接连接件，采用万能拉伸试验机测定连接件的拉伸强度。排除拉伸强度差异过大的连接件，选取中间值的连接件试验数据得到正交试验结果如表 3.13 所示。

表 3.13　正交试验结果

连接件编号	试验方案	峰值载荷/kN	拉伸强度/MPa
SJ*CFt*1	$E_1A_1B_1C_1D_1$	3.92	2.45
SJ*CFt*2	$E_1A_1B_2C_2D_2$	2.43	1.52
SJ*CFt*3	$E_1A_2B_1C_2D_3$	5.43	3.39
SJ*CFt*4	$E_2A_2B_2C_2D_1$	2.43	1.52
SJ*CFt*5	$E_2A_2B_1C_1D_2$	5.75	3.59
SJ*CFt*6	$E_2A_2B_2C_1D_3$	5.04	3.15
SJ*CFt*7	$E_3A_1B_1C_2D_1$	3.08	1.93
SJ*CFt*8	$E_3A_1B_2C_2D_2$	2.12	1.32
SJ*CFt*9	$E_3A_1B_1C_1D_3$	4.26	2.66
SJ*CFt*10	$E_4A_1B_2C_1D_1$	2.11	1.32
SJ*CFt*11	$E_4A_2B_1C_1D_2$	0.11	0.07
SJ*CFt*12	$E_4A_2B_2C_2D_3$	2.13	1.33
SJ*CFt*13	$E_1A_2B_1C_2D_1$	4.78	2.99
SJ*CFt*14	$E_1A_2B_2C_1D_2$	4.59	2.87
SJ*CFt*15	$E_1A_1B_1C_1D_3$	3.75	2.34
SJ*CFt*16	$E_2A_1B_2C_1D_1$	3.08	1.93
SJ*CFt*17	$E_2A_1B_1C_2D_2$	2.84	1.77
SJ*CFt*18	$E_2A_1B_2C_2D_3$	1.39	0.87
SJ*CFt*19	$E_3A_2B_1C_1D_1$	6.47	4.05
SJ*CFt*20	$E_3A_2B_2C_1D_2$	4.78	2.99
SJ*CFt*21	$E_3A_2B_1C_2D_3$	5.30	3.31
SJ*CFt*22	$E_4A_2B_2C_2D_1$	2.78	1.74
SJ*CFt*23	$E_4A_1B_1C_2D_2$	3.45	2.16
SJ*CFt*24	$E_4A_1B_2C_1D_3$	1.75	1.09

1. 连接件拉伸试验结果分析

根据正交试验设计表，进行不同工艺参数胶接连接件拉伸试验。正交试验胶接连接件破坏形式如图 3.28 所示。图号顺序与正交试验连接件编号顺序一致。连接件胶接连接面拉伸破坏形式是胶接连接性能的重要指标，若破坏为单纯的胶层内聚破坏或界面破坏，有利于胶接连接结构检修和再胶接连接。

(a) SJ*CFt*1连接件

(b) SJ*CFt*2连接件

(c) SJ*CFt*3连接件

(d) SJ*CFt*4连接件

(e) SJ*CFt*5连接件

(f) SJ*CFt*6连接件

(g) SJ*CFt*7连接件

(h) SJ*CFt*8连接件

(i) SJ*CFt*9连接件

(j) SJ*CFt*10连接件

(k) SJ*CFt*11连接件

(l) SJ*CFt*12连接件

(m) SJ*CFt*13连接件

(n) SJ*CFt*14连接件

(o) SJ*CFt*15连接件

(p) SJ*CFt*16连接件

(q) SJ*CFt*17连接件　　(r) SJ*CFt*18连接件　　(s) SJ*CFt*19连接件　　(t) SJ*CFt*20连接件

(u) SJ*CFt*21连接件　　(v) SJ*CFt*22连接件　　(w) SJ*CFt*23连接件　　(x) SJ*CFt*24连接件

图 3.28　正交试验胶接连接件破坏形式

2. 正交试验结果分析

在多因素胶接连接试验中，获得优化方案和确定胶接连接试验影响因素的主次关系尤为重要。正交试验结果与分析如表 3.14 所示，在表中引入了三个符号：

K_i 表示任一列上水平号为 i 时，所对应的试验结果之和。

$k_i = K_i/s\ (i=1,2,3,4)$，其中 s 为任一列上各水平出现的次数，所以 k_i 表示任一列上因素取水平 i 时所得试验结果的算术平均值。

R 表示极差，在任一列上 $R = \max\{K_1, K_2, K_3, K_4\} - \min\{K_1, K_2, K_3, K_4\}$，或 $R = \max\{k_1, k_2, k_3, k_4\} - \min\{k_1, k_2, k_3, k_4\}$。由于考虑的各因素水平数不同，因此选用 $R = \max\{k_1, k_2, k_3, k_4\} - \min\{k_1, k_2, k_3, k_4\}$ 计算极差。

表 3.14　正交试验结果与分析

连接件编号	1(E)	2(A)	3(B)	4(C)	5(D)	空列	空列	P/kN
SJ*CFt*1	1(E_1)	1(A_1)	1(B_1)	1(C_1)	1(D_1)	1	1	3.92
SJ*CFt*2	1(E_1)	1(A_1)	2(B_2)	2(C_2)	2(D_2)	2	2	2.43
SJ*CFt*3	1(E_1)	2(A_2)	1(B_1)	2(C_2)	3(D_3)	3	3	5.43
SJ*CFt*4	2(E_2)	2(A_2)	2(B_2)	2(C_2)	1(D_1)	2	3	2.43

续表

连接件编号	1 (E)	2 (A)	3 (B)	4 (C)	5 (D)	空列	空列	P/kN
SJCFt5	2 (E_2)	2 (A_2)	1 (B_1)	1 (C_1)	2 (D_2)	3	2	5.75
SJCFt6	2 (E_2)	2 (A_2)	2 (B_2)	1 (C_1)	3 (D_3)	1	1	5.04
SJCFt7	3 (E_3)	1 (A_1)	1 (B_1)	2 (C_2)	1 (D_1)	3	1	3.08
SJCFt8	3 (E_3)	1 (A_1)	2 (B_2)	2 (C_2)	2 (D_2)	1	2	2.12
SJCFt9	3 (E_3)	1 (A_1)	1 (B_1)	1 (C_1)	3 (D_3)	2	3	4.26
SJCFt10	4 (E_4)	1 (A_1)	2 (B_2)	1 (C_1)	1 (D_1)	2	3	2.11
SJCFt11	4 (E_4)	2 (A_2)	1 (B_1)	1 (C_1)	2 (D_2)	3	2	0.11
SJCFt12	4 (E_4)	2 (A_2)	2 (B_2)	2 (C_2)	3 (D_3)	1	1	2.13
SJCFt13	1 (E_1)	2 (A_2)	1 (B_1)	2 (C_2)	1 (D_1)	2	3	4.78
SJCFt14	1 (E_1)	2 (A_2)	2 (B_2)	1 (C_1)	2 (D_2)	3	2	4.59
SJCFt15	1 (E_1)	1 (A_1)	1 (B_1)	1 (C_1)	3 (D_3)	1	1	3.75
SJCFt16	2 (E_2)	1 (A_1)	2 (B_2)	1 (C_1)	1 (D_1)	3	1	3.08
SJCFt17	2 (E_2)	1 (A_1)	1 (B_1)	2 (C_2)	2 (D_2)	1	2	2.84
SJCFt18	2 (E_2)	1 (A_1)	2 (B_2)	2 (C_2)	3 (D_3)	2	3	1.39
SJCFt19	3 (E_3)	2 (A_2)	1 (B_1)	1 (C_1)	1 (D_1)	2	3	6.47
SJCFt20	3 (E_3)	2 (A_2)	2 (B_2)	1 (C_1)	2 (D_2)	3	2	4.78
SJCFt21	3 (E_3)	2 (A_2)	1 (B_1)	2 (C_2)	3 (D_3)	1	1	5.30
SJCFt22	4 (E_4)	2 (A_2)	2 (B_2)	2 (C_2)	1 (D_1)	1	1	2.78
SJCFt23	4 (E_4)	1 (A_1)	1 (B_1)	2 (C_2)	2 (D_2)	2	2	3.45
SJCFt24	4 (E_4)	1 (A_1)	2 (B_2)	1 (C_1)	3 (D_3)	3	3	1.75
K_1	24.99	34.28	49.27	45.60	28.66	—	—	—
K_2	20.52	49.71	34.72	38.39	26.17	—	—	—
K_3	26.14	—	—	—	29.16	—	—	—
K_4	12.33	—	—	—	—	—	—	—
k_1	4.17	2.86	4.11	3.80	3.58	—	—	—
k_2	3.42	4.14	2.89	3.20	3.27	—	—	—
k_3	4.36	—	—	—	3.65	—	—	—
k_4	2.06	—	—	—	—	—	—	—
R	2.30	1.29	1.21	0.60	0.37	—	—	—
因素 主→次				E A B C D				
最优方案				$A_2B_1C_1D_3E_3$				

　　各列的极差值不相等,说明各因素对应的水平对试验结果的影响程度不一样。极差越大,该列因素的数值在试验范围内的变化将导致试验指标在数值上变化越大;极差越小,则该因素的数值在试验范围内的变化对试验结果影响不会特别明显。所以极差最大的那一列,就是因素对应水平对试验结果影响最大的因素,也就是最主要的因素。在本次试验中,由于 $R_E > R_A > R_B > R_C > R_D$,所以各因素影响从主到次的顺序为:E(凝胶时间)、A(层合板厚度)、B(胶层厚度)、C(固化温度)、D(涂胶时间)。

　　由结果分析可知,水平 E 的极差最大,说明胶接连接的凝胶时间对拉伸试验结果的影响最大,而胶层厚度和连接件层合板厚度对拉伸试验结果影响也较大。在所有考虑的因素中,涂胶时间对拉伸试验结果影响较小,可见,在 5℃ 和 25℃ 时,涂胶时间在 90~120min 时都不会对拉伸强度产生太大影响。

　　参数 $A_2B_1C_1D_3E_3$ 为最优参数水平组合,即室温为 5℃,层合板厚度为 3mm,胶层厚度为 0.24mm,涂胶时间为 120min,凝胶时间为 7d 的胶接连接件拉伸性能最优。同时,由试验数据可以看出,R_A 与 R_B 相差不大,对试验结果的影响均比较大。因此,可以一同考虑胶接连接件的整体厚度,即胶层厚度+层合板厚度。

　　采用直观分析法,通过正交试验可以得到优选方案,但试验条件受到限制,例如,固化温度、胶层厚度、凝胶时间、涂胶时间都是给定的有限值。可以以因素水平作为横坐标,以试验指标平均值 k_i 为纵坐标,得到因素与指标的正交分析趋势图,如图 3.29 所示。可以看出:

　　(1)当固化温度为 5℃,层合板厚度为 3mm,胶层厚度为 0.24mm,固化的凝胶时间为 7d,涂胶时间为 120min 时,J-133 环氧树脂胶黏剂的胶接连接性能最优,即为优化方案 $A_2B_1C_1D_3E_3$。

　　(2)1mm 与 3mm 胶接连接件的拉伸强度差别较大,随着复合材料层合板厚度增加,玻璃纤维的铺层数增多,可以进一步钝化剪切应力对胶接连接件的影响,从而显著提高胶接连接件的抗冲击性能和韧性。

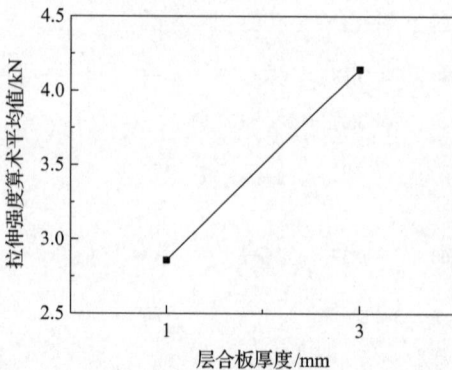

(a) 层合板厚度-胶接连接性能　　　　　　　(b) 胶层厚度-胶接连接性能

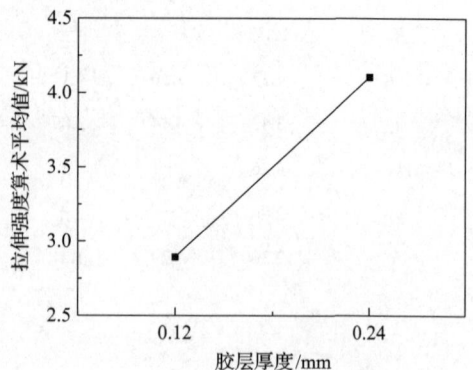

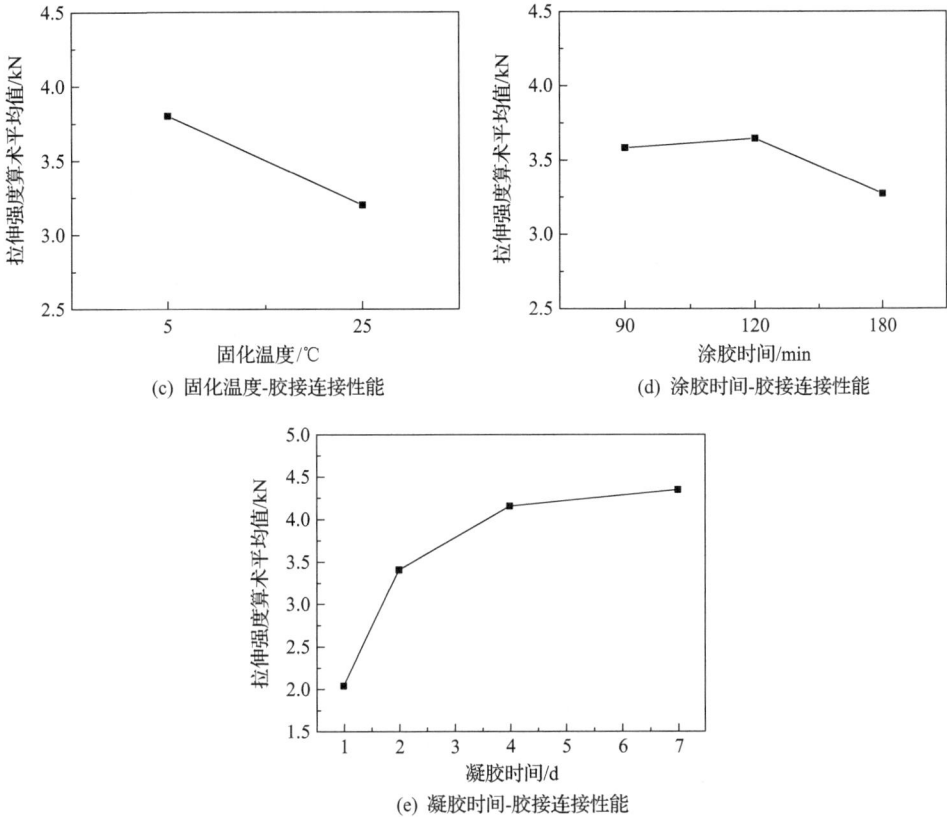

(c) 固化温度-胶接连接性能

(d) 涂胶时间-胶接连接性能

(e) 凝胶时间-胶接连接性能

图 3.29　因素与指标的正交分析趋势图

涂胶时间在 90～120min 范围内胶接连接性能较优。时间太短则胶黏剂在配置时渗入的空气不易快速排出，由于胶黏剂在施胶时，在胶接连接件表面具有一定的流动性，涂胶时间过短，则胶层未与层合板表面完全均匀接触和润湿；时间太久环境中的水分子和空气容易浸入胶层，使胶层与胶接连接件产生弱界面，严重影响胶接连接效果，导致未拉伸连接件便已失效，如图 3.30 所示。

试验中选用两种胶层厚度，在实际操作中，给定固化压力会引起溢胶，产生胶瘤，固化后的胶层厚度往往比施胶时所测厚度偏低。胶接连接件的拉伸强度随胶层厚度的增加而增大，这是因为胶层的厚度越大，胶层中的应力分布越均匀。但是，胶层过厚会导致缺陷增多，产生的气泡等也会使拉伸强度降低。因此，胶层厚度一般控制在 0.2mm 左右较为合适。涂胶后固化 7d 的胶接连接性能最优，由于试验参数限制，没有考虑凝胶时间大于 7d 胶接连接件的胶接连接性能，但是由图 3.29(e)可以看出，固化 4d 后的胶接连接性能呈上升至稳定的趋势。因此由正交试验所得出的各参数对胶接连接性能影响情况分析可以作为理论参考。

图 3.30　胶层失效形式

3.3.3　正交试验结果的方差分析

3.3.2 节通过正交试验直观了解了各因素对复合材料胶接连接件拉伸强度的影响，但是直观分析法不能估计多因素混合水平试验结果误差的大小，不能精确估计各因素对试验结果影响的重要程度，因此需要对试验结果进行方差分析，弥补直观分析法的缺点。

方差分析是一种比较实用、有效的统计检验方法，可以检验各因素对试验结果是否产生显著性影响。方差分析的基本步骤如下：

1) 计算离差平方和

(1) 总离差平方和为

$$SS_t = \sum_{i=1}^{n}(y_i - \bar{y})^2 = \sum_{i=1}^{n} y_i^2 - \frac{1}{n}\left(\sum_{i=1}^{n} y_i\right)^2 \tag{3.2}$$

设

$$\bar{y} = \frac{1}{n}\sum_{i=1}^{n} y_i \tag{3.3}$$

$$T = \sum_{i=1}^{n} y_i \tag{3.4}$$

$$Q = \sum_{i=1}^{n} y_i^2 \tag{3.5}$$

$$P = \frac{1}{n}\left(\sum_{i=1}^{n} y_i\right)^2 = \frac{T^2}{n} \tag{3.6}$$

因此，

$$SS_t = Q - P \tag{3.7}$$

式中，SS_t 为总离差平方和，反映试验结果的总差异。

总离差平方和越大，说明各试验结果之间的差异越大。因素水平的变化和试验误差是引起试验结果之间差异的原因。

(2) 各因素引起的总离差平方和。

因素 A 安排在正交表的某一列上，则因素 A 引起的离差平方和为

$$SS_A = \frac{n}{r}\sum_{i=1}^{r}\left(k_i - \bar{y}\right)^2 = \frac{r}{n}\left(\sum_{i=1}^{r}K_i^2\right) - \frac{T^2}{n} = \frac{r}{n}\left(\sum_{i=1}^{r}K_i^2\right) - P \tag{3.8}$$

式中，r 为因素水平数。

将因素 A 安排在正交表的第 $j(j=1,2,\cdots,m)$ 列上，则有 $SS_A = SS_j$，且 SS_j 为第 j 列所引起的离差平方和，离差平方和与总离差平方和为

$$SS_j = \frac{n}{r}\sum_{i=1}^{r}\left(k_i - \bar{y}\right)^2 = \frac{r}{n}\left(\sum_{i=1}^{r}K_i^2\right) - \frac{T^2}{n} = \frac{r}{n}\left(\sum_{i=1}^{r}K_i^2\right) - P \tag{3.9}$$

$$SS_t = \sum_{j=1}^{m}SS_j \tag{3.10}$$

因此，总离差平方和可以分解成各列离差平方和之和。

(3) 试验误差的离差平方和。

为便于进行方差分析，在表头设计时一般要求留有空列，即误差列。所以误差的离差平方和为所有空列所对应的离差平方和之和，即

$$SS_e = \sum_{j=1}^{m}SS_{\text{空列},j} \tag{3.11}$$

2) 计算自由度

总平方和的总自由度为

$$DF_t = 试验总次数 - 1 = n - 1 \tag{3.12}$$

正交表任一列离差平方和对应的自由度 DF_j 和总自由度 DF_t 为

$$DF_j = 因素水平数 - 1 = r - 1 \tag{3.13}$$

$$\mathrm{DF_t} = \sum_{j=1}^{m} \mathrm{DF}_j \tag{3.14}$$

误差的自由度为

$$\mathrm{DF_e} = \sum_{j=1}^{m} \mathrm{DF}_{空列,j} \tag{3.15}$$

3)计算平均离差平方和(均方)

以因素 A 为例,因素的均方为

$$\mathrm{MS_A} = \frac{\mathrm{SS_A}}{\mathrm{DF_A}} \tag{3.16}$$

试验误差的均方为

$$\mathrm{MS_e} = \frac{\mathrm{SS_e}}{\mathrm{DF_e}} \tag{3.17}$$

4)计算 F_A 值

将各因素的均方除以误差的均方,得到 F_A 值,即

$$F_A = \frac{\mathrm{MS_A}}{\mathrm{MS_e}} \tag{3.18}$$

5)显著性检验

给定显著性水平 a,检验因素 A 对试验结果有无显著影响。先从 F 分布表中查出临界值 $F_a(\mathrm{DF_a}, \mathrm{DF_e})$,然后比较 F_A 值与临界值的大小:若 $F_A > F_a(\mathrm{DF_a}, \mathrm{DF_e})$,则因素 A 对试验结果有显著影响;若 $F_A < F_a(\mathrm{DF_a}, \mathrm{DF_e})$,则因素 A 对试验结果无显著影响。通常,$F_A$ 值与临界值之间的差距越大,说明该因素对试验结果的影响越显著,该因素越重要。正交试验结果如表 3.15 所示,正交试验方差分析如表 3.16 所示。

表 3.15　正交试验结果

参数	E	A	B	C	D	空列	空列
K_1	25.00	34.28	49.27	45.60	28.66	28.00	29.24
K_2	20.52	49.71	34.75	38.39	26.17	27.43	26.17
K_3	26.14	—	—	—	29.16	28.57	28.62
K_4	12.33	—	—	—	—	—	—
k_1	4.17	2.86	4.11	3.80	3.58	3.50	3.65

续表

参数	E	A	B	C	D	空列	空列
k_2	3.42	4.14	2.89	3.20	3.27	3.43	3.27
k_3	4.36	—	—	—	3.65	3.57	3.58
k_4	2.06	—	—	—			
R	2.30	1.29	1.21	0.60	0.37	0.14	0.38

表 3.16　正交试验方差分析

差异源	SS	DF	MS	F_A	显著性
E	19.64	3	6.55	35.77	**
A	9.90	1	9.90	54.09	**
B	8.80	1	8.80	48.09	**
C	2.17	1	2.17	11.84	*
D	0.64	2	0.32	1.76	—
误差 e	0.74	4	0.18	—	—

注：— 表示因素对试验结果的影响不显著；* 表示因素对试验结果的影响显著；** 表示因素对试验结果的影响非常显著。

EXCEL 正交试验方差分析如图 3.31 所示。以 EXCEL 内置 FINV 函数为因素显著性判断，计算出临界值为 $F_{0.05}(3,4)$ 约为 6.59，$F_{0.01}(3,4)$ 约为 16.69，$F_{0.05}(1,4)$ 约为 7.71，$F_{0.01}(2,4)$ 为 18。由此可以得出结论，因素 E、A、B 对试验结果有非常显著的影响，因素 C 对试验结果有显著影响。其他因素对试验结果影响不显著，与极差分析结果一致。

	A	B	C	D	E	F	G	H
1	K_1	24.998	34.28	49.273	45.601	28.663	27.999	29.207
2	K_2	20.522	49.711	34.718	38.39	26.166	27.425	26.166
3	K_3	26.141				29.162	28.567	28.618
4	K_4	12.33						
5	k_1	4.166	2.857	4.106	3.8	3.583	3.5	3.651
6	k_2	3.42	4.143	2.893	3.199	3.271	3.428	3.271
7	k_3	4.357				3.645	3.571	3.577
8	k_4	2.055						
9	R	2.302	1.286	1.213	0.601	0.374	0.143	0.38
10	SS	19.635	9.9	8.8	2.167	0.644	0.815	0.65
11								
12	总和T	83.991						
13	P= T2/24	293.937						
14								
15	F0.05(3,4)	6.591382116		F0.01(3,4)	16.69436924			
16	F0.05(1,4)	7.708647422		F0.01(2,4)	18			
17								

图 3.31　EXCEL 正交试验方差分析

3.3.4　65℃环境工艺参数设定与拉伸试验

　　影响胶接连接件拉伸性能的因素有很多,其中外部温度的变化幅度对单搭接连接件的影响也是不可忽略的。将连接件放置于65℃环境中固化,然后放置于15℃环境中凝胶,再通过拉伸试验分析连接件的胶接连接性能。

　　J-133环氧树脂胶黏剂由甲、乙两种组分组成。甲组分以改性环氧树脂为主体,乙组分为固化剂、促进剂。J-133环氧树脂胶黏剂中的固化剂为具有内增韧作用的聚醚胺,并辅以叔胺等混合胺作为促进剂。由于在65℃时,固化剂和促进剂活性增强,为避免在涂胶时胶层已固化,需要控制涂胶时间。若参照之前正交设计方案中的参数设计65℃时的试验方案,则涂胶时间无法与65℃胶黏剂活性下的涂胶时间匹配。因此,对65℃胶接连接试验工艺参数(固化时间、胶层厚度和复合材料层合板厚度等)进行选择。

　　1. 方案设计与拉伸试验

　　(1)复合材料层合板厚度为1mm,胶层厚度为0.12mm。方案设计和拉伸峰值载荷如表3.17所示。

表 3.17　方案设计和拉伸峰值载荷(复合材料层合板厚度为 1mm)

凝胶时间/h	不同涂胶时间、凝胶时间的峰值载荷/kN				
	5min	10min	15min	25min	40min
1	1.05	2.79	3.99	5.16	4.69
2	1.71	2.17	3.74	2.7	1.65
3	4.83	5.29	5.03	4.82	4.25

　　(2)复合材料层合板厚度为3mm,胶层厚度为0.12mm。方案设计和拉伸峰值载荷如表3.18所示。

表 3.18　方案设计和拉伸峰值载荷(复合材料层合板厚度为 3mm)

凝胶时间/h	不同涂胶时间、凝胶时间的峰值载荷/kN				
	5min	10min	15min	25min	40min
1	1.99	3.32	4.38	6.71	2.40
2	2.28	2.87	3.09	2.88	2.24
3	6.66	6.91	7.47	7.15	6.80

　　2. 拉伸试验结果分析

　　(1)凝胶时间1h连接件峰值载荷对比如图3.32所示。凝胶时间1h连接件载荷-位移曲线如图3.33所示。可以看出,当凝胶时间为1h时,随着涂胶时间的增加，峰值载荷也在递增，凝胶时间为 1h 时，涂胶时间对峰值载荷影响显著。在 65℃环境中，胶层的活性增强，流动性增大，混合均匀性更优，环氧树脂与固化剂反应充分。当涂胶时间为 40min 时，峰值载荷下降，这是因为胶黏剂本身具有韧性，当涂胶时间为 40min 时，胶黏剂的脆性对胶接连接效果的负影响大于凝胶时固化过程中分子链运动产生内聚力的正影响。其中 3mm 厚度连接件比 1mm 厚度连接件的下降更为明显，原因在于 3mm 厚度层合板纤维铺层更多，材料强度更大，当胶层强度较弱时，更容易发生破坏。

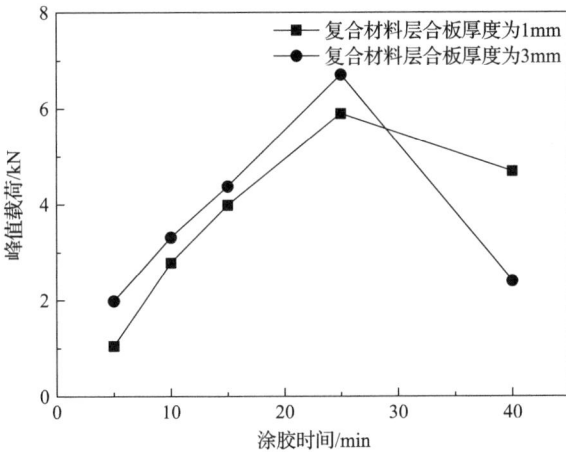

图 3.32　凝胶时间 1h 连接件峰值载荷对比

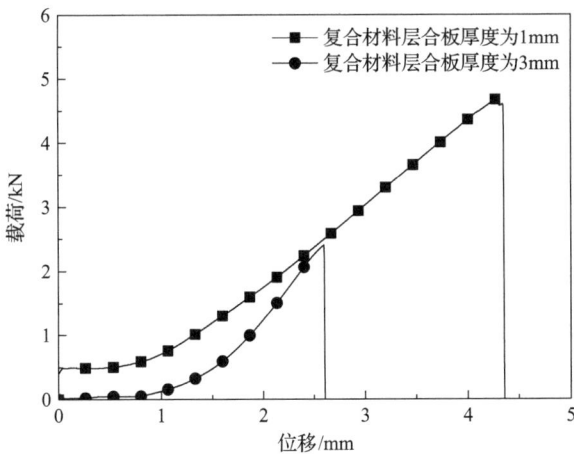

图 3.33　凝胶时间 1h 连接件载荷-位移曲线

(2)凝胶时间 2h 连接件峰值载荷对比如图 3.34 所示。凝胶时间 2h 连接件载荷-位移曲线如图 3.35 所示。可以看出，当凝胶时间为 2h 时，峰值载荷在整体上均下降，原因在于环境温度为 65℃、凝胶时间为 2h 时，胶层产生的热应力在降温（至 10℃）之后并未完全消除，存在残余热应力，且此时残余热应力是影响连接件拉伸性能的主要因素。可以看出，随着涂胶时间的增加，峰值载荷在 5～15min 涂胶时间内，随时间的增加而增大，而在 15～40min 涂胶时间内，峰值载荷随时间的增加而降低。这是因为随着凝胶时间延长，凝胶时间相比于涂胶时间对胶接连接性能的影响更为显著。因此，涂胶时间对胶接连接性能的提高也有制约作用，峰值载荷并没有出现在凝胶时间为 2h 时的 25min 涂胶时间处，而是提前至 15min。可以看出，凝胶时间为 2h 时，连接件存在较大的残余热应力，在峰值载荷处，对 3mm 连接件胶接连接性能的影响大于对 1mm 连接件胶接连接性能的影响。

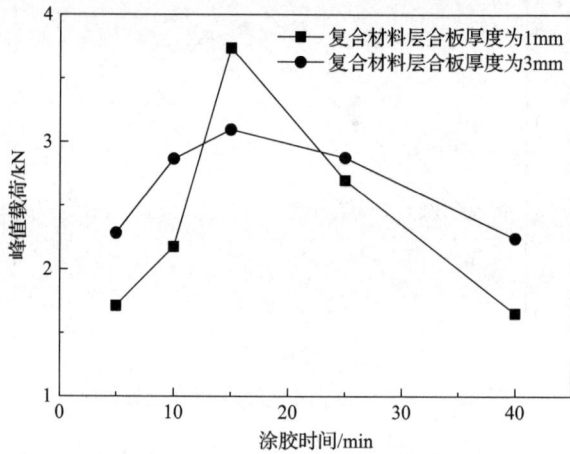

图 3.34　凝胶时间 2h 连接件峰值载荷对比

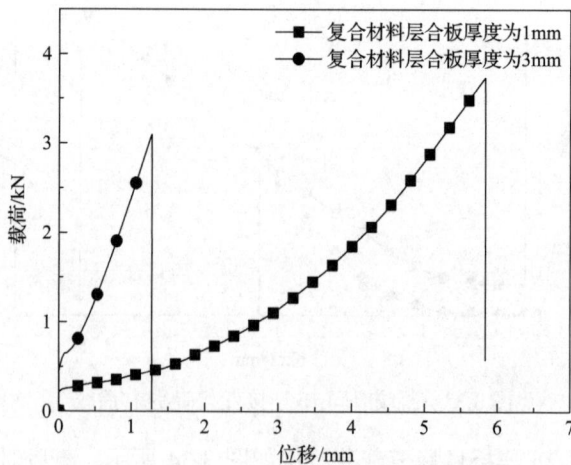

图 3.35　凝胶时间 2h 连接件载荷-位移曲线

(3)凝胶时间 3h 连接件峰值载荷对比如图 3.36 所示。凝胶时间 3h 连接件载荷-位移曲线如图 3.37 所示。可以看出,当凝胶时间为 3h 时,峰值载荷整体增长明显,此时涂胶时间对峰值载荷的影响较小,都在一个较高的水平,如图 3.36 所示。这是由于在 3h 的凝胶时间内,胶层已充分固化,韧性减小,而之后置于 10℃的环境中,其残余热应力对胶层的影响不显著,整体胶接连接性能较优。凝胶时间为 3h 时,复合材料层合板厚度为 3mm 的胶接连接件的拉伸强度均大于 1mm 胶接连接件,原因在于此时胶层的强度较高,材料本身强度对胶接连接件拉伸强度的影响显著。涂胶时间对胶接连接性能的影响降至较低的水平,3h 凝胶时间能够有效提高胶接连接性能。

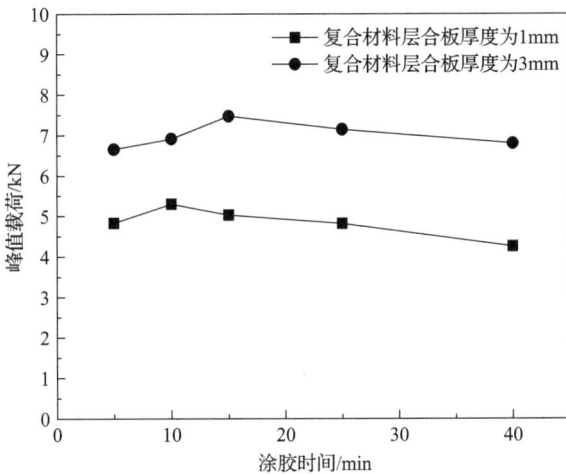

图 3.36　凝胶时间 3h 连接件峰值载荷对比

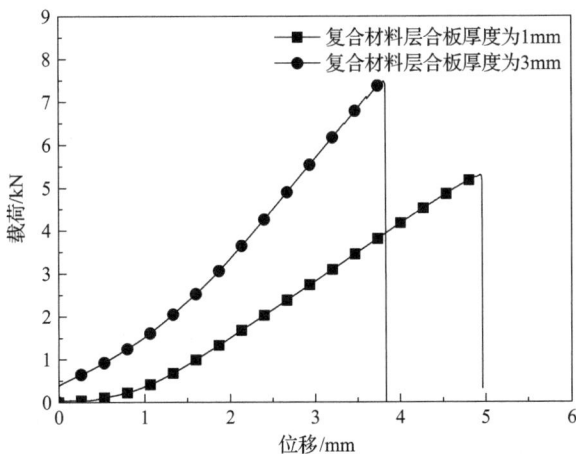

图 3.37　凝胶时间 3h 连接件载荷-位移曲线

　　凝胶时间分别为 1h、2h、3h 的连接件峰值载荷对比如图 3.38 所示。凝胶时间为 1h 的连接件峰值载荷高于凝胶时间为 2h 和 3h 时的连接件峰值载荷。连接件峰值载荷-涂胶时间对比如图 3.39 所示。凝胶时间为 1h 时，连接件的峰值载荷受涂胶时间的影响较大，在 5～25min 内峰值载荷随涂胶时间增加而显著增大。凝胶时间为 2h 时，连接件的峰值载荷在 5～15min 内有明显增大，并随后快速减小。凝胶时间为 3h 时，连接件的胶接连接性能稳定，涂胶时间对连接件的拉伸强度影响不大。

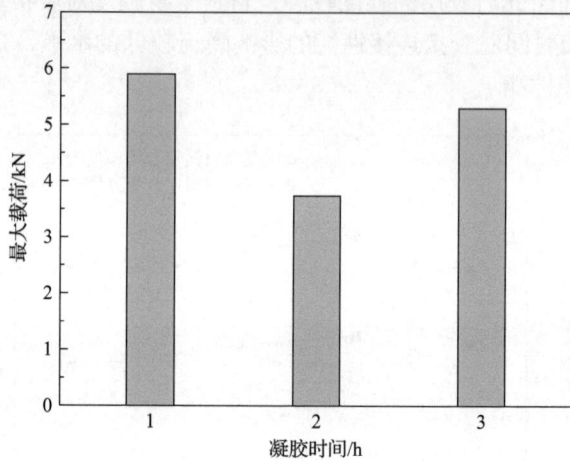

图 3.38　凝胶时间分别为 1h、2h、3h 的连接件峰值载荷对比

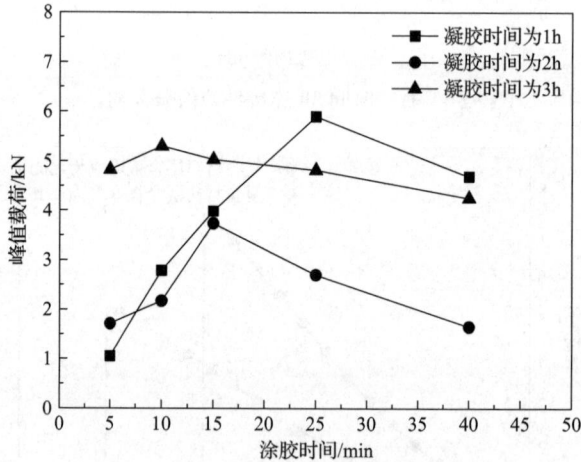

图 3.39　连接件峰值载荷-涂胶时间对比

　　(4) 1mm 厚度复合材料层合板连接件 65℃拉伸破坏形式如图 3.40 所示。3mm 厚度复合材料层合板连接件 65℃拉伸破坏形式如图 3.41 所示。可以看出，当凝胶时间为 1h 时，复合材料层合板厚度为 1mm 的连接件在涂胶时间为 5min、10min、

(a1) 涂胶时间为5min　　　　(a2) 涂胶时间为10min　　　　(a3) 涂胶时间为15min

(a4) 涂胶时间为25min　　　　(a5) 涂胶时间为40min

(a) 凝胶时间为1h

(b1) 涂胶时间为5min　　　　(b2) 涂胶时间为10min　　　　(b3) 涂胶时间为15min

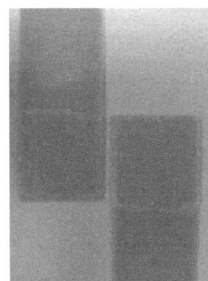

(b4) 涂胶时间为25min　　　　(b5) 涂胶时间为40min

(b) 凝胶时间为2h

(c1) 涂胶时间为5min   (c2) 涂胶时间为10min   (c3) 涂胶时间为15min

(c4) 涂胶时间为25min   (c5) 涂胶时间为40min

(c) 凝胶时间为3h

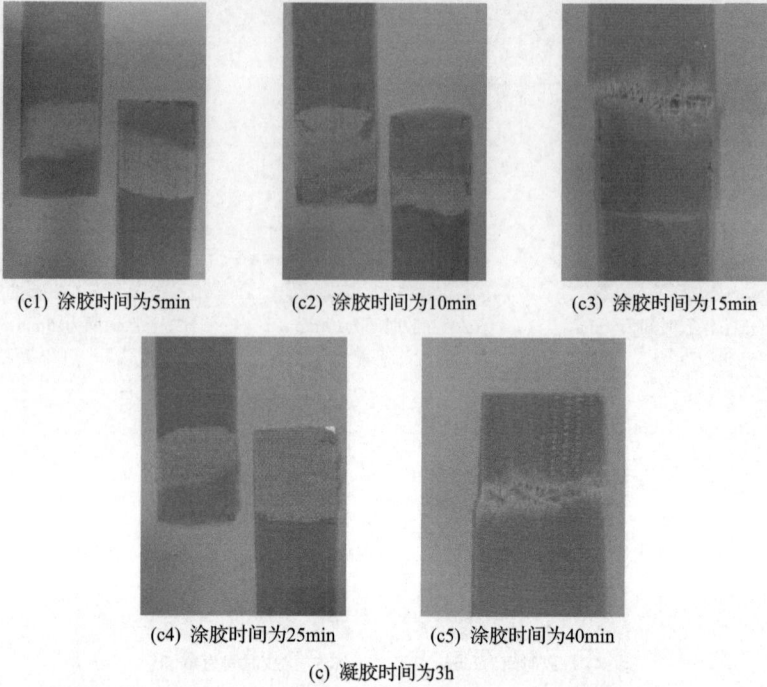

图 3.40　1mm 厚度复合材料层合板连接件 65℃拉伸破坏形式

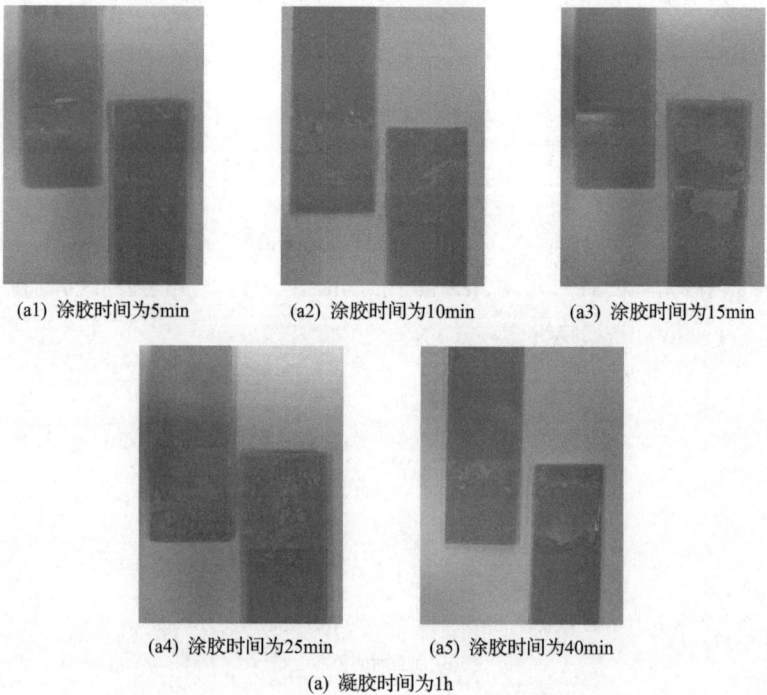

(a1) 涂胶时间为5min   (a2) 涂胶时间为10min   (a3) 涂胶时间为15min

(a4) 涂胶时间为25min   (a5) 涂胶时间为40min

(a) 凝胶时间为1h

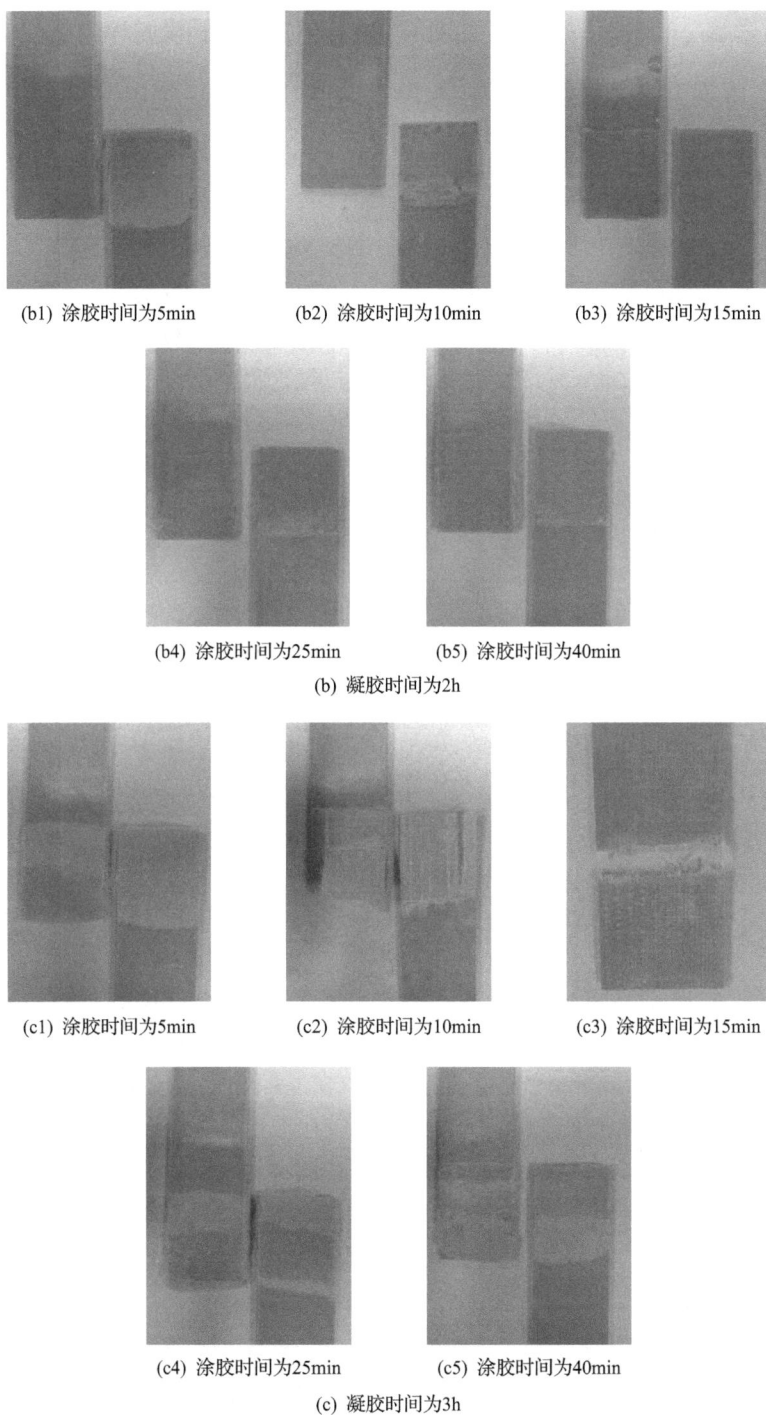

(b1) 涂胶时间为5min　　　(b2) 涂胶时间为10min　　　(b3) 涂胶时间为15min

(b4) 涂胶时间为25min　　　(b5) 涂胶时间为40min

(b) 凝胶时间为2h

(c1) 涂胶时间为5min　　　(c2) 涂胶时间为10min　　　(c3) 涂胶时间为15min

(c4) 涂胶时间为25min　　　(c5) 涂胶时间为40min

(c) 凝胶时间为3h

图 3.41　3mm 厚度复合材料层合板连接件 65℃拉伸破坏形式

15min 时为胶层的内聚破坏和界面破坏，破坏形式为低强度破坏，在实际胶接连接工艺中应尽量避免。涂胶时间为 25min、40min 时，连接件的破坏形式为连接件的剪切破坏。复合材料层合板厚度为 3mm 的连接件拉伸破坏形式均为胶层的内聚破坏和界面破坏。当凝胶时间为 2h 时，两种厚度连接件的破坏形式基本为界面破坏和胶层的内聚破坏，说明存在明显的弱界面。胶层呈碎块状，部分在拉伸结束时震裂，而胶接连接面仍保持完整性，并未形成理想的范德瓦耳斯力界面，造成胶接连接性能降低。当凝胶时间为 3h 时，两种厚度连接件的破坏形式基本为胶层与材料的内聚破坏，并且多为连接件的内聚破坏，复合材料层合板连接处玻璃纤维层呈劈裂状，拉伸试验进度达到 80%左右时，会有纤维断裂的"啪啪"声，同时伴有少量树脂破碎，胶层与连接件均出现不同程度的破坏。

3.4　胶接连接工艺优化与老化试验

3.4.1　胶瘤对胶接连接件拉伸性能的影响

通过 J-133 环氧树脂胶黏剂胶接连接工艺分析可以看出，胶接连接过程受环境、工艺影响很大，胶接连接件的拉伸强度取决于胶层与复合材料层合板之间的界面力。在试验中，由于胶黏剂的流动性和胶接连接压力作用，胶接连接完成后胶层末端存在胶瘤，在之前的试验中采用砂纸磨去胶瘤，并没有考虑胶瘤对拉伸性能的影响。但分析溢胶对胶接连接结构的影响在胶接连接工艺的实际应用中具有重要意义。

1. 试验方案

胶接连接件拉伸试验需要的设备包括拉伸试验机、三维动态变形测量系统。复合材料层合板尺寸分别为 40mm×150mm×3mm 与 40mm×150mm×1mm，胶接连接区域面积为 40mm×40mm。选用 J-133 环氧树脂胶黏剂，胶接连接温度为 5℃，压力为 0.08~0.1MPa，涂胶时间为 30min，胶层厚度为 0.1~0.12mm，凝胶时间为 7d。胶接连接件加载约束示意图(有胶瘤)如图 3.42 所示。

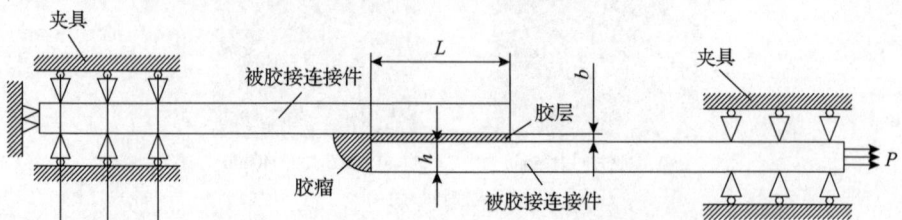

图 3.42　胶接连接件加载约束示意图(有胶瘤)

　　试验有无胶瘤、有胶瘤两组连接件,分别制备 1mm 厚度层合板和 3mm 厚度层合板连接件,每种连接件各重复三次拉伸试验。各组连接件峰值载荷如表 3.19 所示。

表 3.19　各组连接件峰值载荷

胶瘤类型	层合板厚度/mm	连接件编号	峰值载荷/kN	峰值载荷平均值/kN
无胶瘤	1	1	3.24	
		2	3.26	3.23
		3	3.18	
	3	1	5.26	
		2	5.16	5.24
		3	5.30	
有胶瘤	1	1	4.49	
		2	4.55	4.49
		3	4.42	
	3	1	6.27	
		2	6.33	6.21
		3	6.04	

　　由表 3.19 可以看出,有胶瘤的胶接连接件的拉伸强度均略大于无胶瘤的胶接连接件。这是因为单搭接连接件靠近端部的区域为主要的应力集中区域,胶瘤的存在使连接件端部的应力集中在一定程度上得到了缓和,提高了连接件的整体拉伸强度。胶瘤连接件的破坏形式大部分为胶层的内聚破坏和连接件的内聚破坏,无胶瘤连接件的破坏形式大部分为胶层的内聚破坏和界面破坏,小部分为连接件的内聚破坏。因此胶瘤的存在有利于提高连接件整体强度,在实际的胶接连接中,若无太高的外观要求,可以不用额外增加工艺流程去除胶瘤。

2. DIC 系统结果分析

　　采用 DIC 系统获取拉伸过程实时的表面图片,经过散斑计算得到胶接连接件胶瘤处的应变分布,从而判断胶瘤对胶接连接拉伸性能的影响。选择 1mm 厚度复合材料层合板有胶瘤连接件,喷漆后连接件和破坏形式如图 3.43 所示。有胶瘤连接件载荷-位移曲线如图 3.44 所示。

　　不同状态点胶瘤的应变如图 3.45 所示。所选取状态点分别为状态点 57、状态点 115、状态点 223 和状态点 370(拉伸载荷在达到 4kN 后减小采集间隔,未选择等差状态），各状态点对应的载荷分别为 1.12kN、2.29kN、4.36kN 和 0.74kN。可以看出，在胶接连接件拉伸初始阶段胶瘤的应变快速增大，随着拉伸位移继续增加，胶瘤处应变减小，此时胶层承受剪切力作用。

图 3.43　喷漆后连接件和破坏形式

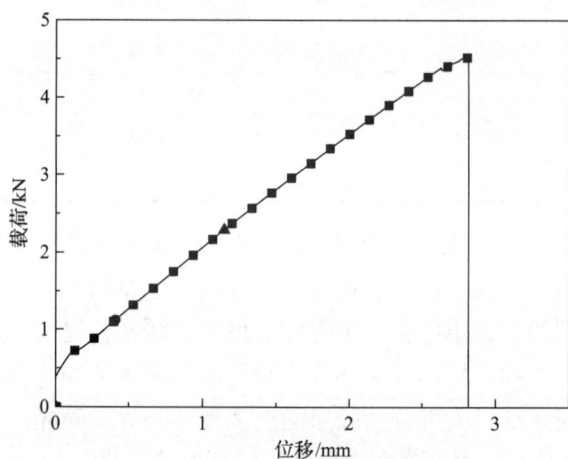

图 3.44　有胶瘤连接件载荷-位移曲线

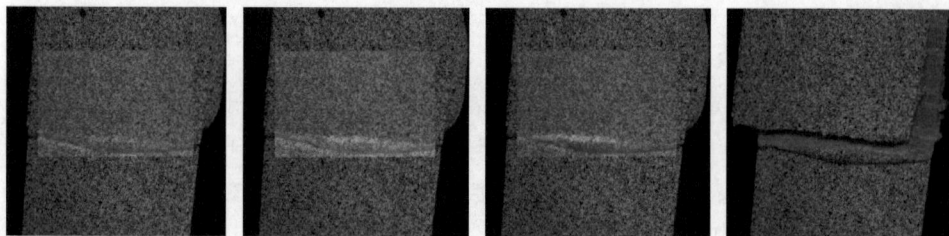

(a) 状态点57　　　　(b) 状态点115　　　　(c) 状态点223　　　　(d) 状态点370

图 3.45　不同状态点胶瘤的应变

3.4.2　胶接连接前表面处理对胶接连接件拉伸性能的影响

胶接连接工艺一般采用二次固化胶接连接和二次共固化胶接连接。通过对复合材料层合板表面处理,分析表面处理方法对胶接连接质量的影响,可以进一步优化胶接连接工艺流程。

1. 试验方案

复合材料层合板的长度为 150mm,宽度为 40mm,厚度分别为 1mm 和 3mm,胶接连接区域尺寸为 40mm×40mm,选用 J-133 环氧树脂胶黏剂和 JX-9 丁腈酚醛胶黏剂,胶接连接温度为 15℃,压力为 0.08~0.1MPa,涂胶时间为 30min,胶层厚度为 0.1~0.12mm,凝胶时间为 7d,去除胶瘤。

采用四种方式对复合材料层合板胶接连接面进行处理:
(1)撕去表面剥离布→干布擦拭→丙酮处理。
(2)撕去表面剥离布→3000 号砂纸打磨 5min→干布擦拭→丙酮处理。
(3)撕去表面剥离布→2000 号砂纸打磨 5min→干布擦拭→丙酮处理。
(4)撕去表面剥离布→600 号砂纸打磨 5min→干布擦拭→丙酮处理。
每组试验重复 3 次,峰值载荷选用连接件中最接近平均值的一组。
(1)复合材料层合板厚度为 1mm 时,四种不同表面处理方式连接件峰值载荷如表 3.20 所示。

表 3.20　四种不同表面处理方式连接件峰值载荷(复合材料层合板厚度为 1mm)

胶黏剂类型	表面处理方式	峰值载荷/kN
J-133 环氧树脂胶黏剂	方式 1	3.20
	方式 2	4.38
	方式 3	3.56
	方式 4	2.18
JX-9 丁腈酚醛胶黏剂	方式 1	1.74
	方式 2	1.82
	方式 3	1.45
	方式 4	1.42

(2)复合材料层合板厚度为 3mm 时,四种不同表面处理方式连接件峰值载荷如表 3.21 所示。

表 3.21 四种不同表面处理方式连接件峰值载荷(复合材料层合板厚度为 3mm)

胶黏剂类型	表面处理方式	峰值载荷/kN
J-133 环氧树脂胶黏剂	方式 1	5.25
	方式 2	5.90
	方式 3	5.02
	方式 4	3.85
JX-9 丁腈酚醛胶黏剂	方式 1	2.57
	方式 2	2.43
	方式 3	2.23
	方式 4	2.37

由拉伸试验可以看出，不同的表面处理方式对拉伸性能有一定影响。使用 J-133 环氧树脂胶黏剂，采取表面处理方式 2 时，连接件的拉伸性能有明显提高；采取表面处理方式 3 时，复合材料层合板厚度为 1mm 连接件拉伸性能仍比使用表面处理方式 1 时高，而复合材料层合板厚度为 3mm 连接件拉伸性能比采取表面处理方式 1 时略低。原因在于此时表面粗糙度对胶接连接性能的影响弱于复合材料本身强度对胶接连接性能的影响，而 3mm 复合材料层合板本身强度大于 1mm 复合材料层合板。采取表面处理方式 4 时，峰值载荷反而下降。当使用 JX-9 丁腈酚醛胶黏剂时，拉伸性能均有下降，但降幅较小，同时 1mm 胶接连接件拉伸强度降幅小于 3mm 胶接连接件。原因在于 JX-9 丁腈酚醛胶黏剂与界面发生反应实现连接，表面粗糙度对胶接连接性能影响不大。

2. 试验结果分析

J-133 环氧树脂胶黏剂与 JX-9 丁腈酚醛胶黏剂采用不同表面处理方式时连接件峰值载荷如图 3.46 所示。可以看出，通过表面粗糙化处理，可以增加连接件的胶接连接面积，增大机械结合力。同时，表面打磨也可以除去复合材料表面可能存在的氧化层，使胶黏剂更容易和板材形成化学键结合，提高胶接连接强度。但是，当粗糙度增加到一定值时，胶接连接强度会降低，原因在于过于粗糙的表面不能使胶黏剂很好地润湿，胶黏剂本身的张力会使粗糙处间隙过大，导致实际胶接连接面积减小，同时空气残留在间隙处，容易产生胶接连接弱界面。不同表面处理方式连接件的拉伸破坏形式如图 3.47 所示。表面处理方式为 2、3、4 时，破坏形式均为界面与胶层的混合破坏形式。JX-9 丁腈酚醛胶黏剂粘连性强，在拉伸破坏后连接件不会完全分开。

(a) J-133环氧树脂胶黏剂　　　　　(b) JX-9丙烯酸酯胶黏剂

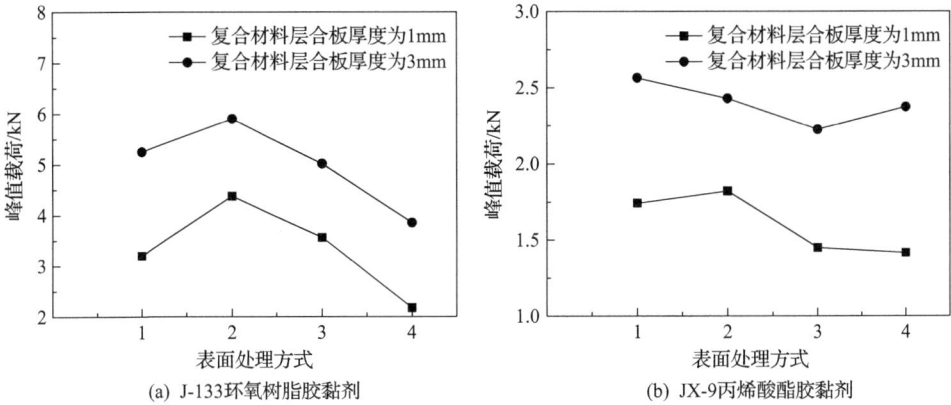

图 3.46　J-133 环氧树脂胶黏剂与 JX-9 丁腈酚醛胶黏剂采用不同表面处理方式时
连接件峰值载荷

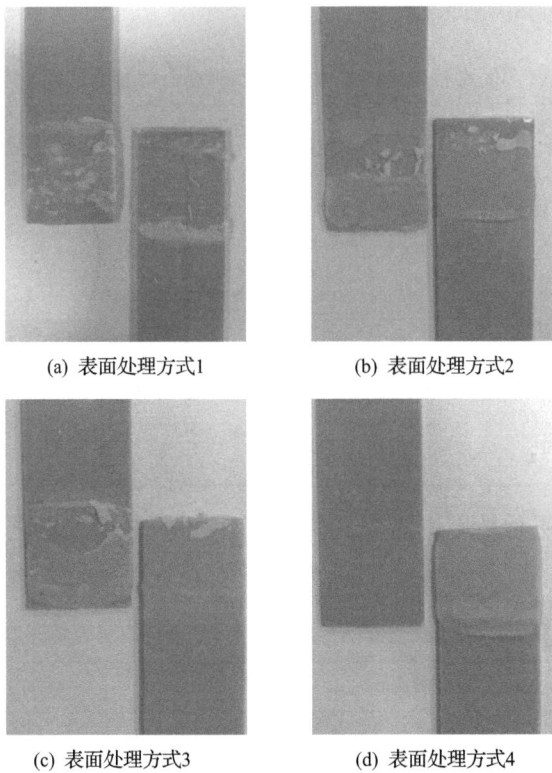

(a) 表面处理方式1　　　　　　　　(b) 表面处理方式2

(c) 表面处理方式3　　　　　　　　(d) 表面处理方式4

图 3.47　不同表面处理方式连接件的拉伸破坏形式(复合材料层合板厚度为 3mm)

3.4.3　搭接长度对胶接连接件拉伸性能的影响

1. 试验方案

胶接连接件将所承受的拉伸载荷通过胶层，由一个胶接连接件传递到另一个胶接连接件上，连接件的几何参数分别为：搭接长度 l，搭接厚度 t，胶层厚度 h。3.3.2 节分析了胶层厚度对胶接连接件拉伸强度的影响，拉伸强度随胶层厚度增加而增大。但是胶层厚度太大时，容易产生气孔等缺陷，导致拉伸强度降低，试验选择的胶层厚度为 0.1~0.12mm。复合材料层合板的长度为 150mm，宽度为 40mm，厚度分别为 1mm 和 3mm，搭接长度分别为 10mm、20mm、30mm 和 40mm。选择 J-133 环氧树脂胶黏剂和 JX-9 丁腈酚醛胶黏剂，胶接连接温度为 15℃，压力为 0.08~0.1MPa，涂胶时间为 30min，凝胶时间为 7d。

每组试验重复 3 次，峰值载荷选用连接件中最接近平均值的一组。

(1)复合材料层合板厚度为 1mm 时，四种不同搭接长度连接件拉伸性能如表 3.22 所示。

表 3.22　四种不同搭接长度连接件拉伸性能(复合材料层合板厚度为 1mm)

胶黏剂类型	搭接长度/mm	峰值载荷/kN	拉伸强度/MPa
J-133 环氧树脂胶黏剂	10	0.84	2.10
	20	2.09	2.64
	30	2.43	2.03
	40	3.16	1.98
JX-9 丁腈酚醛胶黏剂	10	0.84	2.11
	20	1.27	1.59
	30	1.52	1.27
	40	1.91	1.19

(2)复合材料层合板厚度为 3mm 时，四种不同搭接长度连接件拉伸性能如表 3.23 所示。

表 3.23　四种不同搭接长度连接件拉伸性能(复合材料层合板厚度为 3mm)

胶黏剂类型	搭接长度/mm	峰值载荷/kN	拉伸强度/MPa
J-133 环氧树脂胶黏剂	10	0.81	2.02
	20	2.97	3.72
	30	4.06	3.39
	40	4.81	3.00

续表

胶黏剂类型	搭接长度/mm	峰值载荷/kN	拉伸强度/MPa
	10	1.50	3.74
	20	1.58	1.97
JX-9 丁腈酚醛胶黏剂	30	2.03	1.69
	40	2.43	1.52

2. 试验结果分析

复合材料层合板厚度为 1mm 时，连接件峰值载荷-搭接长度曲线和拉伸强度-搭接长度曲线如图 3.48 和图 3.49 所示。复合材料层合板厚度为 3mm 时，连接件峰值载荷-搭接长度曲线和拉伸强度-搭接长度曲线如图 3.50 和图 3.51 所示。

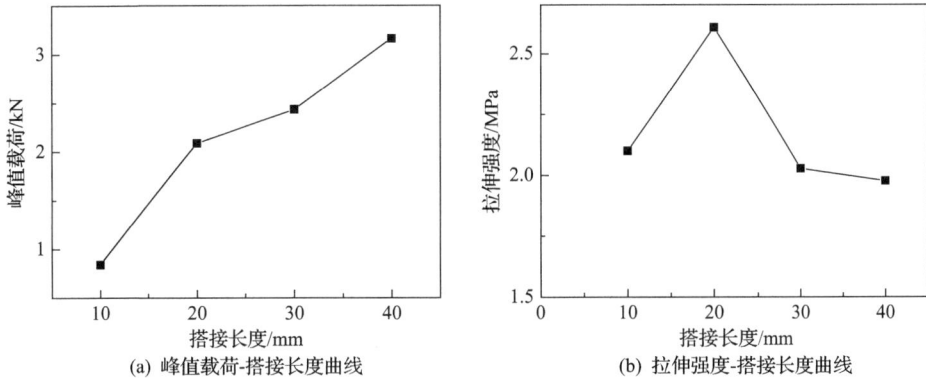

(a) 峰值载荷-搭接长度曲线　(b) 拉伸强度-搭接长度曲线

图 3.48　连接件峰值载荷-搭接长度曲线和拉伸强度-搭接长度曲线
(J-133 环氧树脂胶黏剂，复合材料层合板厚度为 1mm)

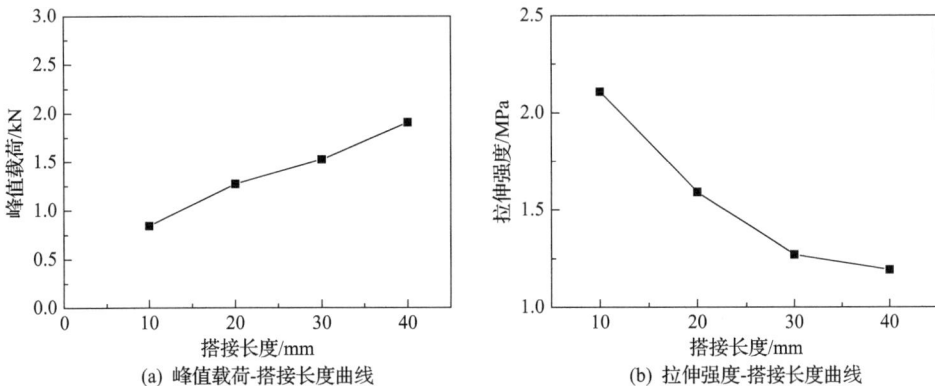

(a) 峰值载荷-搭接长度曲线　(b) 拉伸强度-搭接长度曲线

图 3.49　连接件峰值载荷-搭接长度曲线和拉伸强度-搭接长度曲线
(JX-9 丁腈酚醛胶黏剂，复合材料层合板厚度为 1mm)

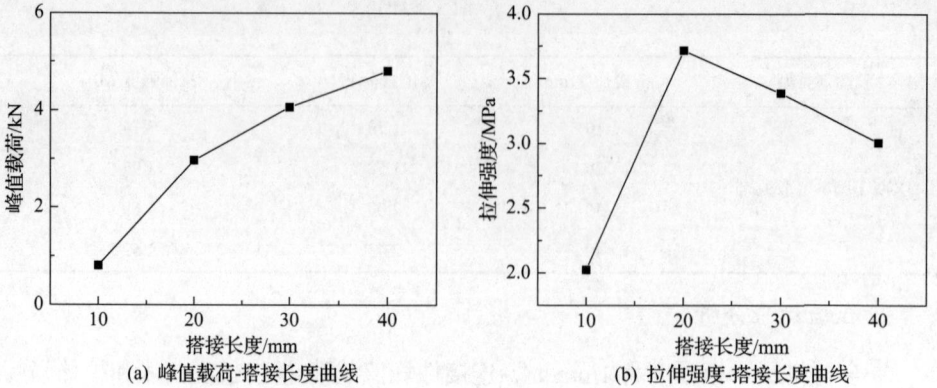

(a) 峰值载荷-搭接长度曲线

(b) 拉伸强度-搭接长度曲线

图 3.50　连接件峰值载荷-搭接长度曲线和拉伸强度-搭接长度曲线
（J-133 环氧树脂胶黏剂，复合材料层合板厚度为 3mm）

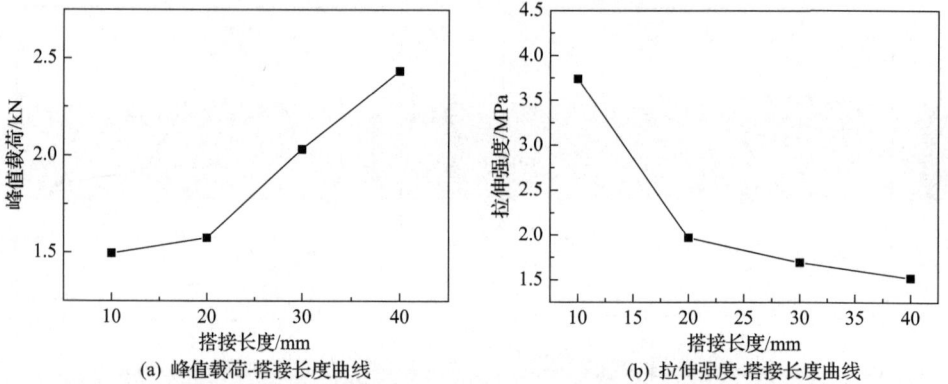

(a) 峰值载荷-搭接长度曲线

(b) 拉伸强度-搭接长度曲线

图 3.51　连接件峰值载荷-搭接长度曲线和拉伸强度-搭接长度曲线
（JX-9 丁腈酚醛胶黏剂，复合材料层合板厚度为 3mm）

从图 3.48~图 3.51 可以看出，不论复合材料层合板厚度是 1mm 还是 3mm，峰值载荷与搭接长度之间几乎呈线性增长关系。搭接长度越大，胶接连接强度越高，搭接长度的增加能有效减缓胶接连接件端部的应力集中，从而降低平均剪应力。但当长度达到一定值后，搭接长度的增加会明显增大连接件的质量。因此，在实际应用时，应综合考虑强度和质量因素，合理选取搭接长度。

3.4.4　老化行为对胶接连接件拉伸性能的影响

采用胶接连接工艺得到的连接件在使用或存放中，往往会受到多种介质的腐蚀作用，发生性能退化，胶层强度和界面强度降低。通过试验可以发现，胶接连接件的界面强度下降幅度远远低于胶层强度，导致材料的剥离应力显著降低。本节主要讨论胶接连接件在水介质和油介质中性能的变化情况。

1. 试验方案

复合材料层合板的长度为 150mm,宽度为 40mm,厚度分别为 1mm 和 3mm,胶接连接区域面积为 40mm×40mm,选用 J-133 环氧树脂胶黏剂和 JX-9 丁腈酚醛胶黏剂,胶接连接温度为 65℃,压力为 0.08~0.1MPa,涂胶时间为 30min,胶层厚度为 0.1~0.12mm,凝胶时间为 3h,再于室温(15℃)下放置在介质中保持 24d。采用两种胶黏剂制备 1mm 厚度层合板和 3mm 厚度层合板连接件,并在各介质中分别进行 3 个连接件的老化处理,随后进行连接件的拉伸试验。

(1)复合材料层合板厚度为 1mm 时,不同介质中连接件峰值载荷如表 3.24 所示。

表 3.24　不同介质中连接件峰值载荷(复合材料层合板厚度为 1mm)

介质类型	J-133 环氧树脂胶黏剂			JX-9 丁腈酚醛胶黏剂		
	连接件编号	峰值载荷/kN	峰值载荷平均值/kN	连接件编号	峰值载荷/kN	峰值载荷平均值/kN
空气介质	1	5.07		1	1.27	
	2	5.16	5.09	2	1.43	1.40
	3	5.04		3	1.49	
水介质	1	4.76		1	2.25	
	2	4.55	4.68	2	2.20	2.17
	3	4.72		3	2.05	
油介质	1	5.22		1	2.49	
	2	5.06	5.28	2	2.63	2.48
	3	5.55		3	2.31	

(2)复合材料层合板厚度为 3mm 时,不同介质中连接件峰值载荷如表 3.25 所示。

表 3.25　不同介质中连接件峰值载荷(复合材料层合板厚度为 3mm)

介质类型	J-133 环氧树脂胶黏剂			JX-9 丁腈酚醛胶黏剂		
	连接件编号	峰值载荷/kN	峰值载荷平均值/kN	连接件编号	峰值载荷/kN	峰值载荷平均值/kN
空气介质	1	6.59		1	2.33	
	2	6.38	6.39	2	2.25	2.33
	3	6.19		3	2.42	

介质类型	J-133 环氧树脂胶黏剂			JX-9 丁腈酚醛胶黏剂		
	连接件编号	峰值载荷/kN	峰值载荷平均值/kN	连接件编号	峰值载荷/kN	峰值载荷平均值/kN
水介质	1	5.15		1	2.54	
	2	5.08	5.16	2	2.27	2.39
	3	5.25		3	2.35	
油介质	1	6.78		1	2.20	
	2	6.67	6.73	2	2.31	2.19
	3	6.75		3	2.07	

2. 试验结果分析

不同介质 J-133 环氧树脂胶黏剂连接件载荷-位移曲线如图 3.52 所示。可以看出，无论是在水介质中还是油介质中，J-133 环氧树脂胶黏剂连接件的峰值载荷都没有大幅下降；连接件在水介质中的峰值载荷比在空气介质中的峰值载荷略低，而在油介质中连接件的峰值载荷比介质为空气时高。对于 JX-9 丁腈酚醛胶黏剂，当复合材料层合板厚度为 1mm 时，连接件在水介质和油介质中的拉伸性能得到提高；当复合材料层合板厚度为 3mm 时，峰值载荷未出现明显下降，三种介质对连接件的峰值载荷影响较小。当 JX-9 丁腈酚醛胶黏剂连接件处于湿润或油污的环境中，仍可以保持稳定的胶接连接性能。

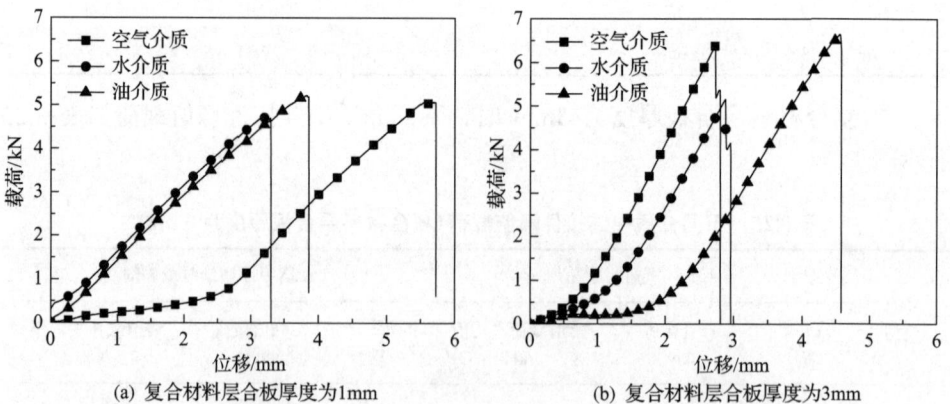

(a) 复合材料层合板厚度为1mm　　　(b) 复合材料层合板厚度为3mm

图 3.52　不同介质 J-133 环氧树脂胶黏剂连接件载荷-位移曲线

不同介质 J-133 环氧树脂胶黏剂连接件拉伸破坏形式如图 3.53 所示。可以看出，在空气介质中连接件拉伸性能稳定，应力分布比较均匀。在连接件前端虽然已经去除胶瘤，但仍然存在较厚的胶层，出现明显的应力集中现象，如图 3.53(a)所示。油分子比水分子大，渗透能力弱于水分子，油介质中可以阻断空气与胶层的接触，起到对胶层的密封作用，使得连接件拉伸性能有所提高。但油分子会部分浸润到层合板内，如图 3.53(b)所示，连接件破坏主要体现为复合材料层合板的内聚破坏，而纤维加强层出现不同程度的剥离。因此，对于介质为油的连接件，虽然在老化 24d 后拉伸性能略微提高，但油介质对连接件的浸润仍然存在，随着老化时间的增加，势必会削弱连接件本身强度，影响拉伸性能。

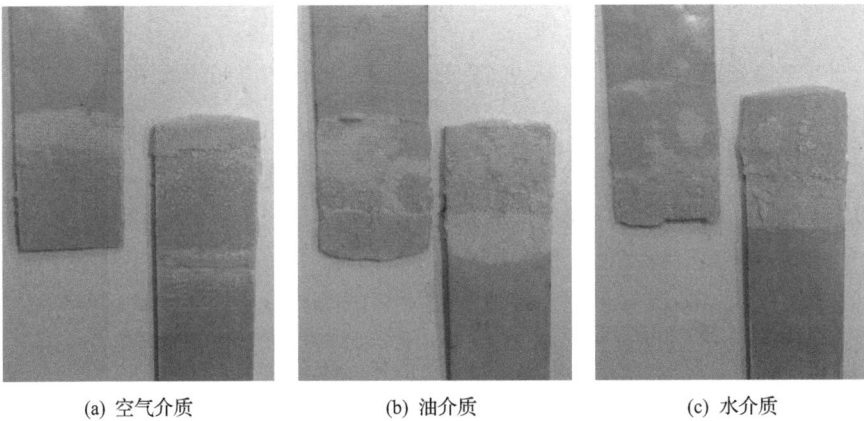

(a) 空气介质　　　　　　　(b) 油介质　　　　　　　(c) 水介质

图 3.53　不同介质 J-133 环氧树脂胶黏剂连接件拉伸破坏形式

水分子对连接件的浸润更为明显，如图 3.53(c)所示，体现为胶层和复合材料层合板的内聚破坏。可以观察到在浸泡老化后，胶层的部分区域存在水分子渗入，产生明显的孔洞，间接表明水分子并未与环氧树脂胶黏剂本身的基团发生化学反应，只是渗入到胶层的水分子取代了胶黏剂分子在复合材料层合板表面的黏附，并没有使环氧树脂胶黏剂水解，因此连接件的拉伸性能稍有降低，未产生破坏性的影响。

JX-9 丁腈酚醛胶黏剂对环氧树脂基复合材料的胶接连接性能虽不及 J-133 环氧树脂胶黏剂，但从耐久性看，JX-9 丁腈酚醛胶黏剂更为稳定。一部分原因是酚醛类胶黏剂富含氢氧基，胶接连接界面润湿性好，胶层均匀，而环氧类胶黏剂中的氢氧基较少，氢氧基能够有效阻止介质的浸入，保证胶接连接性能的稳定。同时，从破坏形式可以看出，连接件基本为胶层的内聚破坏和界面破坏，复合材料层合板的破坏不大，方便再修补。同时，在油介质和水介质中的胶接连接件胶层未完全剥离，粘连性高，如图 3.54 所示。

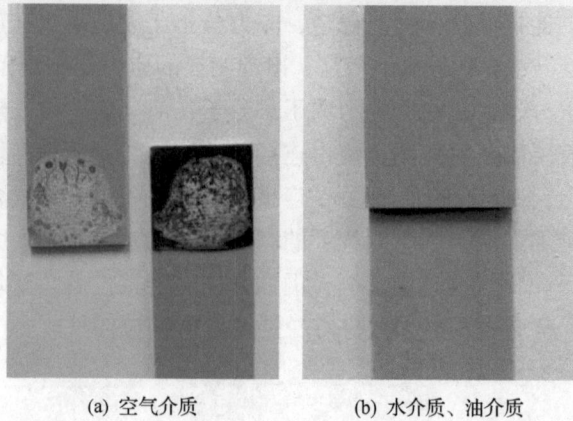

(a) 空气介质　　　　　　　　　(b) 水介质、油介质

图 3.54　不同介质 JX-9 丁腈酚醛胶黏剂连接件拉伸破坏形式

　　胶接连接工艺是复合材料连接中常用的连接方式，可以有效地保证连接件的完整性，连接件的外部形貌不受影响，但是由于胶接连接质量难以检测和保障，其应用会受到一定的限制。通过试验研究在不同胶黏剂中找到适合连接环氧树脂基复合材料，并具有稳定性能的胶黏剂。同时分析了影响胶接连接件力学性能的工艺参数，在 5℃和 25℃温度条件下通过正交试验获得了性能较优的参数组合，在 65℃温度条件下对重要的影响因素进行单一因素试验，分析参数对该温度下连接件胶接连接性能的影响。

参 考 文 献

[1] 冯闯, 赵广慧. 复合材料胶接接头力学性能的研究进展. 中国塑料, 2021, 35(11): 144-160.

[2] 徐喻琼. 胶瘤在胶接结构中应力分布的作用. 粘接, 2016, 37(6): 67-70.

[3] 黄志超, 卢能芝, 吕世亮, 等. 复合材料与铝板螺栓连接强度试验研究. 锻压技术, 2014, 39(12): 115-119.

第4章 树脂基复合材料混合连接工艺

单一连接工艺如机械连接、胶接连接可能无法满足复合材料结构强度要求。采用螺栓-胶接混合连接，即同时使用机械连接与胶接连接可以在一定程度上提高零部件之间的连接效率和结构安全性，如图 4.1 所示。混合连接虽然已大量应用于工业生产中，但是其载荷传递机制复杂，国内外相关研究相对较少，在进行混合连接设计时缺少可靠的借鉴资料。因此，采用试验法研究树脂基复合材料混合连接技术，分析工艺流程与连接性能，改善载荷传递能力，能够为混合连接的工业应用提供一定的理论参考。

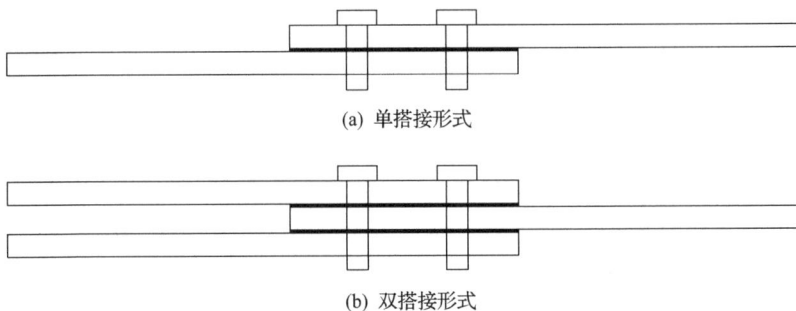

(a) 单搭接形式

(b) 双搭接形式

图 4.1 螺栓-胶接混合连接形式

螺栓-胶接混合连接设计的理论基础是基于机械连接和胶接连接的理论基础得到的。为同时满足胶接连接与机械连接的连接条件，选择复合材料层合板单搭接连接方式。在混合连接中为使胶接连接的变形和机械连接的变形相协调，选择J-133 环氧树脂胶黏剂。在层合板混合连接设计时，施加预紧力矩可能会造成层合板之间胶层的挤压破坏，因此，混合连接中不施加预紧力矩。复合材料层合板混合连接结构的失效判断标准为：螺栓连接或胶接连接任一种发生失效即可认为发生整体失效。

4.1 混合连接工艺和试验研究

4.1.1 试验材料、设备和参数的确定

试验板材选用玻璃纤维增强树脂基复合材料层合板。该层合板的增强材料是玻璃纤维，基体是环氧树脂，通过预浸料工艺生产。复合材料层合板的力学性能

如表 2.3 所示。

复合材料层合板尺寸如图 4.2 所示。复合材料层合板的增强材料是玻璃纤维布（0°方向强度最大，90°方向强度最小），因此在拉伸力学性能测试中，只需要进行单方向的力学性能测试即可，以峰值载荷表征复合材料层合板及连接件的拉伸强度。

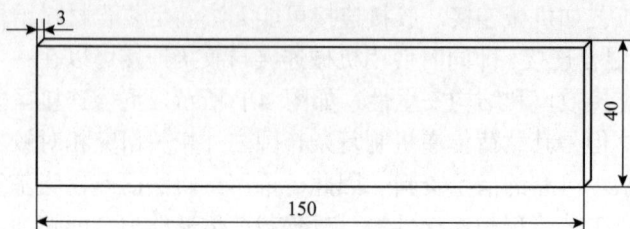

图 4.2　复合材料层合板尺寸(单位：mm)

为进一步确定混合连接中螺栓连接的参数，需要先进行螺栓连接试验，双螺栓连接件需同时确定端距和列距。在螺栓连接中端距和孔径之比应大于等于 3。根据表 1.3 参数之间的关系比，螺栓为 M6 时，选择双螺栓排距为 18mm、24mm。胶黏剂选用 J-133 环氧树脂胶黏剂。将螺栓连接件与胶接连接件的拉伸强度进行对比，并保证两种连接方式搭接长度一致。

分别制备不同连接方式连接件，每种连接件各重复三次拉伸试验。连接件峰值载荷如表 4.1 所示。排距为 18mm，搭接长度为 54mm 时，螺栓连接件峰值载荷平均值为 5.38kN，胶接连接件峰值载荷平均值为 5.34kN，混合连接件峰值载荷平均值为 8.03kN。相比于螺栓连接件，混合连接件的拉伸强度提高 49.3%；相比于胶接连接件，混合连接件的拉伸强度提高 50.4%。排距为 24mm，搭接长度为 60mm 时，螺栓连接件峰值载荷平均值为 5.04kN，胶接连接件峰值载荷平均值为 5.93kN，混合连接件的拉伸强度分别提高 42.1%和 20.7%。

表 4.1　连接件峰值载荷

连接件编号	不同连接方式拉伸试验峰值载荷/kN					
	螺栓连接 排距 18mm	胶接连接搭接 长度 54mm	混合连接搭接 长度 54mm	螺栓连接 排距 24mm	胶接连接搭接 长度 60mm	混合连接搭接 长度 60mm
1	5.17	5.44	7.80	5.05	5.71	7.29
2	5.52	5.48	8.24	5.05	6.23	6.96
3	5.44	5.10	8.05	5.01	5.84	7.22
平均值	5.38	5.34	8.03	5.04	5.93	7.16

排距为 24mm 的混合连接件中胶接连接和螺栓连接的极限承载力不一致，二者并非同步受力，某一种连接首先达到极限载荷发生失效，随后另一种连接方式

承受载荷，两种连接方式作用阶段不一致。混合连接件发生任何一种形式的破坏都可以认为已发生整体破坏。因此，混合连接件的强度与其中先分担载荷的连接方式的强度一致。当排距为 18mm 时，两种连接方式的极限载荷几乎相同，受到拉伸载荷作用时，两种连接方式同步分担载荷，有助于提高混合连接件拉伸强度。因此，在混合连接件的胶接连接部分达到极限承载时螺栓连接所承受载荷也达到极限或稍有余量，是最理想的混合连接状态。在后续试验中，选择排距为 18mm，端距为 18mm，搭接长度为 54mm。

4.1.2　制备工艺对混合连接件拉伸强度的影响

根据混合连接件制备过程中胶层固化的时间先后，复合材料螺栓-胶接混合连接制备工艺可以分为两种：①层合板预先制孔，先涂胶，在胶层固化之前安装螺栓并拧紧，然后胶层固化形成连接件；②层合板先使用胶黏剂黏结，胶层固化之后在连接件上制孔，并安装螺栓，拧紧后形成混合连接件。

为分析制备工艺对混合连接件拉伸强度的影响，试验采用两种工艺制备复合材料螺栓-胶接混合连接件。除制备工艺外，两组试验参数一致。复合材料层合板尺寸为 150mm×40mm×3mm。螺栓为 M6，材料为不锈钢；胶黏剂选用 J-133 环氧树脂胶黏剂。采用双螺栓布置形式，复合材料层合板几何尺寸如图 4.3 所示。

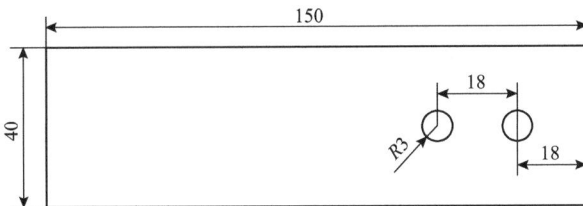

图 4.3　复合材料层合板几何尺寸(单位：mm)

进行两种制备工艺混合连接件拉伸试验，混合连接件峰值载荷如表 4.2 所示。两种制备工艺混合连接件峰值载荷对比如图 4.4 所示。

表 4.2　混合连接件峰值载荷　　　　　(单位：kN)

制备工艺	连接件 1	连接件 2	连接件 3	连接件 4	连接件 5	平均值
先制孔、再胶接连接	7.80	7.29	7.62	8.24	8.05	7.80
先胶接连接、再制孔	5.98	5.87	6.80	6.36	6.46	6.29

由表 4.2 和图 4.4 可以看出，先制孔、再胶接连接所制备的混合连接件具有更高的拉伸强度。原因在于采用这一种制备工艺时，由于胶黏剂的流动性，螺栓拧紧产生的挤压作用使胶黏剂流入孔中，填充了螺栓和螺栓孔之间的配合间隙，螺

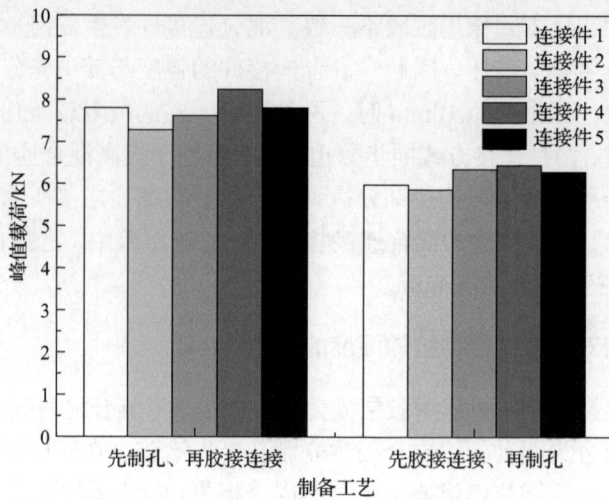

图 4.4　两种制备工艺混合连接件峰值载荷对比

栓和胶层得以紧密相连。在连接件受力时，上下层合板会产生一定的相对位移，使得胶层在产生剪切变形时还会出现螺栓挠曲变形的可能。而第二种制备工艺是在胶层固化之后再进行制孔，螺栓和螺栓孔间的配合间隙不能被胶黏剂填充。混合连接件在受力之后，上下层合板发生相对位移，使胶层产生剪切变形，但是在螺栓克服孔隙与上下层合板接触之前，螺栓不产生挠曲变形。在螺栓与层合板接触之前，如果胶层的剪切变形已达到极限，则螺栓连接不分担混合连接件的载荷，混合连接拉伸载荷只由胶层承担。

　　两种制备工艺混合连接件载荷-位移曲线如图 4.5 所示。可以看出，采用先制

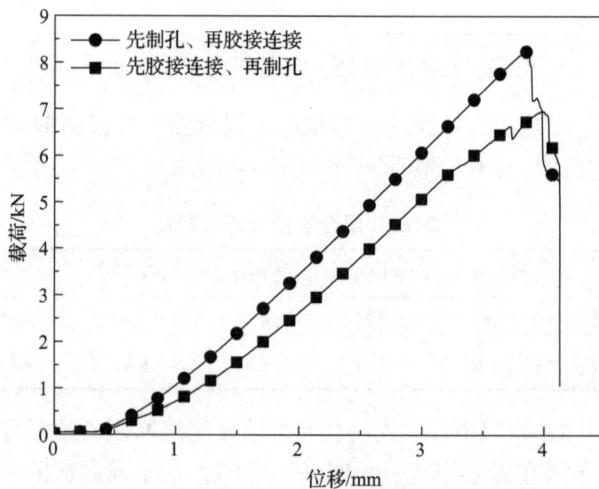

图 4.5　两种制备工艺混合连接件载荷-位移曲线

孔、再胶接连接，在胶层固化之前进行螺栓连接的方式，可以得到更高的峰值载荷。因此，在实际应用中，为更有效地发挥混合连接中胶接连接和机械连接的作用，应先制孔并在胶层固化之前进行螺栓连接制备混合连接件。

4.1.3　胶接连接、螺栓连接与混合连接的对比试验

一般情况下，与胶接连接或机械连接相比，混合连接可以使连接件的抗剥离、抗冲击、抗疲劳和抗蠕变等性能得到提高，但是也会导致结构质量和成本的增加。因此，进行胶接连接、螺栓连接和螺栓-胶接混合连接三种不同连接类型连接件拉伸强度的对比试验。为控制变量的数量，各连接方式的搭接长度保持一致，螺栓连接与混合连接所使用的螺栓为 M6，材料为不锈钢。复合材料层合板连接试验方案如表 4.3 所示。

表 4.3　复合材料层合板连接试验方案

分组	连接方式	胶层厚度/mm	端距/mm	排距/mm
第一组	胶接	0.15	——	——
第二组	单螺栓	——	18	——
第三组	双螺栓	——	18	18
第四组	单螺栓-胶接	0.15	18	——
第五组	双螺栓-胶接	0.15	18	18

由前述试验结果可以看出，端距为 18mm 时，螺栓连接件的拉伸强度可以达到最大值。因此，试验中双螺栓混合连接排距与端距均为 18mm，即搭接长度为54mm。单螺栓连接端距为 27mm，保证搭接长度一致均为 54mm。

试验中每组设定三个连接件，制备完成后进行拉伸试验。不同连接方式连接件拉伸性能如表 4.4 所示。

表 4.4　不同连接方式连接件拉伸性能

连接件编号	峰值载荷/kN	峰值载荷平均值/kN	失效位移/mm	破坏模式
胶接 1	5.44		2.88	层合板破坏
胶接 2	5.20	5.37	1.99	胶层破坏
胶接 3	5.48		2.43	层合板破坏
单螺栓 1	5.06		3.47	孔边断裂
单螺栓 2	5.15	5.10	3.21	孔边断裂
单螺栓 3	5.08		3.14	挤压-拉伸-剪切

连接件编号	峰值载荷/kN	峰值载荷平均值/kN	失效位移/mm	破坏模式
双螺栓 1	5.17		3.32	劈裂与孔边断裂
双螺栓 2	5.44	5.38	4.58	孔边断裂
双螺栓 3	5.52		6.70	孔边断裂
单螺栓-胶接 1	5.31		4.35	胶层破坏，孔边断裂
单螺栓-胶接 2	5.74	5.61	3.44	胶层破坏，孔边断裂
单螺栓-胶接 3	5.79		3.51	胶层破坏，孔边断裂
双螺栓-胶接 1	7.80		3.60	胶层破坏，孔边断裂
双螺栓-胶接 2	8.24	8.03	3.86	层合板剥离，孔边断裂
双螺栓-胶接 3	8.05		3.60	层合板剥离，孔边断裂

注：上述每组试验的连接件数量为 3 个，其中混合连接件为 5 个，以降低数据的离散性。各组试验结束后，求得平均值。

从每组数据中取出一个与平均值最接近的连接件进行对比分析，不同连接方式连接件载荷-位移曲线如图 4.6 所示。

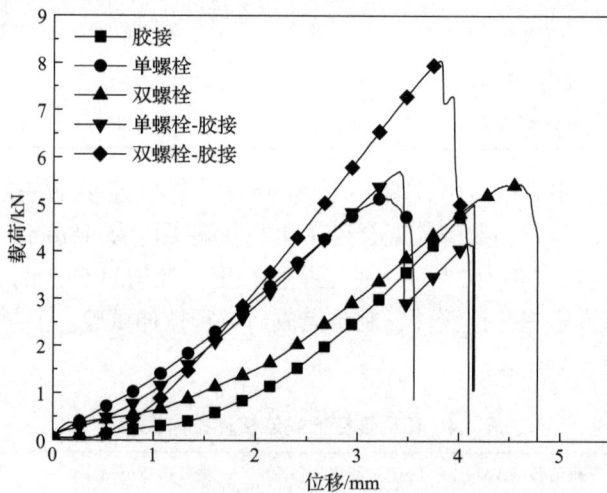

图 4.6　不同连接方式连接件载荷-位移曲线

由图 4.6 可以看出，在拉伸试验初始阶段载荷-位移曲线中有一段近似水平线，此阶段内连接件与夹具之间发生相对滑移；此阶段之后直到载荷最大值，载荷随加载位移近似呈直线上升的趋势，材料特性接近为线弹性。

胶接连接、单螺栓连接、双螺栓连接和双螺栓-胶接连接的载荷-位移曲线只出现一个峰值载荷；单螺栓-胶接连接曲线出现载荷先随位移增加而迅速增长，达到一个峰值载荷之后，迅速降低，随后，加载行程继续增加，载荷也随之继续增长，增长到另一个峰值载荷后，载荷迅速降低，即拉伸过程出现两个载荷随位移增加的过程。其中，第一个过程与螺栓连接曲线相似，峰值载荷比螺栓连接的峰值载荷略高；第二个过程与胶接连接曲线相近，且峰值载荷也接近胶接连接峰值载荷。这说明在这种混合连接方式下，胶接连接和螺栓连接分阶段发挥承载作用，两个阶段不叠加，即拉伸强度不叠加；因此，载荷-位移曲线可以分为两个过程。

　　双螺栓-胶接混合连接中载荷-位移曲线只出现一个载荷随位移增加再减小的过程，且其峰值载荷是五种连接方式中最大的，说明螺栓连接和胶接连接承载作用发生在同一个阶段。从试验数据来看，只有在胶接连接件与螺栓连接件的拉伸强度相近时，混合连接设计才合理，螺栓和胶黏剂可以同时起到提高拉伸强度的作用。

4.1.4　连接失效形式分析

　　五种连接方式连接件的失效形式如图 4.7 所示。图 4.7(a) 所示的胶接连接失效形式是层合板之间的胶层剥离，层合板的表皮会伴随着胶黏剂的剥离产生剥落。图 4.7(b) 所示的单螺栓连接失效形式是螺栓连接孔处复合材料层合板内部的纤维断裂导致的孔边断裂，可以发现孔边有明显的变形现象。图 4.7(c) 为单螺栓连接的另一种失效形式，连接处出现劈裂现象，此时层合板出现劈裂与孔边断裂两种失效。图 4.7(d) 所示的单螺栓-胶接混合连接失效形式是胶层先剥离，随后螺栓孔边发生断裂，胶层连接部分有界面破坏现象。在拉伸过程中载荷达到失效载荷的 75% 左右时，会听到纤维断裂的声音。图 4.7(e) 所示的双螺栓连接层合板失效形式是第二排孔边断裂，第二排螺栓承载更大。图 4.7(f) 所示胶接连接部分发生胶层剥离，孔边断裂并伴随着界面破坏的现象。在双螺栓-胶接混合连接的拉伸试验过程中，会先听到纤维断裂夹杂胶层剥离的声音，但是胶层未完全断裂，之后胶层剥离和孔边断裂几乎同时发生。拉伸试验中混合连接的胶接连接和螺栓连接几乎同时失效说明胶层和螺栓同时发挥作用，可以提高连接件的拉伸强度。

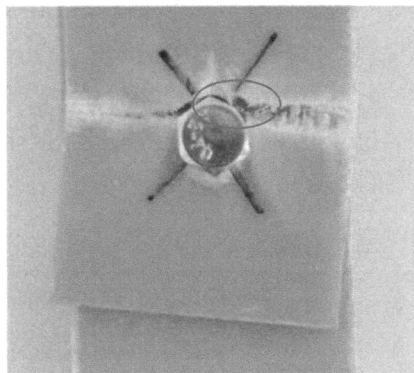

(a) 胶接连接破坏表面　　　　　　　　　　　(b) 单螺栓连接孔边断裂现象

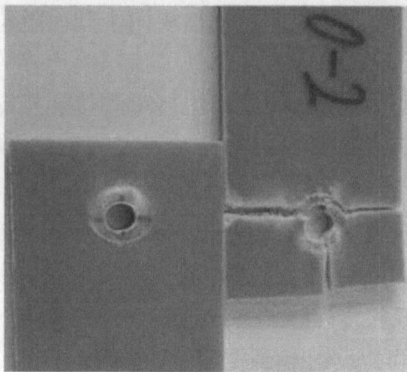

(c) 单螺栓连接孔边断裂伴随劈裂现象　　　　　　(d) 单螺栓-胶接混合连接破坏表面

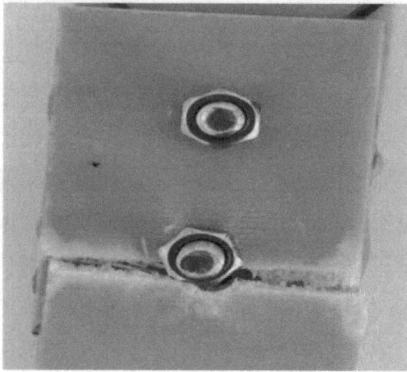

(e) 双螺栓连接破坏表面　　　　　　　　(f) 双螺栓-胶接混合连接破坏表面

图 4.7　五种连接方式连接件的失效形式

4.2　混合连接影响因素分析和新型混合连接

混合连接相对于胶接连接与机械连接，有助于提高连接件的拉伸强度。复合材料混合连接是比较复杂的问题，其拉伸强度与胶黏剂性能、复合材料性能，紧固件的数量、大小和位置等都有密切关系。在前述试验分析的基础上，对混合连接件的拉伸强度影响因素做进一步的研究，包括胶层厚度、螺栓数量、螺栓直径、复合材料层合板厚度等。

4.2.1　试验方案

为使复合材料层合板混合连接件中胶接连接变形和机械连接变形相协调，混合连接中可以选择 J-133 环氧树脂胶黏剂，该胶黏剂在 100℃以下环境中仍具有良好的韧性和耐久性。为保证试验可对比性，连接件的搭接长度均为 54mm。试验主要考虑混合连接件的拉伸强度，因此，只研究影响混合连接件拉伸强度的试验参数，包括胶黏剂的强度（通过胶层厚度来反映）、螺栓数量和螺栓大小。各参数的取值如下：

　　（1）胶层厚度：0.1mm、0.2mm。

　　（2）复合材料层合板厚度：1mm、3mm、5mm。

　　（3）螺栓规格：M5、M6、M7。

　　（4）螺栓数量：1个、2个、3个。

复合材料层合板连接的搭接长度均为 54mm，根据复合材料螺栓连接中端距与螺栓直径之比大于等于 3，在单个螺栓连接中端距为 27mm；在两个螺栓连接中端距和排距均为 18mm；在三个螺栓连接中端距为 18mm，排距为 18mm，列距为 16mm。三种制孔复合材料层合板几何尺寸如图 4.8 所示。

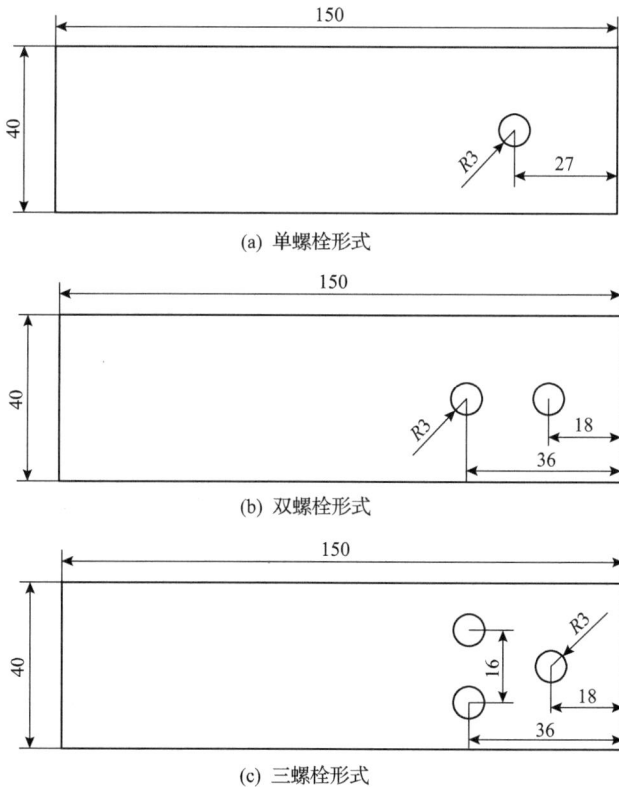

(a) 单螺栓形式

(b) 双螺栓形式

(c) 三螺栓形式

图 4.8　三种制孔复合材料层合板几何尺寸（单位：mm）

试验参数和各因素的水平较多，若对每个试验参数水平分别进行单因素方法试验，试验工作量大，并且可能出现漏项导致不能全面地分析试验结果。因此，采用正交试验设计进行分析，影响因素和水平如表 4.5 所示。由于各因素的水平不一样，试验采用混合水平正交表 $L_9(2\times3^3)$ ，如表 4.6 所示。

表 4.5　影响因素和水平

因素 A 螺栓直径/mm	因素 B 螺栓数量/个	因素 C 胶层厚度/mm	因素 D 连接件厚度/mm
5(A_1)	1(B_1)	0.1(C_1)	5(D_1)
7(A_2)	3(B_2)	0.2(C_2)	1(D_2)
6(A_3)	2(B_3)	—	3(D_3)

表 4.6　混合水平正交表

连接件编号	1(A)	2(B)	3(C)	空列	4(D)
SHtNd1	1(A_1)	1(B_1)	1(C_1)	1	1(D_1)
SHtNd2	1(A_1)	2(B_2)	2(C_2)	2	2(D_2)
SHtNd3	1(A_1)	3(B_3)	2(C_2)	3	3(D_3)
SHtNd4	2(A_2)	1(B_1)	2(C_2)	2	3(D_3)
SHtNd5	2(A_2)	2(B_2)	2(C_2)	3	1(D_1)
SHtNd6	2(A_2)	3(B_3)	1(C_1)	1	2(D_2)
SHtNd7	3(A_3)	1(B_1)	2(C_2)	3	2(D_2)
SHtNd8	3(A_3)	2(B_2)	1(C_1)	1	3(D_3)
SHtNd9	3(A_3)	3(B_3)	2(C_2)	2	1(D_1)

注：表中 S 代表单搭接试样，H 代表混合连接，t 代表胶层厚度和层合板厚度，N 代表螺栓数量，d 代表螺栓直径。

正交试验的原理是各个因素的各水平等概率出现，因此，试验中为了对混合连接件拉伸强度影响因素的各水平进行分析，可以使用的正交表为 $L_{18}(2^1\times3^7)$ ，但是需要做 18 次试验。因素 C 同样是 3 水平，此时变成 4 因素 3 水平的问题，那么可以选用等水平正交表，可以只做 9 次试验。但是实际上因素 C 只有 2 水平，可以将较好的水平重复一次，将 2 水平的因素变成 3 水平的因素。选择将胶接连接质量较好的胶层厚度水平 0.2mm 重复一次，使因素 C 变成 3 水平的因素，这样就可以采用正交表。试验方案为 $L_9(3^4)$ ，但是因素 C 的第三个水平是虚拟的，因此称为拟水平法。

4.2.2　混合连接试验

复合材料螺栓-胶接混合连接中螺栓连接部分需注意的问题是：复合材料层合板开孔时孔边缘易发生劈裂或应力集中现象，导致板材强度下降。因此，开孔时应注意合理选择钻孔参数，控制刀具的进给速度，尽量避免开孔对板材强度的削弱，试验中钻头选择高速钢钻头。胶接连接部分要注意：①保证涂胶的均匀性和涂胶面积的一致性；②胶接连接过程中保证无粉尘、水分等影响胶黏剂强度的外界因素浸入胶层，并且在胶层固化时对搭接部分施加均匀一致的压力；③涂布胶黏剂之前应采用丙酮或酒精对胶接连接面进行处理，以保证胶接连接面的洁净；④胶瘤对连接件的拉伸强度有一定影响。因此，在进行拉伸试验时，可以预先去除胶瘤[1]。有胶瘤与无胶瘤连接件如图 4.9 所示。

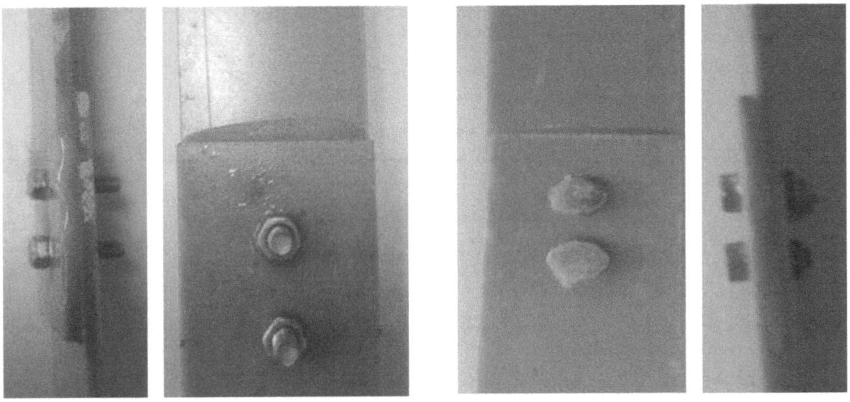

(a) 有胶瘤连接件　　　　　　　　　　　　(b) 无胶瘤连接件

图 4.9　有胶瘤与无胶瘤连接件

考虑到试验过程中产生的误差，每组制备 4 个连接件，并采用万能拉伸试验机测定连接件的峰值载荷。正交试验结果如表 4.7 所示。

表 4.7　正交试验结果

连接件编号	峰值载荷/kN	破坏模式	峰值载荷平均值/kN
SHtNd1	9.33	搭接处翘起	9.22
	9.13	搭接处翘起	
	8.81	搭接处翘起	
	9.59	搭接处翘起	
SHtNd2	3.89	层合板断裂	3.60
	3.45	层合板断裂	
	4.61（作废）	层合板断裂	
	3.47	层合板断裂	
SHtNd3	7.71	胶层剥离，孔边断裂	8.10
	7.80	胶层剥离，孔边断裂	
	8.60	胶层剥离，孔边断裂	
	8.30	胶层剥离，孔边断裂	

连接件编号	峰值载荷/kN	破坏模式	峰值载荷平均值/kN
SH*tNd*4	8.68(作废)	孔边断裂	7.53
	7.35	层合板翘起	
	7.68	孔边断裂	
	7.57	孔边断裂	
SH*tNd*5	11.47	双螺栓处断裂	10.87
	11.25	双螺栓处断裂	
	9.85	双螺栓处断裂	
	10.91	双螺栓处断裂	
SH*tNd*6	3.20	层合板断裂	3.14
	3.05	层合板断裂	
	2.90	层合板断裂	
	3.39	层合板断裂	
SH*tNd*7	5.06	胶层剪切破坏	5.10
	5.42	胶层剪切破坏	
	5.13	螺栓处层合板断裂	
	4.79	胶层剪切破坏	
SH*tNd*8	6.89	孔边断裂	7.03
	6.79	孔边断裂	
	6.98	孔边断裂	
	7.47	孔边断裂	
SH*tNd*9	10.76	孔边断裂	10.42
	10.35	孔边断裂	
	11.16	孔边断裂	
	9.39	孔边断裂	

混合连接件的失效形式有多种，包括搭接部位翘起伴随层合板分层、胶层剥离伴随孔边断裂、劈裂加孔周围破坏、层合板断裂和胶层剪切破坏等。在三螺栓连接件中，断裂必定发生在两个螺栓的一排。具体失效形式与原因，将在后面做详细介绍。

1. 正交试验结果分析

根据正交设计方案，进行混合连接件的拉伸试验。通过混合连接件的峰值载荷反映拉伸强度大小。正交试验结果分析如表 4.8 所示，将各组平均载荷 P 输入正交表格。符号定义如下：

Y_i 表示任一列上水平号为 i 时，所对应的试验结果之和。$\bar{y}_i$ 表示任一列上因素取水平 i 时所得结果的算术平均值。计算时，有几个指标相加就除以几，如计算 $\bar{y}_{A1}$ 时，有 3 个指标相加就除以 3；而计算 $\bar{y}_{C2}$ 时有 6 个指标相加应除以 6。

R 表示极差，是因素对试验结果的影响程度。由于因素水平不同，水平重复次数不等，水平取值范围也可能差异较大。因此通过极差来反映各因素的影响效果。在任一列上 $R=\max\{\bar{y}_1,\ \bar{y}_2,\ \bar{y}_3\}-\min\{\bar{y}_1,\ \bar{y}_2,\ \bar{y}_3\}$。

表 4.8　正交试验结果分析

因素	1(A)	2(B)	3(C)	空列	4(D)	P/kN
SHtNd1	1(A_1)	1(B_1)	1(C_1)	1	1(D_1)	9.21
SHtNd2	1(A_1)	2(B_2)	2(C_2)	2	2(D_2)	3.60
SHtNd3	1(A_1)	3(B_3)	2(C_2)	3	3(D_3)	8.10
SHtNd4	2(A_2)	1(B_1)	2(C_2)	2	3(D_3)	7.53
SHtNd5	2(A_2)	2(B_2)	2(C_2)	3	1(D_1)	10.87
SHtNd6	2(A_2)	3(B_3)	1(C_1)	1	2(D_2)	3.14
SHtNd7	3(A_3)	1(B_1)	2(C_2)	3	2(D_2)	5.10
SHtNd8	3(A_3)	2(B_2)	1(C_1)	1	3(D_3)	7.03
SHtNd9	3(A_3)	3(B_3)	2(C_2)	2	1(D_1)	10.42
Y_1	20.81	21.85	19.38	—	30.50	—
Y_2	21.54	21.50	45.51	—	11.84	—
Y_3	22.55	21.55	—	—	22.56	—
y_1	6.94	7.28	6.46	—	10.17	—
y_2	7.18	7.17	7.59	—	3.95	—
y_3	7.52	7.29	—	—	7.52	—
R	0.58	0.12	1.13	—	6.22	—
因素 主→次			D C A B			
最优方案			SHtNd 5			

由表 4.8 可以看出，各因素的影响程度从主要到次要依次为：D（层合板厚度）、C（胶层厚度）、A（螺栓直径）、B（螺栓数量）。

通过正交试验结果可以确定混合连接的最优方案。本次试验主要考察混合连接件的拉伸强度，拉伸载荷越大越好，所以选择每个因素中 $\bar{y}_1$、$\bar{y}_2$、$\bar{y}_3$ 中最大的值对应的水平。

A 因素列：$y_3 > y_2 > y_1$，$y_3 = 7.52$，$y_2 = 7.18$，$y_1 = 6.94$。

B 因素列：$y_3 > y_1 > y_2$，$y_3 = 7.29$，$y_1 = 7.28$，$y_2 = 7.17$。

C 因素列：$y_2 > y_1$，$y_2 = 7.59$，$y_1 = 6.46$。

D 因素列：$y_1 > y_3 > y_2$，$y_1 = 10.17$，$y_3 = 7.52$，$y_2 = 3.95$。

采用两个直径为 6mm 的螺栓，胶层厚度选择 0.2mm，层合板厚度选择 5mm 的组合是拉伸试验最优组合。从试验结果还可以看出，因素中螺栓数量与螺栓直径的 Y_2、Y_3 值非常接近，说明螺栓直径为 7mm、螺栓数量为两个的连接件，与螺栓直径为 6mm、螺栓数量为三个的连接件拉伸强度相差不大。原因在于当螺栓直径增加时，螺栓孔径相应增加，较大的螺栓孔径会造成更多的纤维断裂，纤维断裂增多必然会减弱层合板强度。因此，增加螺栓直径虽然提高了螺栓连接的拉伸强度，但同时降低了层合板的自身强度，导致连接件的拉伸强度增幅不显著。

在试验条件给定（例如：层合板厚度、螺栓数量、螺栓直径选取确定值）的情况下，通过正交试验可以得到优选方案。但未能直观反映拉伸强度受各个因素的影响情况。各参数对连接件峰值载荷影响的正交分析趋势图（主效应图）如图 4.10 所示。

主效应图可以反映各因素和各因素水平对混合连接件拉伸强度的影响大小。图 4.10(a) 中，混合连接件的拉伸强度随螺栓直径的增加先增大后减小。原因在于螺栓直径越大，其刚度越大，混合连接件的拉伸强度必然会增大。但是，螺栓孔直径的增加会造成更多纤维断裂，当螺栓直径增加到一定值后，混合连接件的拉伸强度会减小。图 4.10(b) 中，拉伸强度随着螺栓数量的增加先增大后减小。螺栓数量在一定范围内能提高螺栓连接拉伸强度，但螺栓孔的增加导致纤维断裂增多。因此，超过一定范围后，混合连接件的拉伸强度会随着螺栓数量增多而降低。

图 4.10(c) 中，胶层厚度为 0.2mm 时，混合连接件的拉伸强度明显高于胶层厚度为 0.1mm 时的拉伸强度。说明胶层厚度越大，胶层中的应力分布越均匀，胶接连接强度越高，这与惠嘉等[2]关于胶层厚度对胶接连接强度的影响一致。但是，胶层厚度超过一定范围后，连接缺陷也会随之增加。例如，胶层过厚产生的气泡

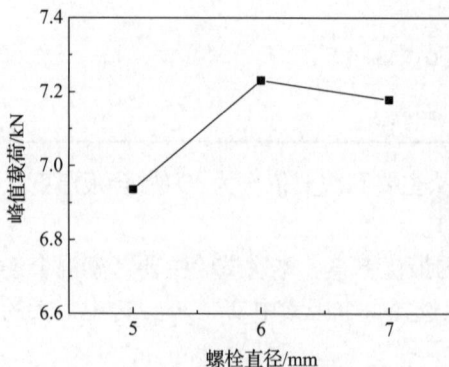

(a) 螺栓直径-混合连接性能　　　　　　　　(b) 螺栓数量-混合连接性能

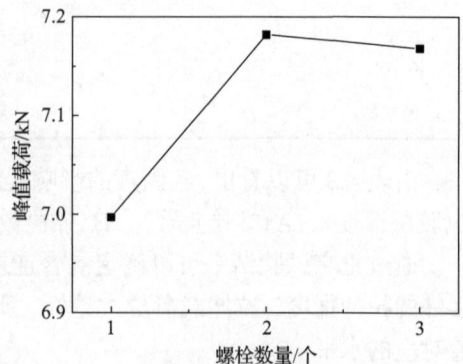

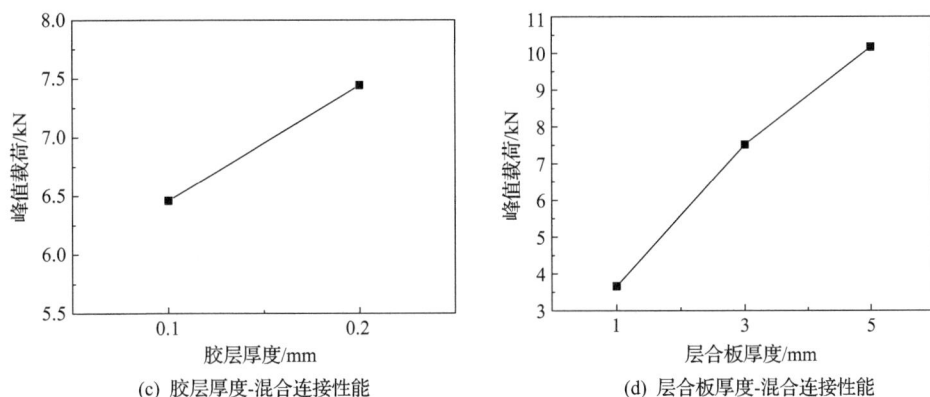

(c) 胶层厚度-混合连接性能

(d) 层合板厚度-混合连接性能

图 4.10 各参数对连接件峰值载荷影响的正交分析趋势图(主效应图)

会使胶接连接强度降低,最好将胶层厚度控制在 0.3mm 以内。图 4.10(d)中,层合板厚度越大,混合连接件的拉伸强度越大。由试验结果可以看出,层合板连接的破坏形式均为层合板在螺栓处的断裂破坏。虽然混合连接件中胶接连接与螺栓连接直接影响了混合连接件的拉伸强度,但是,混合连接件的最终破坏形式是层合板的断裂。复合材料层合板铺层越厚,其拉伸强度越大。因此,混合连接件的拉伸强度必然随层合板厚度增加而增大。但是当层合板厚度超过一定值后,可能胶接连接不能和螺栓连接一致协调地承担载荷。因此,混合连接中层合板厚度应控制在一定范围内。

2. 混合连接拉伸试验失效形式分析

根据正交试验设计表,进行不同参数混合连接件拉伸试验。各类混合连接件的失效形式如图 4.11 所示。

混合连接失效形式是混合连接件强度性能的重要评定指标。可以看出,无论是单螺栓、双螺栓还是三螺栓连接均在孔边处发生层合板断裂。一方面,制孔造

(a) 层合板的翘起失效

(b) 双螺栓、三螺栓薄板的失效

(c) 单螺栓薄板胶层剥离失效　　　　　　(d) 三螺栓连接的胶层剥离和孔边断裂失效

(e) 双螺栓连接的胶层剥离和孔边断裂失效　　　(f) 单螺栓连接的胶层剥离和孔边断裂失效

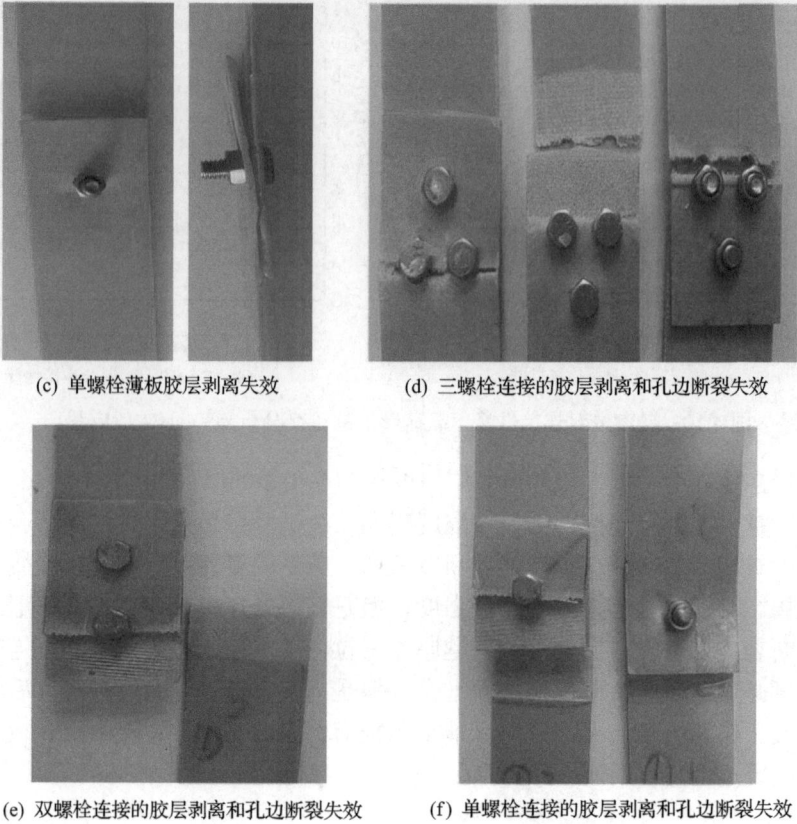

图 4.11　各类混合连接件的失效形式

成孔边应力集中；另一方面，螺栓孔造成纤维断裂，使螺栓位置层合板的强度降低。三螺栓混合连接件的断裂均发生在两个螺栓的一排，原因在于两个螺栓孔的破坏造成更多纤维破坏，层合板强度更低。

　　单独分析各类混合连接件失效形式，图 4.11(a) 中均为层合板翘起失效，其原因在于连接件在达到屈服应力之后，螺栓抑制了连接件的剪断失效。同时，由于施加的拉伸载荷不足以使层合板断裂，导致翘起变形。图 4.11(b) 为 1mm 厚度层合板连接失效，层合板失效部位均在夹具夹持部位。其原因是层合板厚度太小，在连接件拉伸失效之前，层合板自身已经断裂。图 4.11(c) 为单螺栓连接失效情况，连接件仅发生胶层剥离，层合板未断裂，孔边也未断裂，说明这应该是最佳的混合连接形式。

　　为验证混合连接的有效性，可以进行薄板(1mm 厚度)的胶接连接和螺栓连接。胶接连接件的拉伸强度在 3kN 左右，螺栓连接件的拉伸强度小于 4kN，均小于混合连接件的拉伸强度，验证了薄板混合连接的合理性。图 4.11(d)、(e)、(f)

均为混合连接的一般失效情况，失效形式为混合连接层合板先出现胶层剥离，继而发生胶层剪断和孔边断裂。需要说明的是，孔边断裂最主要的原因是孔边应力集中和制孔对玻璃纤维造成了破坏。三螺栓混合连接层合板的断裂均发生在双螺栓所在的一排，这是因为两个螺栓孔的存在，对层合板的破坏影响更大，并且应力集中现象更加明显。

由正交试验结果可以看出，并不是层合板厚度越大，混合连接件的拉伸强度就越高。螺栓数量也应该控制在一定范围内。螺栓直径、螺栓数量、胶层厚度和层合板厚度四个因素对混合连接件拉伸强度的影响是相互制约、相互影响的。在何种情况下混合连接件可以达到最大的拉伸强度，需要进一步对正交表进行方差分析和显著性效应分析。

4.2.3　正交试验结果的方差分析

在多因素混合正交试验中，直观分析法未能估计误差的大小和各因素的重要程度。而方差分析可以检验各因素对试验结果能否产生显著性影响。因此，需要对试验结果进行方差分析，试验结果如表 4.9 所示，混合连接正交试验分析结果如表 4.10 所示。

表 4.9　试验结果

极差	A	B	C	D
	20.81	21.85	19.38	30.50
	21.54	21.50	45.51	11.84
	22.55	21.55	—	22.56
R	6.94	7.28	6.46	10.17
	7.18	7.17	7.59	3.95
	7.52	7.18	—	7.52
	0.58	0.11	1.13	6.22

表 4.10　混合连接正交试验分析结果

影响因素	SS	DF	MS	F_A	显著性
A	0.51	2	0.25	1.91	*
B	0.02	2	0.01	0.09	*
C	75.88	1	75.88	570.97	**
D	58.47	2	29.24	219.98	**
误差	0.53	4	0.13	—	—

注：—表示因素对试验结果的影响不显著；*表示因素对试验结果的影响显著；**表示因素对试验结果的影响非常显著。

由表 4.10 可以看出，因素 C 和因素 D 对试验结果有显著影响，因素 A 和因素 B 对试验结果的影响不显著，结论与极差分析的结果一致。

4.2.4　新型混合连接

在常规的螺栓-胶接混合连接中，由于胶层属于刚性连接，螺栓与钉孔之间的配合情况会明显影响混合连接件的拉伸强度，连接件制备过程中出现的偏差会导致拉伸强度提高不明显。因此，研究在复合材料层合板混合连接中增加附加板，分析该工艺对混合连接件拉伸强度的影响。

1. 试验部分

新型混合连接中所使用的附加板与垫圈的作用不同。垫圈的作用通常是扩大接触面、降低紧固力产生的应力集中和防止螺母松脱等。而附加板的作用是减小主界面的载荷，进而减小连接区域的应力水平。其本质是通过增加载荷传递的路径，减小各个接触面之间的载荷传递。

为对比传统混合连接件与新型混合连接件拉伸强度的区别，混合连接方式为单螺栓-胶接混合连接形式，连接件的制备在室温环境下完成，先钻孔后胶接连接，在胶层固化之前安装螺栓。附加的搭接板采用 L 形，厚度为 1.1mm，材料为铝合金，如图 4.12(a)所示，新型混合连接件结构形式如图 4.12(b)所示。

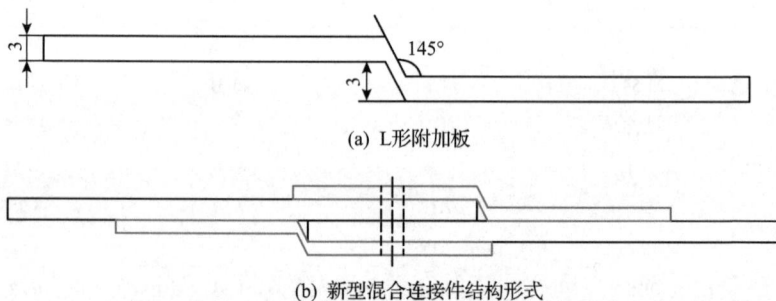

(a) L形附加板

(b) 新型混合连接件结构形式

图 4.12　L形附加板和新型混合连接构型(单位：mm)

新型混合连接件的拉伸强度由拉伸试验所得到的峰值载荷表征，四种连接方式连接件峰值载荷如表 4.11 所示。四种连接方式连接件峰值载荷对比如图 4.13 所示。新型混合连接件的峰值载荷平均值为 6.64kN，而传统混合连接件为 5.6kN；新型混合连接件在螺栓连接件的基础上拉伸强度提高了 30.2%，在胶接连接件的基础上提高了 36.9%，在传统混合连接件的基础上提高了 18.6%。因此，在传统混合连接件基础上，新型混合连接件能显著提高连接件的拉伸强度。

表 4.11　四种连接方式连接件峰值载荷

连接方式	连接件 1	连接件 2	连接件 3	峰值载荷平均值/kN
单螺栓连接	5.06	5.15	5.08	5.10
胶接连接	4.83	4.79	4.92	4.85
传统混合连接	5.31	5.71	5.79	5.60
新型混合连接	6.60	6.50	6.81	6.64

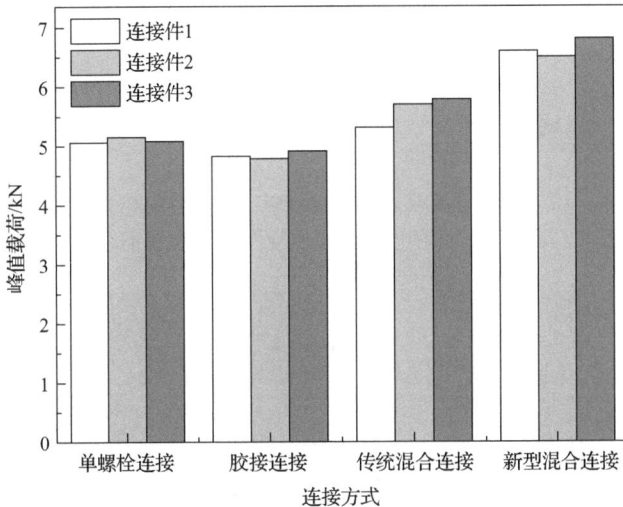

图 4.13　四种连接方式连接件峰值载荷对比

四种连接方式连接件载荷-位移曲线如图 4.14 所示。可以看出,胶接连接与螺栓连接的峰值载荷接近,传统混合连接件的拉伸强度相比单一连接形式有所增大,达到 5.6kN 左右,但是拉伸强度提高幅度较小。而新型混合连接件的拉伸强度在传统混合连接件的基础上进一步提高。且两种混合连接件的载荷-位移曲线相近,载荷增长至峰值载荷之后直线下降但不为零,然后再出现一定的上升趋势,随后逐渐下降直到连接件失效。新型混合连接件的拉伸强度提高说明附加板分担了部分载荷,也延缓了连接件的失效。第二个峰值载荷处新型混合连接件的载荷同样大于传统混合连接件。

2. 新型混合连接失效形式分析

新型混合连接件失效形式如图 4.15 所示。可以看出,新型混合连接件的失效仍然是复合材料层合板的断裂。在传统混合连接件中,其应力主要是沿着主界面分布,而新型混合连接件中应力主要分布在附加板与层合板之间。在新型混合连

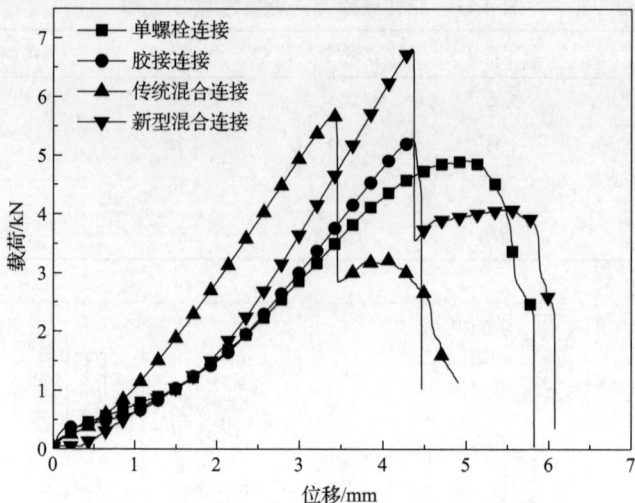

图 4.14　四种连接方式连接件载荷-位移曲线

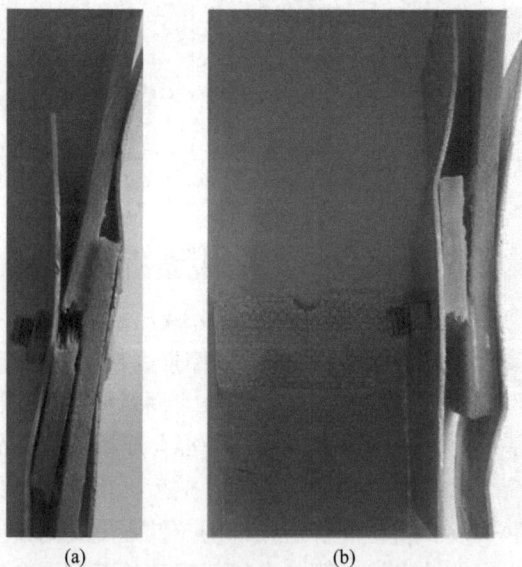

图 4.15　新型混合连接件失效形式

接件的拉伸过程中，附加板由贴合状态逐渐张开，连接件破坏时附加板已与层合板完全分开，如图 4.15(b) 所示。附加板能借助于螺栓的挤压承担部分载荷，从而减轻胶层分担的载荷，并在一定程度上降低了剥离应力。新型混合连接件中附加板能够通过提供新的载荷传递路径减轻层合板连接件中胶层间的承载力。因此，附加板在提高混合连接件的拉伸强度上起到了重要的作用。

此外，新型混合连接件中附加板不发生破坏，这主要是由于主界面在两个层合板之间，即层合板是主承力构件，附加板是次界面，分担的载荷较小。因此，二者同时受力时最先发生破坏的是树脂基复合材料层合板，附加板未发生破坏。

4.3　混合连接件的老化研究

复合材料连接件的设计原则之一是必须使连接件满足设计者的特殊要求和考虑环境条件对连接件性能的影响。混合连接件中复合材料层合板本身和所使用的胶层在存放或使用过程中，会受到周围环境的影响，造成连接件性能退化。因此，本节考虑将混合连接件置于热空气介质中，研究热空气介质对混合连接拉伸性能的影响；将混合连接件置于水介质、盐水介质和硝酸介质中浸泡，研究湿热环境和腐蚀环境对混合连接件拉伸性能的影响。

1. 热空气介质对混合连接件拉伸性能的影响

混合连接中的胶黏剂遇热或遇光后会发生物理变化和化学变化，即热氧老化与光氧老化。其中，物理变化表现为软化、熔融和变形；化学变化主要表现为热分解，在有氧气存在情况下会发生氧化裂解。本试验主要研究热空气介质对混合连接件拉伸性能的影响。

试验所需设备包括恒温箱、万能拉伸试验机。为保证试验结果的普遍合理性，选择中间厚度 3mm 层合板进行连接，采用双螺栓-胶接混合连接形式，螺栓直径为 6mm，端距和排距均为 18mm，胶层厚度为 0.2mm。混合连接件尺寸如图 4.16所示。

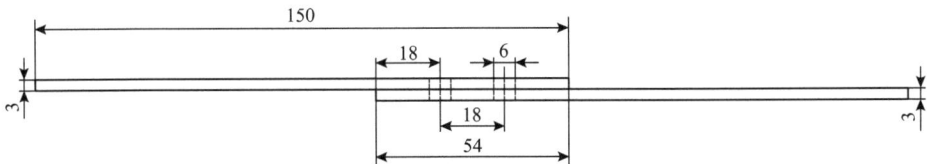

图 4.16　混合连接件尺寸(单位：mm)

1)高温老化试验

(1)将连接件置于保温箱中，设定温度 120℃。每隔 2h 取出一组连接件，待降至室温后测定其拉伸强度。

(2)将连接件置于保温箱中，设定温度 150℃。每隔 2h 取出一组连接件，待降至室温后测定其拉伸强度。

（3）将连接件置于保温箱中，设定温度 180℃。每隔 2h 取出一组连接件，待降至室温后测定其拉伸强度。

使用万能拉伸试验机进行拉伸试验，考虑到试验的不稳定性，每组试验设计 3 个连接件。

2）试验结果分析

不同温度与保温时间条件下混合连接件峰值载荷如表 4.12 所示。

表 4.12　不同温度与保温时间条件下混合连接件峰值载荷

温度/℃	保温 2h			保温 4h			保温 6h		
	连接件编号	峰值载荷/kN	平均值/kN	连接件编号	峰值载荷/kN	平均值/kN	连接件编号	峰值载荷/kN	平均值/kN
120	1	7.94		1	6.88		1	6.69	
	2	7.82	7.81	2	6.91	6.83	2	6.69	6.65
	3	7.68		3	6.70		3	6.56	
150	1	7.06		1	6.54		1	6.07	
	2	7.21	7.15	2	6.47	6.55	2	6.10	6.13
	3	7.17		3	6.63		3	6.23	
180	1	7.00		1	6.37		1	5.80	
	2	6.89	6.91	2	6.26	6.31	2	5.73	5.68
	3	6.83		3	6.31		3	5.52	

不同保温时间混合连接件载荷-位移曲线如图 4.17 所示。可以看出，在保温时间相同的条件下，保温温度越低，连接件的拉伸强度越高，即保温温度越高，对连接件拉伸强度的影响越明显。

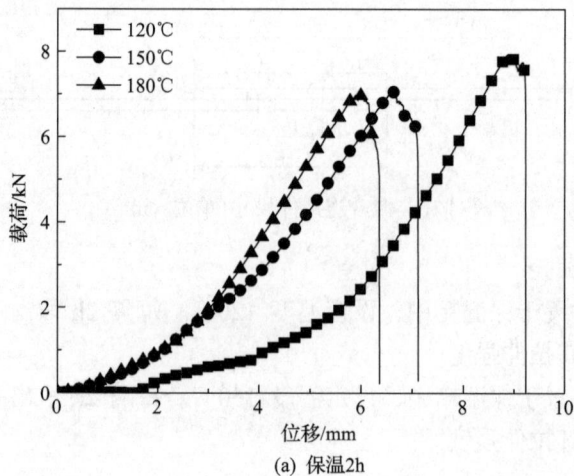

(a) 保温2h

(b) 保温4h

(c) 保温6h

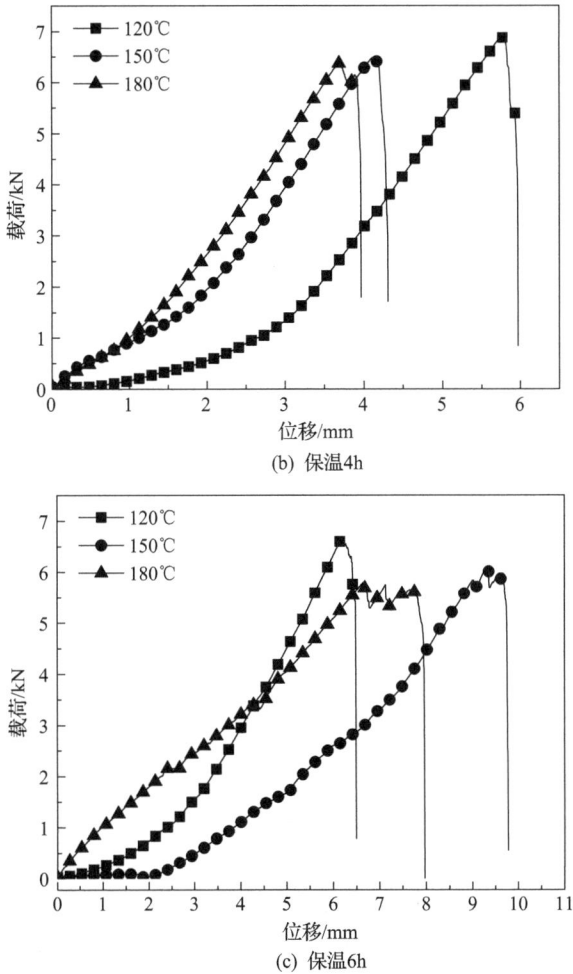

图 4.17　不同保温时间混合连接件载荷-位移曲线

　　混合连接件峰值载荷随时间与温度的变化趋势如图 4.18 所示。可以看出，在 120℃、150℃和 180℃的高温条件下，连接件拉伸强度均随保温时间的增加而降低，并且温度越高，连接件拉伸强度下降越快。说明温度越高，混合连接件老化越快。120℃条件下，保温 4h 后，连接件的拉伸强度下降速度减缓，这是因为复合材料本身具有一定的热稳定性，在一定温度范围内拉伸强度不会受到太大影响，但是混合连接件中的胶层对高温较为敏感，造成连接件的拉伸强度降低。当温度为 180℃，保温 6h 时，混合连接件拉伸强度已非常接近螺栓连接件和胶接连接件。

　　高温环境下混合连接件的失效形式如图 4.19 所示。可以看出，复合材料层合板发生不同程度的肿胀与分层现象。在 120℃层合板没有发生大变形，150℃层合板出现明显变形，而且从连接件失效处可以发现胶黏剂有一定的收缩现象。高温环境下胶层收缩是削弱混合连接件拉伸强度的原因之一。在 180℃环境下，层合板肿胀程度加大，此时混合连接件的拉伸强度已经非常接近于螺栓连接件拉伸强度，胶接连接失效。

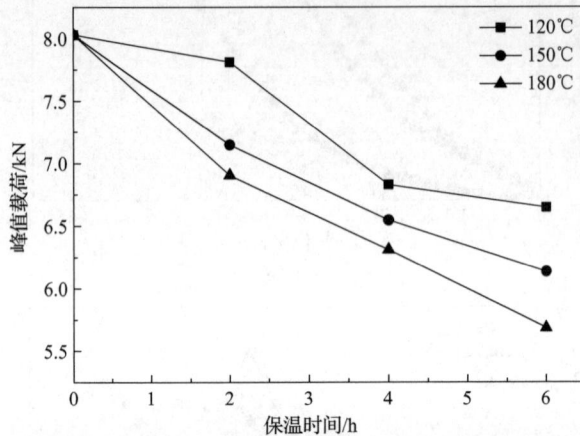

图 4.18　混合连接件峰值载荷随时间与温度的变化趋势

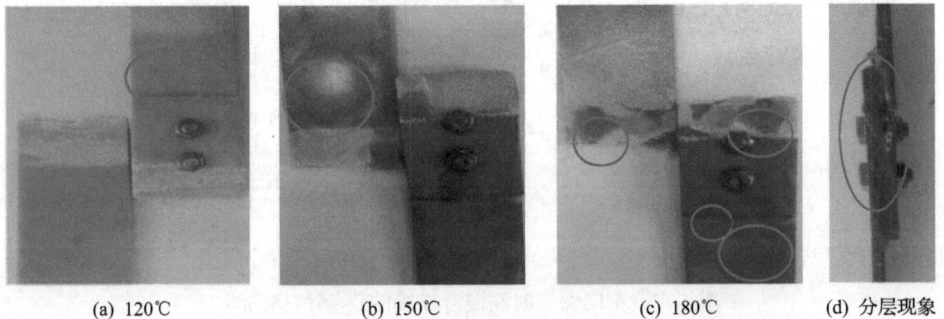

(a) 120℃　　　　(b) 150℃　　　　(c) 180℃　　　　(d) 分层现象

图 4.19　高温环境下混合连接件的失效形式

2. 水、盐水对混合连接件拉伸性能的影响

　　除高温环境外，混合连接件的力学性能还会受到腐蚀环境的影响。因此，将混合连接件分别置于水介质、5%NaCl 溶液介质中，进行腐蚀试验。

　　1) 水介质浸泡试验

　　将连接件浸于 20℃恒温水和 50℃恒温水中，每隔 100h 取出自然晾干，然后测量连接件的拉伸强度。

　　2) 5%NaCl 溶液介质浸泡试验

　　将连接件分别浸于 20℃和 50℃恒温且质量分数为 5%的 NaCl 溶液介质中，

每隔 100h 后取出自然晾干，然后测量其拉伸强度。

　　腐蚀环境主要影响混合连接中的胶层强度，对螺栓强度影响较小，因此以连接件峰值载荷表征其拉伸强度。不同温度和不同介质浸泡后混合连接件峰值载荷如表 4.13 所示。

表 4.13　不同温度和不同介质浸泡后混合连接件峰值载荷

| 浸泡时间/h | 峰值载荷/kN | | | |
| | 水介质 | | 5%NaCl 溶液介质 | |
	20℃	50℃	20℃	50℃
0	8.03	8.03	8.03	8.03
100	7.79	7.48	7.59	7.39
200	7.32	7.02	7.01	6.89
300	7.00	6.80	6.78	6.68
400	6.74	6.61	6.67	6.54
500	6.69	6.51	6.55	6.47
600	6.57	6.50	6.42	6.37

　　不同温度 5%NaCl 溶液介质浸泡后混合连接件峰值载荷随时间的变化趋势如图 4.20 所示。可以看出：

　　(1)两种温度下混合连接件的拉伸强度均随老化时间的延长而下降。未经过老化时，混合连接件的拉伸强度为 8.03kN；温度为 20℃时，经过 600h，混合连接

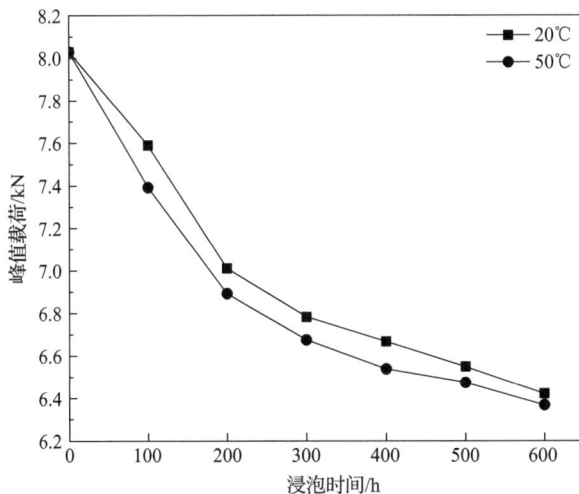

图 4.20　不同温度 5%NaCl 溶液介质浸泡后混合连接件峰值载荷随时间的变化趋势

件的拉伸强度下降到 6.57kN；温度为 50℃时，经过 600h，混合连接件的拉伸强度下降到 6.5kN。因此，当温度由 20℃提高到 50℃时，混合连接件的老化速度加快。原因在于渗入到胶层中的水分子代替了胶黏剂分子在层合板表面的黏附。

(2)400h 之前，混合连接件的拉伸强度下降较快；当老化时间超过 400h 时，拉伸强度下降速度变缓。但是总体来看，即使经过 600h 混合连接件的拉伸强度并没有大幅下降。一方面，说明 5%NaCl 溶液介质对 J-133 环氧树脂胶黏剂影响不大；另一方面，说明螺栓的存在使混合连接件的拉伸强度不至于下降很快，即使胶层老化，混合连接件的拉伸强度与螺栓连接件的拉伸强度相差不大。

20℃水介质和 5%NaCl 溶液介质浸泡后混合连接件峰值载荷随时间的变化趋势如图 4.21 所示。可以看出：

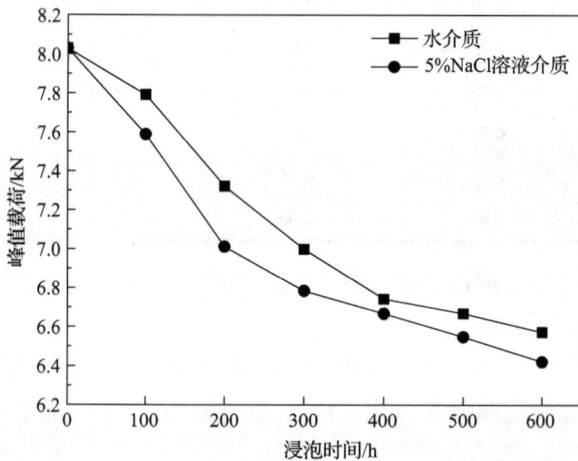

图 4.21　20℃水介质和 5%NaCl 溶液介质浸泡后混合连接件峰值载荷随时间的变化趋势

(1)两种介质中混合连接件的拉伸强度均随浸泡时间的延长而下降。未经过浸泡时，混合连接件的拉伸强度为 8.03kN；在水介质中浸泡，经过 600h，混合连接件的拉伸强度下降到 6.57kN；在 5%NaCl 溶液介质中浸泡，经过 600h，混合连接件的拉伸强度下降到 6.42kN。因此，与水介质相比，在 5%NaCl 溶液介质中浸泡时，混合连接件的老化速度加快。原因在于 Cl⁻ 的存在能促进胶黏剂的水解，加速了连接性能退化。

(2)400h 之前，混合连接件的拉伸强度下降较快；当老化时间超过 400h 时，拉伸强度下降速度变缓。总体来看，拉伸强度没有出现明显的降低，混合连接件在 5%NaCl 溶液介质中的耐久性比在水介质中差，但 J-133 环氧树脂胶黏剂在水介质和 5%NaCl 溶液介质中性能总体比较稳定。

3. 酸性介质对混合连接件拉伸性能的影响

将混合连接件分别浸于 20℃和 50℃恒温的 5%HNO₃溶液介质中，每隔 25h
取出自然晾干，进行拉伸试验。5%HNO₃溶液介质浸泡后混合连接件峰值载荷如
表 4.14 所示。

表 4.14　5%HNO₃溶液介质浸泡后混合连接件峰值载荷

浸泡时间/h	20℃			50℃		
	连接件编号	峰值载荷/kN	平均值/kN	连接件编号	峰值载荷/kN	平均值/kN
25	1	7.88		1	7.69	
	2	7.81	7.81	2	7.84	7.77
	3	7.72		3	7.79	
50	1	7.66		1	7.49	
	2	7.59	7.64	2	7.32	7.38
	3	7.68		3	7.34	
75	1	7.36		1	7.19	
	2	7.32	7.31	2	7.20	7.22
	3	7.25		3	7.26	
100	1	7.17		1	7.09	
	2	7.11	7.09	2	6.89	6.88
	3	7.00		3	6.67	

不同温度下不同腐蚀时间混合连接件载荷-位移曲线如图 4.22 所示。不同温度
下 5%HNO₃溶液介质浸泡后混合连接件峰值载荷随时间变化趋势如图 4.23 所示。
5%HNO₃溶液介质腐蚀 100h 的层合板形貌如图 4.24 所示。可以看出，混合连接

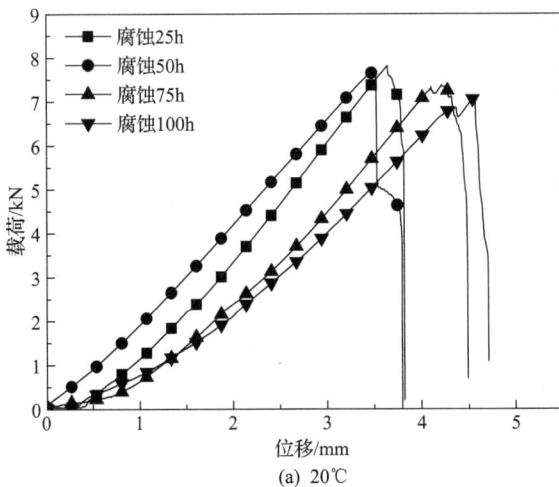

(a) 20℃

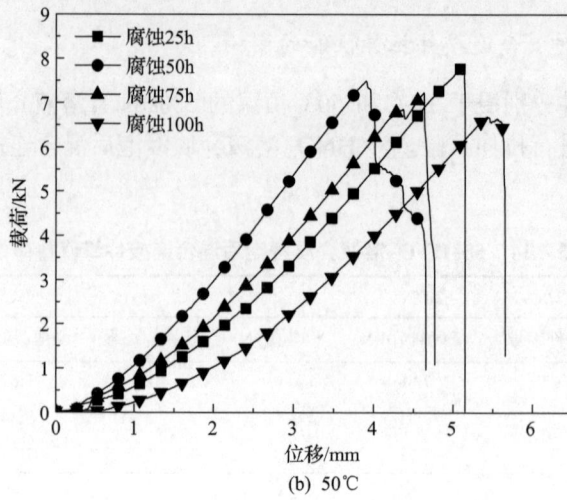

(b) 50℃

图 4.22　不同温度下不同腐蚀时间混合连接件载荷-位移曲线

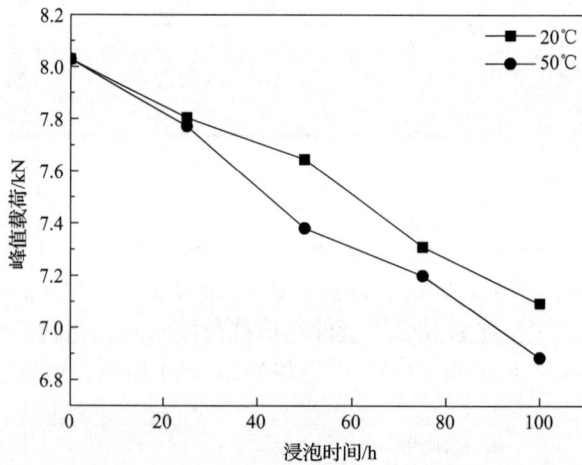

图 4.23　不同温度下 5%HNO$_3$ 溶液介质浸泡后混合连接件峰值载荷随时间变化趋势

图 4.24　5%HNO$_3$ 溶液介质腐蚀 100h 的层合板形貌

件的拉伸强度均随着腐蚀时间的延长而减小。拉伸强度减小的原因可能是胶黏剂分子链在强酸溶液中降解了。在 5%HNO$_3$ 溶液介质中，提高保温温度，不会明显影响混合连接件的拉伸强度。浸泡 100h 之后混合连接件中的螺栓受到明显腐蚀。因此，如果将混合连接件长时间置于酸性环境中，会直接影响强度性能，造成混合连接件失效。

参 考 文 献

[1] 游敏. 胶接强度分析及应用. 武汉: 华中科技大学出版社, 2009.

[2] 惠嘉, 万小朋, 赵美英. 复合材料胶接强度分析. 机械制造, 2012, 50(575): 71-75.

第5章 树脂基复合材料摆碾铆接-胶接
混合连接性能研究

树脂基复合材料成型工艺大致可以分为：①缠绕成型工艺；②挤拉成型工艺；③液体模塑成型工艺。液体模塑成型工艺中的真空辅助树脂传递模塑(vacuum assisted resin transfer molding, VARTM)工艺在玻璃纤维增强树脂基复合材料的生产中应用广泛。VARTM 工艺成型过程可以分为：①树脂和固化剂混合均匀并在真空泵的作用下在管道中流动，浸润塑料膜内的玻璃纤维布；②玻璃纤维布上的树脂和固化剂在真空环境中相互反应固化成型。在试验中可以通过改变纤维布的铺层数目、铺层方向和纤维布铺设的模具形状等参数改变制品的厚度、强度和形状。

VARTM 工艺具有产品中间微观孔隙少、制品纤维含量高、结构件力学性能好和设计灵活性高等优点。同时，通过透明的真空塑料薄膜能够观察树脂流动状态，也能够降低有机试剂挥发率。王科等[1,2]通过对 VARTM 工艺中导流介质的分析，针对加快树脂填充纤维布的速度和提高树脂浸润纤维布提供了合理的方法，并将 VARTM 工艺运用到泡沫夹芯复合材料制备中，研究了导流介质、缝合参数和夹芯结构对材料成型和性能的影响，为 VARTM 工艺的应用发展提供了大量具有参考价值的试验数据。

摆碾铆接是一种冷成形铆接工艺，铆接头绕中轴线做小角度回旋运动的同时向下运动。这两种运动的合运动会挤压铆钉，铆钉杆塑性流动形成镦粗从而夹紧板材起到连接作用。该铆接方法的优点也比较突出：①铆接时，铆接头接触铆钉杆一端的同时在旋转中会挤压其他边缘，因此所需的铆接力较小；②机器工作时振动很小，噪音也比较小；③铆接的周期比较短；④铆接设备的结构比较简单，设备成本低。

5.1 玻璃纤维增强树脂基复合材料层合板制备

5.1.1 试验原材料和仪器

试验中采用 VARTM 工艺制作玻璃纤维增强树脂基复合材料层合板，并测量复合材料层合板的平均厚度，为后续的试验参数选择提供数据支持。然后以树脂固化时间、树脂类型作为参考因素，得出一种既节省制作时间又使材料性能最佳的试验方案；最后采用合适的切割技术得出试验所需尺寸的复合材料层合板。

1. 试验主要材料

试验主要材料如表 5.1 所示。

表 5.1　试验主要材料

材料名称	型号	材料名称	型号
饱和环氧树脂	R688	真空袋膜	BF6600-50T
饱和环氧树脂固化剂	H3702	脱模布	PP85WR
不饱和环氧树脂	9231-VP	螺旋管	SW12-10
不饱和环氧树脂固化剂	KP100	树脂管	10mm×12mm
玻璃纤维双轴向布	LT600-1270	导流网	FM150
密封胶带	ST240Y		

2. 试验主要设备

试验主要设备包括 RGM4030 万能拉伸试验机、TX-25 真空泵和自制 VARTM 成型试验台。

5.1.2　复合材料层合板制备

1. 复合材料层合板的制备过程

VARTM 工艺复合材料层合板制备示意图如图 5.1 所示。层合板制备过程如下：

(1) 用酒精将试验台玻璃板擦拭干净，干燥后用密封胶带圈出 380mm×280mm 的区域，并在该区域内均匀涂抹脱模剂。裁减 6 块尺寸为 330mm×230mm 的玻璃纤维布和 360mm×260mm 的脱模布。

(2) 将脱模布平整地铺放在涂有脱模剂的区域，再将纤维布平整地铺放在脱模布上面，上下两层纤维布的铺放角度应该一致。将连接好的树脂螺旋管与导流网和密封胶带固定。然后将真空袋膜与密封胶带固定，同时将一端的树脂管用夹持器夹紧，另一端连接真空泵。

(3) 启动真空泵开关，当真空度达到-0.1MPa 时用夹持器夹紧和真空泵相连端的树脂管。若真空泵表盘数值-0.1MPa 能够保持 10min，证明该体系为真空环境，可以进行后续试验；若真空泵表盘数值不能长时间保持在-0.1MPa，证明该体系漏气，需要检查漏气并及时密封。在此期间将称量的 400g 树脂和 80g 固化剂混合搅拌均匀，并将树脂管放入混合均匀的溶液中。当体系达到真空度要求后，先打开真空泵端的夹持器，再打开另一端树脂管上的夹持器，树脂在大气压力作用下流入封闭体系中浸润纤维布。纤维布完全浸润后夹紧树脂管并关掉真空泵，如图 5.2 所示。静置一定时间，待树脂固化后进行脱模得到复合材料层合板。纤维布为 0°/90° 玻璃纤维双轴向布，6 块纤维布铺层制备得到[0/90]$_{6s}$层合板。

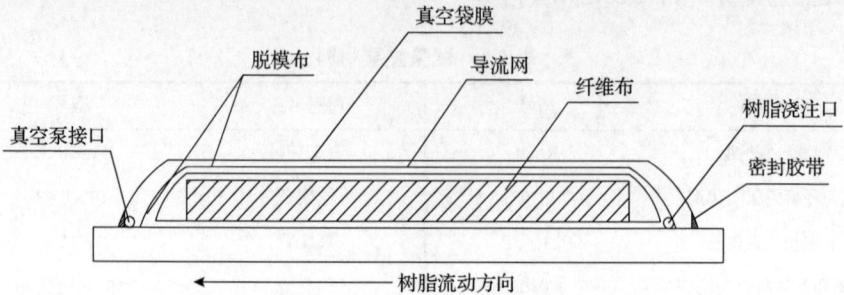

图 5.1　　VARTM 工艺复合材料层合板制备示意图

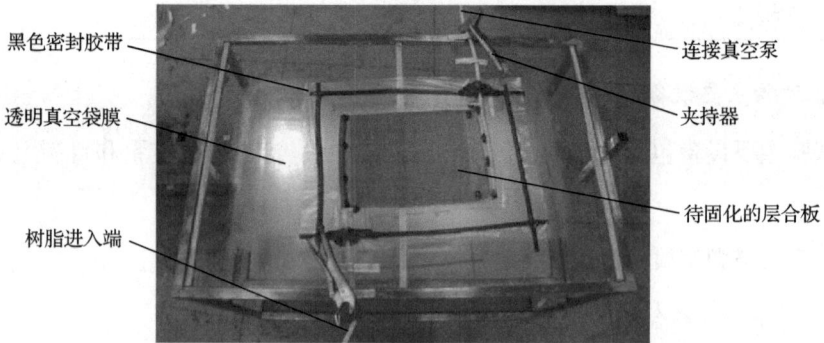

图 5.2　玻璃纤维增强树脂基复合材料的制备过程

2. 复合材料层合板的厚度

待树脂固化 24h 后脱模得到复合材料层合板，在产品上选取 10 个点作为层合板厚度的测量点。复合材料层合板厚度测量点位置如图 5.3 所示。随机选取 5 块复合材料层合板作为测量样本。复合材料层合板各测量点厚度如表 5.2 所示。

通过表 5.2 中的厚度测量数据可以计算采用 VARTM 工艺制备复合材料层合板的平均厚度，同时可以根据标准方差衡量层合板厚度的波动状态。厚度平均值为

$$\bar{a} = \frac{1}{n}(a_1 + a_2 + a_3 + \cdots + a_n) = \frac{1}{n}\sum_{i=1}^{n} a_i \tag{5.1}$$

厚度的样本标准差为

$$s = \sqrt{\frac{1}{n-1}\sum_{i=1}^{n}(a_i - a)^2} \qquad (5.2)$$

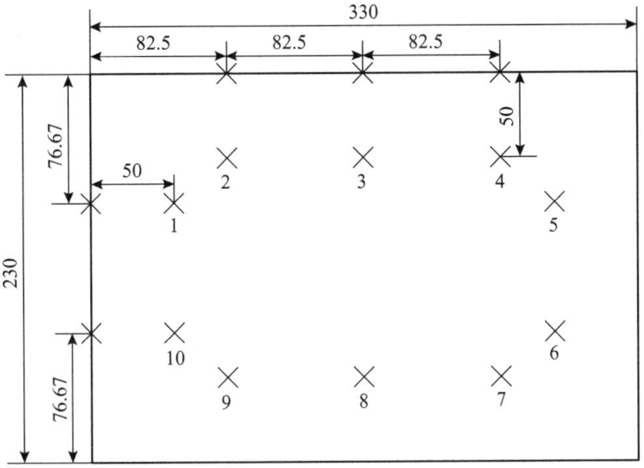

图 5.3　复合材料层合板厚度测量点位置(单位：mm)

表 5.2　复合材料层合板各测量点厚度　　　　　　(单位：mm)

试样	点 1	点 2	点 3	点 4	点 5	点 6	点 7	点 8	点 9	点 10
试样 1	3.24	3.14	3.22	3.28	3.24	3.24	3.24	3.22	3.24	3.20
试样 2	3.20	3.22	3.32	3.24	3.22	3.24	3.22	3.20	3.26	3.26
试样 3	3.20	3.24	3.16	3.22	3.26	3.24	3.24	3.24	3.14	3.22
试样 4	3.16	3.18	3.16	3.28	3.24	3.34	3.14	3.24	3.24	3.20
试样 5	3.22	3.24	3.22	3.24	3.28	3.20	3.22	3.26	3.16	3.22

将测量点的厚度数据分别代入式(5.1)和式(5.2)，可以得到该层合板的样本平均厚度为 3.23mm，样本的标准方差为 0.041。由计算结果可以看出制备的复合材料层合板厚度有一定的波动性，而标准方差为 0.041 表明复合材料层合板厚度相对比较稳定。复合材料层合板厚度为后续复合材料层合板拉伸强度数值模拟提供了重要依据。复合材料层合板厚度波动的主要原因如下：

(1)玻璃纤维布为手工铺设制备，纤维布铺设不够均匀，在真空辅助成型后层合板厚度上有一定的差异。

(2)纤维布在剪裁过程中，纤维束会有一定程度的偏离。即纤维束间的夹角不再是严格的 0°/90°，从而对树脂在纤维布中的流动造成影响，使得不同部位树脂的流动性不一致，导致层合板厚度产生差异。

(3)固化剂和树脂没有充分混合均匀，固化剂稍多的地方固化速度更快，不同区域固化时收缩率不一致，导致层合板厚度存在差异。

3. 复合材料层合板的切割

需要对制备得到的复合材料层合板进行切割加工，获得符合试验标准的测试试样。试验中采取激光切割和水刀切割两种加工技术对所得层合板进行切割。激光切割主要是利用高能的激光束射到材料表面，使材料表面在短时间内迅速汽化，从而达到切割层合板的目的。水刀切割是在高压的水束中添加金刚砂，然后将高压水束射到材料表面上，从而将材料进行切割。水刀切割和激光切割复合材料层合板对比如图 5.4 所示。可以看出，水刀切割的边缘比较平整，对材料内部的损伤比较小；激光切割则使层合板边缘出现了烧蚀现象，对层合板的损伤比较大，会对后续连接件的拉伸性能和疲劳性能造成比较大的影响。出现上述情况的主要原因是玻璃纤维的导热系数比较小，激光照射到层合板表面后热量聚集于一处，使树脂炭化，产生烧蚀。因此，水刀切割是获得玻璃纤维增强树脂基复合材料层合板标准连接件的理想手段。复合材料层合板和材料性能测试试样如图 5.5 所示。

图 5.4　水刀切割和激光切割复合材料层合板对比

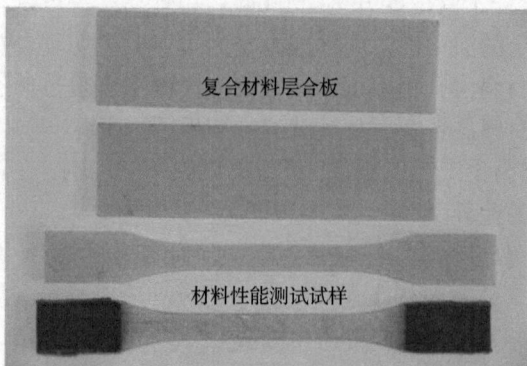

图 5.5　复合材料层合板和材料性能测试试样

复合材料层合板用于连接试验，其尺寸为 135mm×36mm×3.24mm；测试试样适用于材料性能试验，材料性能测试试样尺寸如图 5.6 所示。

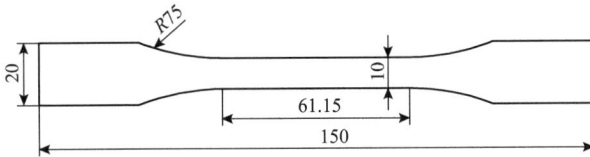

图 5.6　材料性能测试试样尺寸(单位：mm)

5.1.3　复合材料层合板制备工艺的参数优化

试验使用 0°/90° 双轴向玻璃纤维布，在实际复合材料层合板制备中省去纤维铺层角度的优化。本节主要分析不同树脂类型、固化时间复合材料层合板力学性能，得出一种既能在已有材料基础上力学性能最优，同时又可以节约制备时间的制备工艺。

1. 树脂类型的选择

试验选用两种环氧树脂，树脂类型选择试验方案如表 5.3 所示。采用 VARTM 工艺制作出不同试验条件下的复合材料层合板，并采用水刀切割成相应的尺寸。将两种情况下制得的标准试样在拉伸试验机上进行测试。

表 5.3　树脂类型选择试验方案

树脂	固化剂	树脂质量：固化剂质量	成型时间
R688 饱和环氧树脂	H3702 饱和环氧树脂固化剂	5:1	24h
9231-VP 不饱和环氧树脂	KP100 不饱和环氧树脂固化剂	100:1.2	

不同树脂标准试样载荷-位移曲线如图 5.7 所示。可以看出，两种测试试样均是在一定拉伸位移内，载荷达到最大值，然后急剧下降直至试样断裂失效。采用两种树脂制备的复合材料层合板为脆性材料，在整个拉伸过程中载荷基本呈近似线性迅速增长，玻璃纤维随着载荷增大而发生弹性形变，当载荷达到纤维材料的拉伸强度后逐渐断裂失效，最终导致复合材料层合板整体拉伸断裂。不同树脂标准试样的失效形式如图 5.8 所示。可以看出，层合板间不仅发生了不同铺层内的纤维断裂，而且不同铺层间出现了分层。R688 饱和环氧树脂试样表现出更大的拉伸强度，其主要失效形式为纤维断裂，而 9231-VP 不饱和环氧树脂试样则是以纤维分层为主要失效形式。从失效形式上可以看出 R688 饱和环氧树脂试样能更充分地体现玻璃纤维的拉伸强度，在后续试验中选择 R688 饱和环氧树脂作为复合材料层合板制作的原材料。

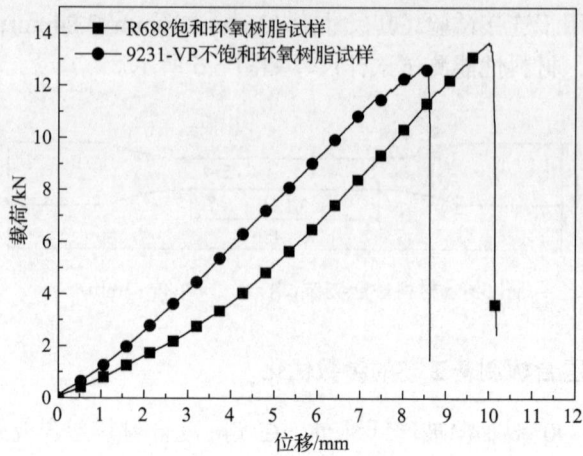

图 5.7　不同树脂标准试样的载荷-位移曲线

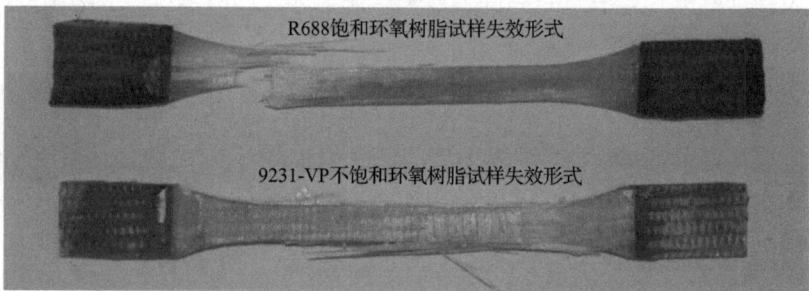

图 5.8　不同树脂标准试样的失效形式

2. 固化时间的选择

通过上述试验结果，确定试验所用材料为 R688 饱和环氧树脂和 H3702 饱和环氧树脂固化剂。本节主要研究固化时间对复合材料层合板力学性能的影响。固化时间试验方案和拉伸峰值载荷如表 5.4 所示。

表 5.4　固化时间试验方案和拉伸峰值载荷

试验方案	固化时间/h	峰值载荷/kN	峰值载荷平均值/kN
方案 1	12	13.68/13.46/13.71	13.62
方案 2	24	15.44/15.54/15.55	15.51
方案 3	48	15.61/15.59/16.62	15.94

不同固化时间连接件载荷-位移曲线如图 5.9 所示。可以看出，在不同固化时间下制得的试样的载荷-位移曲线变化趋势类似，载荷呈近似线性迅速增长至峰

值，随后在很短位移内迅速降低至 0。这说明不同固化时间下复合材料层合板的断裂失效过程几乎是一样的，复合材料层合板内的玻璃纤维发生弹性变形逐渐断裂，达到复合材料层合板的拉伸强度后发生断裂失效。

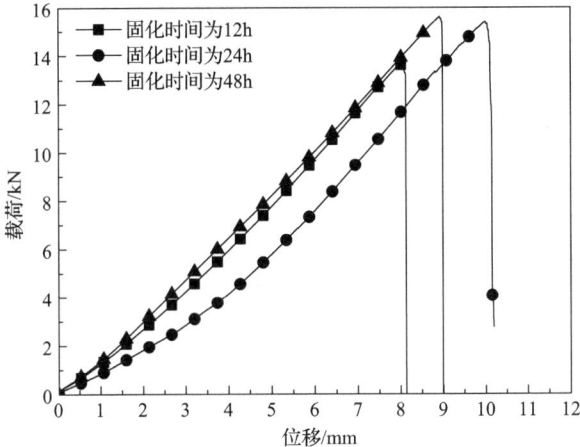

图 5.9　不同固化时间连接件载荷-位移曲线

　　由表 5.4 可以看出，树脂固化时间由 12h 提高到 24h 时，试样的峰值载荷提高了 13.88%。这主要是因为随着固化时间的延长，树脂和固化剂中的高分子间相互反应程度逐渐增大，分子间的相互作用力随之增大，与玻璃纤维的结合更充分，表现为复合材料层合板的拉伸强度增大；而由 24h 和 48h 的试验数据可以看出，固化时间为 48h 的试样几乎和 24h 的试样的峰值载荷一样，峰值载荷仅提升约 2.77%。主要原因在于在这个时间范围内树脂和固化剂的高分子间的反应已经达到了动态平衡，分子链间的相互作用力已经达到最大值，各组件的结合在 24h 后短时间内已基本完成，随着时间增加复合材料层合板的拉伸强度提高有限，因此拉伸峰值载荷变化不大。

　　不同固化时间复合材料层合板切割效果对比如图 5.10 所示。固化时间分别为 12h、24h 和 48h。可以看出，固化时间为 24h 和 48h 的层合板经过水刀切割后，表观质量相同；而固化时间为 12h 的层合板切割后，层合板的边缘有明显的发白现象，这主要是因为固化时间较短时，树脂、固化剂和纤维间的反应未达到平衡状态，各组件未充分结合，纤维层和树脂间的作用力比较小，没有达到最大值，采用水刀切割时会在复合材料层合板上施加较大的作用力，导致纤维层间的结构破坏，从而产生边缘发白现象。因此，从保持材料较大强度和缩短成型周期方面综合考虑，树脂固化时间选取 24h 能够获得性能较好的复合材料层合板。

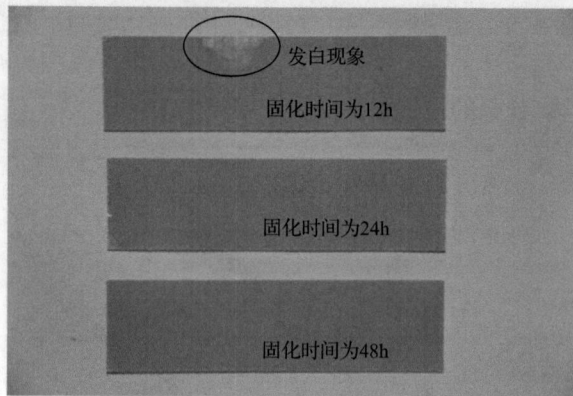

图 5.10　不同固化时间复合材料层合板切割效果对比

5.2　玻璃纤维增强树脂基复合材料失效有限元分析

　　玻璃纤维增强树脂基复合材料层合板是一种多层、各向异性板材，在拉伸过程中会发生多种形式的损伤失效，主要包括层间损伤和层内损伤。层内损伤主要指基体与纤维的拉伸和压缩；层间损伤则主要是层间的分层。损伤失效形式的多样性使得复合材料层合板的损伤分析比较困难，采用有限元分析方法可以获得复合材料层合板在拉伸过程中每层的应力和应变情况，能够更全面地分析复合材料性能。

5.2.1　复合材料层合板有限元相关理论

　　如果假设各向同性材料为完全弹性体，则该材料的应力-应变本构关系为

$$
\begin{bmatrix} \sigma_{11} \\ \sigma_{22} \\ \sigma_{33} \\ \sigma_{44} \\ \sigma_{55} \\ \sigma_{66} \end{bmatrix} = \begin{bmatrix} C_{11} & C_{12} & C_{13} & C_{14} & C_{15} & C_{16} \\ C_{21} & C_{22} & C_{23} & C_{24} & C_{25} & C_{26} \\ C_{31} & C_{32} & C_{33} & C_{34} & C_{35} & C_{36} \\ C_{41} & C_{42} & C_{43} & C_{44} & C_{45} & C_{46} \\ C_{51} & C_{52} & C_{53} & C_{54} & C_{55} & C_{56} \\ C_{61} & C_{62} & C_{63} & C_{64} & C_{65} & C_{66} \end{bmatrix} \begin{bmatrix} \varepsilon_{11} \\ \varepsilon_{22} \\ \varepsilon_{33} \\ \varepsilon_{44} \\ \varepsilon_{55} \\ \varepsilon_{66} \end{bmatrix}
\tag{5.3}
$$

复合材料是一种各向异性材料，所以刚度矩阵 C 中刚度系数满足

$$
C_{ij} = C_{ji}, \quad i, j = 1, 2, 3, 4, 5, 6
\tag{5.4}
$$

刚度矩阵包含 21 个独立的变量，采用分量式表达式(5.3)，则有

$$\sigma = C\varepsilon \tag{5.5}$$

对于刚度矩阵 C 有

$$CS = E \tag{5.6}$$

式中，S 为柔度矩阵。

$$S = C^{-1} \tag{5.7}$$

$$\varepsilon = S\sigma \tag{5.8}$$

复合材料的弹性可以用刚度矩阵和柔度矩阵表示，同时结合式(5.7)，可以看出对于复合材料，柔度矩阵 S 和刚度矩阵 C 均包含 21 个独立变量。

复合材料层合板是多层纤维布经过树脂浸润后固化而形成的正交各向异性材料。由于矩阵中系数对称，在矩阵 S 和矩阵 C 中，除去一部分为零的系数只剩下 9 个独立的变量。复合材料在单层结构主方向上的柔度矩阵 S 可以表示为

$$S = \begin{bmatrix} S_{11} & S_{12} & S_{13} & 0 & 0 & 0 \\ S_{21} & S_{22} & S_{23} & 0 & 0 & 0 \\ S_{31} & S_{32} & S_{33} & 0 & 0 & 0 \\ 0 & 0 & 0 & S_{44} & 0 & 0 \\ 0 & 0 & 0 & 0 & S_{55} & 0 \\ 0 & 0 & 0 & 0 & 0 & S_{66} \end{bmatrix} \tag{5.9}$$

柔度矩阵中独立的参数常用弹性模量 E_i、剪切模量 G_{ij} 和泊松比 v_{ij} 等表示，柔度矩阵为

$$S = \begin{bmatrix} \dfrac{1}{E_1} & \dfrac{-v_{21}}{E_2} & \dfrac{-v_{31}}{E_3} & 0 & 0 & 0 \\[2ex] \dfrac{-v_{12}}{E_1} & \dfrac{1}{E_2} & \dfrac{-v_{32}}{E_3} & 0 & 0 & 0 \\[2ex] \dfrac{-v_{13}}{E_1} & \dfrac{-v_{23}}{E_2} & \dfrac{1}{E_3} & 0 & 0 & 0 \\[2ex] 0 & 0 & 0 & \dfrac{1}{G_{12}} & 0 & 0 \\[2ex] 0 & 0 & 0 & 0 & \dfrac{1}{G_{23}} & 0 \\[2ex] 0 & 0 & 0 & 0 & 0 & \dfrac{1}{G_{13}} \end{bmatrix} \tag{5.10}$$

刚度矩阵中每个独立分量为

$$
\begin{cases}
C_{11} = \dfrac{E_1(1 - v_{23}v_{32})}{\Delta} \\[2mm]
C_{12} = \dfrac{E_2(v_{12} + v_{32}v_{13})}{\Delta} \\[2mm]
C_{13} = \dfrac{E_3(v_{13} + v_{12}v_{23})}{\Delta} \\[2mm]
C_{22} = \dfrac{E_2(1 - v_{13}v_{31})}{\Delta} \\[2mm]
C_{23} = \dfrac{E_3(v_{23} + v_{12}v_{31})}{\Delta} \\[2mm]
C_{33} = \dfrac{E_3(1 - v_{12}v_{21})}{\Delta}
\end{cases}
\tag{5.11}
$$

$$
\begin{cases}
C_{44} = C_{12} \\
C_{55} = C_{23} \\
C_{66} = C_{13}
\end{cases}
\tag{5.12}
$$

式中，

$$
\Delta = 1 - v_{12}v_{21} - v_{23}v_{32} - v_{13}v_{31} - 2v_{21}v_{32}v_{13}
\tag{5.13}
$$

复合材料层合板每一层的铺层方向不一定相同，即每层的铺设角度不相同。假设某层中纤维的铺设角度为 θ，则每一层的刚度矩阵相对于整体层合板可以利用坐标转换计算得到

$$
\overline{\boldsymbol{C}} = \boldsymbol{TCT}^{\mathrm{T}}
\tag{5.14}
$$

式中，

$$
\boldsymbol{T} = \begin{bmatrix}
\cos^2\theta & \sin^2\theta & 0 & 0 & 0 & -2\cos\theta\sin\theta \\
\sin^2\theta & \cos^2\theta & 0 & 0 & 0 & 2\cos\theta\sin\theta \\
0 & 0 & 1 & 0 & 0 & 0 \\
0 & 0 & 0 & \cos\theta & \sin\theta & 0 \\
0 & 0 & 0 & -\sin\theta & \cos\theta & 0 \\
2\cos\theta\sin\theta & 2\cos\theta\sin\theta & 0 & 0 & 0 & \cos^2\theta - \sin^2\theta
\end{bmatrix}
\tag{5.15}
$$

每层纤维板相对于整体坐标的柔度矩阵为

$$\overline{S} = (T^{-1})^{\mathrm{T}} ST \tag{5.16}$$

可以得到复合材料层合板中任意层的应力和应变情况。

5.2.2　复合材料层合板拉伸强度分析

ABAQUS 软件可以进行复杂的工程问题模拟，适于处理非线性问题。复合材料是各向异性材料且损伤模式复杂，具有比较明显的非线性特点。因此，使用 ABAQUS 软件对复合材料层合板的制备与拉伸强度进行仿真预测。在 ABAQUS 软件中，复合材料层合板的建模有三种方法：

(1) 3D 平面单元建模，用 Hashin 失效准则将材料属性选择为常规壳单元。

(2) 3D 壳单元建模，用 Hashin 失效准则将材料属性选择为连续壳单元。

(3) 3D 实体单元建模，用 Hashin 失效准则将材料属性选择为实体单元。

对于方法 1 和方法 2，ABAQUS 软件内置程序可以实现，而方法 3 则需要使用 Fortran 语言进行二次开发。本节主要针对方法 1 和方法 2，用内置程序对复合材料层合板的拉伸强度进行模拟仿真。玻璃纤维增强树脂基复合材料性能参数如表 5.5 所示。

表 5.5　玻璃纤维增强树脂基复合材料性能参数

性能参数	参数值	性能参数	参数值
E_{11}	128GPa	X_t	2093MPa
$E_{22}=E_{33}$	8.70GPa	X_c	870MPa
$G_{12}=G_{13}$	4GPa	Y_t	50MPa
G_{23}	4GPa	Y_c	198MPa
$\mu_{12}=\mu_{13}$	0.32	S_{12}	104MPa
μ_{23}	0.30	S_{23}	86MPa
—	—	S_{13}	104MPa

1. 复合材料层合板模型比较

在 ABAQUS 软件模拟中，采用 3D 平面单元和 3D 壳单元进行复合材料层合板拉伸强度的模拟仿真，层合板铺层布置形式为$[0/90]_{6s}$。$[0/90]_{6s}$复合材料层合板铺层示意图如图 5.11 所示。不同单元类型复合材料层合板拉伸模拟结果和试验结果对比如图 5.12 所示。

可以看出，3D 平面单元复合材料层合板拉伸模拟曲线和 3D 壳单元复合材料层合板拉伸模拟曲线在拉伸过程前期几乎重合。3D 壳单元复合材料层合板拉伸载荷在达到 15.93kN 后出现下降，显示层合板断裂，计算得到该模型中层合板的拉伸强度为 493.14MPa。而 3D 平面单元复合材料层合板拉伸曲线随后出现锯齿状

图 5.11　[0/90]$_{6s}$复合材料层合板铺层示意图

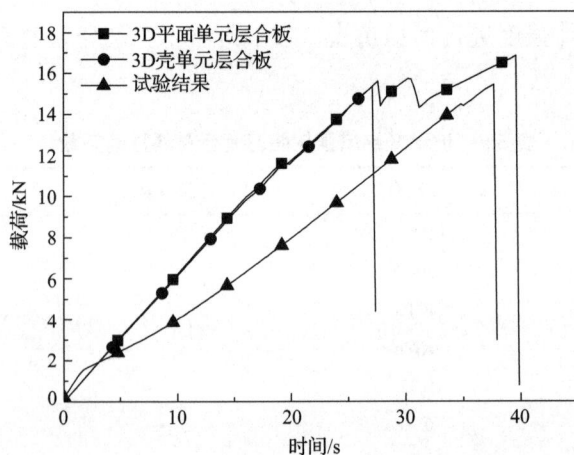

图 5.12　不同单元类型复合材料层合板拉伸模拟结果和试验结果对比

上升并在达到 16.83kN 后下降，显示层合板断裂，计算得到该模型中层合板的拉伸强度为 520.09MPa。复合材料层合板拉伸试验峰值载荷为 15.41kN，实际拉伸强度为 477.08MPa，3D 壳单元层合板拉伸模拟结果和试验结果相近，相对误差为3.37%。因此，基于 3D 壳单元建立的复合材料层合板模型可以较好地体现复合材料层合板的实际力学性能。在拉伸试验的初始阶段层合板和夹具会发生一定程度的相对滑动，对曲线的形状和斜率造成影响，最终导致试验曲线和模拟曲线存在一定的差异。

　　复合材料层合板在拉伸过程中会发生一定程度的三维空间变形，三维空间变形在垂直于拉伸方向上的分量称为空间位移。载荷-时间曲线和空间位移-时间曲线如图 5.13 所示。可以看出,在拉伸过程的前段内载荷均匀增大,空间位移为零。该阶段内在拉伸载荷的作用下,层合板沿拉伸方向发生一定的微量变形,层合板中的纤维产生沿拉伸方向的弹性变形,并且层合板没有发生翘曲变形,因而空间位移为零。随着拉伸位移继续增加,载荷出现一定程度的波动,不再是一次函数关系。并且这段时间内空间位移出现了锯齿状的变化,主要原因是当载荷增大到一定程度时,层合板内的部分纤维发生弹性变形并在达到拉伸强度后断裂,使得层合板出现一定程度的翘曲变形。在最后阶段当载荷达到最大值后迅速下降,层合板此时断裂失效,空间位移随之剧烈下降。主要原因是层合板断裂后,层合板空间位移发生了巨大的变化,导致空间位移剧烈降低。

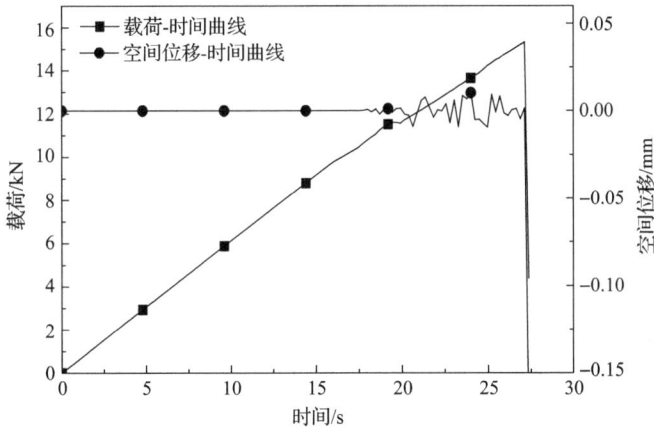

图 5.13 载荷-时间曲线和空间位移-时间曲线

2. [0/90]₆ₛ 层合板失效和应力分析

拉伸过程中层合板整体 Mises 应力分布如图 5.14 所示。左端为固定端,右端为牵引拉伸端,拉伸速度为 2mm/min。可以看出,[0/90]₆ₛ 层合板在拉伸过程中其 Mises 应力不断变化并且呈现区域性分布。在整个受载拉伸过程中,层合板中间区域的应力比较大,并且存在从两端的夹持区域向层合板中间延伸的楔形应力区域分布。随着拉伸过程的进行,该楔形应力区域逐渐向层合板中心延伸,最后层合板在拉伸端靠近圆弧处断裂。

试验中的[0/90]₆ₛ复合材料层合板是由 0°/90° 双轴向纤维布铺设 6 层制得,铺层中 0° 和 90° 纤维层的受力情况有较大的不同。0° 和 90° 纤维层断裂前后对比如图 5.15 所示。可以看出,在层合板断裂前的一个特征时刻中,0° 纤维层中的应力云图呈现区域分布,此时中间区域的应力最大,层合板两端的夹持区域向中间延伸,应力逐渐增大,并呈对称的楔形应力区域分布;90° 纤维层在断裂前圆弧和直线的连接处出现明显的应力集中后产生分区现象,该区域的应力明显小于其他区域。

(a)

(b)

(c)

(d)

(e)

(f)

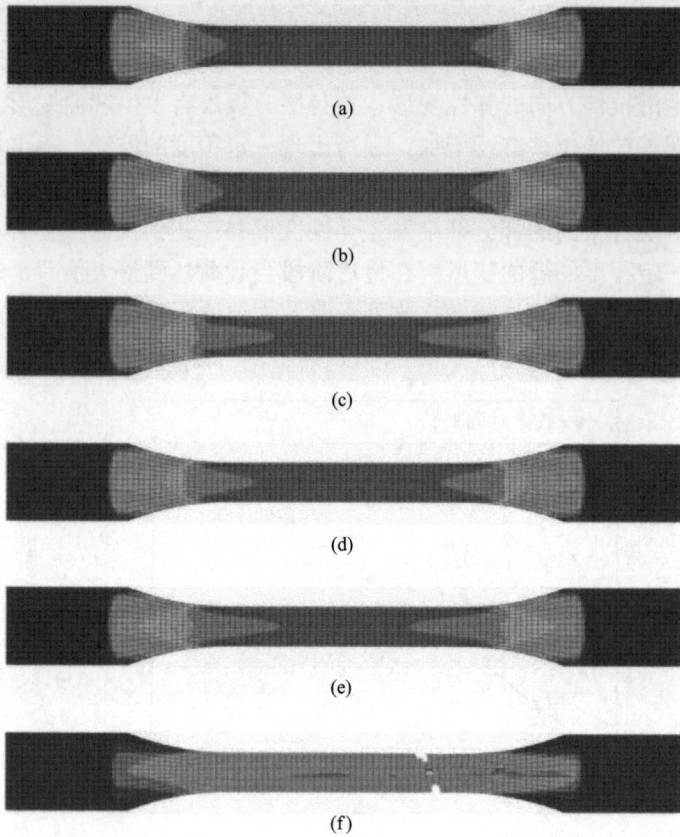

图 5.14　拉伸过程中层合板整体 Mises 应力分布

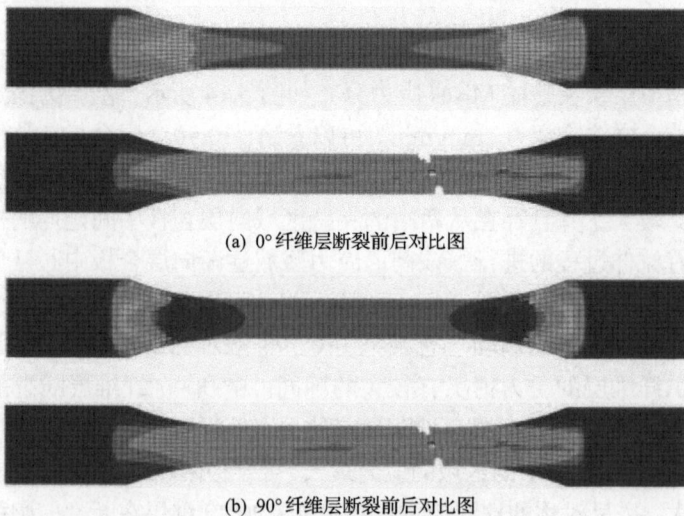

(a) 0° 纤维层断裂前后对比图

(b) 90° 纤维层断裂前后对比图

图 5.15　0° 和 90° 纤维层断裂前后对比

最后在 0°纤维层和 90°纤维层应力的叠加下，层合板在夹持区域的拉伸端靠近圆弧处断裂。试样拉伸断裂失效形式如图 5.16 所示。对比模拟结果和实际断裂结果可以看出，模拟较好地体现了层合板的实际断裂情况。

[0/90]$_{6s}$层合板实际断裂失效图

图 5.16　试样拉伸断裂失效形式

3. 不同铺层顺序层合板的拉伸强度对比

在复合材料层合板的制备中，通过改变纤维的铺层顺序，能够获得不同的拉伸强度、压缩强度等力学性能。而使用条件对材料的性能要求有所不同，因此，可以通过灵活的铺层设计满足不同的使用要求。

本试验主要探讨两种铺层顺序层合板的拉伸性能，铺层顺序分别为：①[0/90]$_{6s}$；②[0/45/90/−45]$_{3s}$。[0/45/90/−45]$_{3s}$ 层合板铺层示意图如图 5.17 所示。不同铺层角度层合板载荷-时间曲线如图 5.18 所示。

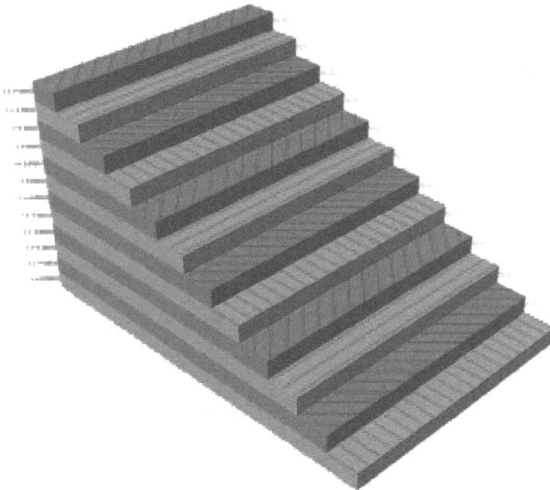

图 5.17　[0/45/90/−45]$_{3s}$层合板铺层示意图

[0/45/90/−45]$_{3s}$层合板在拉伸过程中，载荷先以较大的速率增长，然后以较小速率增长到峰值载荷后迅速下降失效，其峰值载荷为 18.32kN，拉伸强度为567.45MPa。而[0/90]$_{6s}$层合板的载荷在拉伸过程中一直以较固定的速率增长到峰值载荷 15.33kN 后下降失效。一方面，由峰值载荷可以看到[0/45/90/−45]$_{3s}$层合板

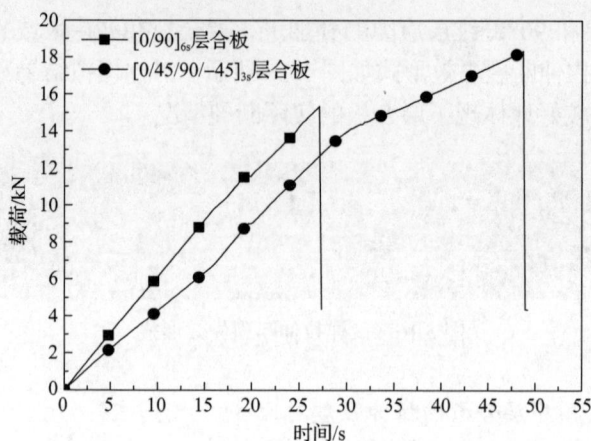

图 5.18　不同铺层角度层合板载荷-时间曲线

的拉伸强度更大;另一方面,在层合板的载荷-时间曲线上可以看到[0/45/90/−45]$_{3s}$层合板可以承受更长时间且更大的拉伸载荷,表明该铺层角度层合板具备更优的抗变形能力。原因在于[0/45/90/−45]$_{3s}$铺层形式层合板中含有 45° 和−45° 纤维层,这两种角度纤维层在拉伸载荷达到一定值后会发生类似于菱形的变形,能够在承受相同的拉伸载荷时产生更大的变形,通过纤维布的整体变形延缓玻璃纤维沿拉伸方向的变形。因此,在拉伸过程中[0/45/90/−45]$_{3s}$层合板载荷增长速率小于[0/90]$_{6s}$层合板,但是由于[0/45/90/−45]$_{3s}$层合板中不具备承载能力的 90° 铺层少于[0/90]$_{6s}$层合板,因此其峰值载荷明显高于[0/90]$_{6s}$层合板。

4. [0/45/90/−45]$_{3s}$层合板失效和应力分析

不同铺层角度层合板失效模拟对比如图 5.19 所示。可以看出, [0/45/90/−45]$_{3s}$层合板和[0/90]$_{6s}$层合板在失效前后的受力情况明显不同。[0/45/90/−45]$_{3s}$层合板在断裂前中间区域的整体受力较大, 应力分区不是特别明显; [0/90]$_{6s}$层合板在断裂前有明显的应力分区现象,并且层合板两端的夹持区域有向层合板中间延伸的楔形应力分布区域。而在层合板失效形式上, [0/45/90/−45]$_{3s}$层合板在中间区域发生断裂失效, [0/90]$_{6s}$层合板则是在靠近夹持区域拉伸端的圆弧连接处发生断裂失效。由失效形式可以看出, [0/45/90/−45]$_{3s}$层合板中的 45° 和−45° 纤维层在拉伸过程中发生菱形变形后, 层合板的中部会出现比较明显的应力集中现象,当峰值载荷高于层合板的拉伸强度后, 中间区域的层合板便发生断裂。[0/90]$_{6s}$层合板中不会发生比较明显的纤维层变形,而是在层合板圆弧和直线的连接处出现一定程度的受力不均, 90° 纤维层中这种现象最为明显。因此层合板在拉伸过程中会在靠近夹持区域的拉伸端部断裂失效。

(a) [0/45/90/−45]$_{3s}$层合板失效前后对比

(b) [0/90]$_{6s}$层合板失效前后对比

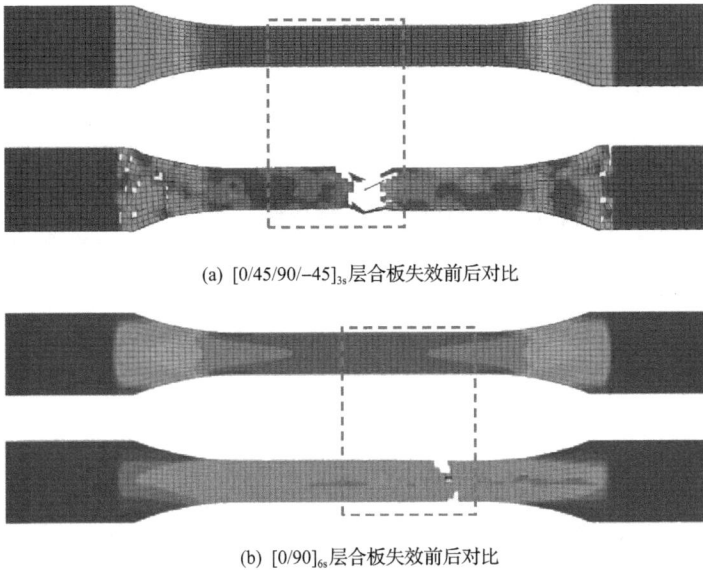

图 5.19　不同铺层角度层合板失效模拟对比

　　[0/45/90/−45]$_{3s}$层合板不同角度纤维层失效对比如图 5.20 所示。可以看出，不同角度纤维层在断裂前的受力情况存在明显区别，0°纤维层和 90°纤维层中应力较大的区域主要集中在层合板的中间部分；45°纤维层和−45°纤维层应力呈一定程度的倾斜分布，即测试试样右上角和左下角、左上角和右下角区域的受力情况基本一致，原因在于拉伸过程中该角度纤维层受载会发生一定程度的纤维层变形，加载方向和纤维层分布方向存在偏角，拉伸后期在圆角过渡处载荷及应力显著增大。

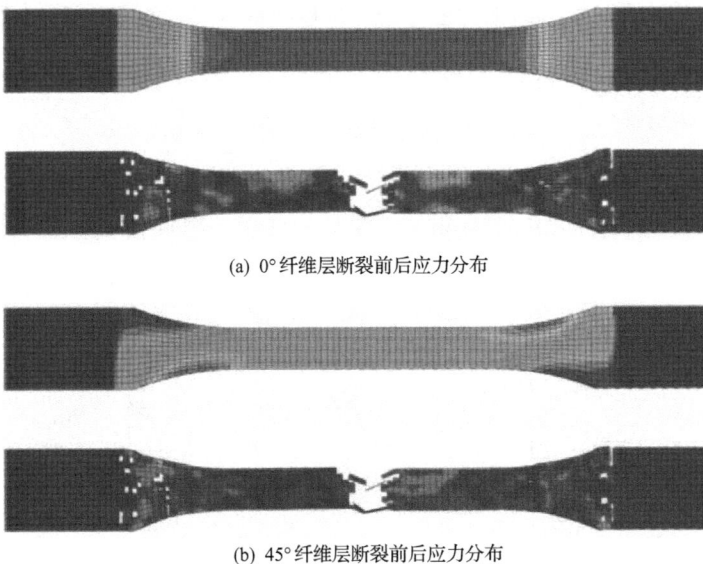

(a) 0°纤维层断裂前后应力分布

(b) 45°纤维层断裂前后应力分布

(c) 90° 纤维层断裂前后应力分布

(d) −45° 纤维层断裂前后应力分布

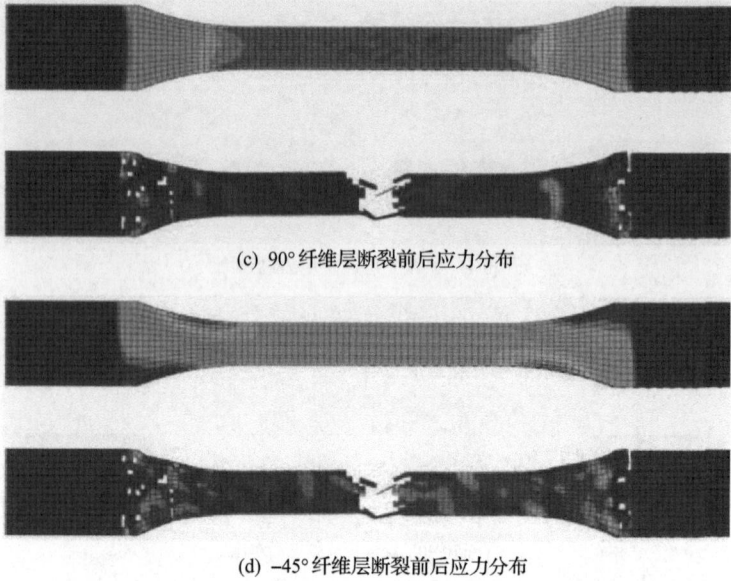

图 5.20　[0/45/90/−45]$_{3s}$ 层合板不同角度纤维层失效对比

5.3　摆碾铆接-胶接混合连接性能试验和失效分析

　　胶接连接和摆碾铆接工艺参数包括胶黏剂固化时间、胶层厚度、胶接连接区域长度、装配关系、搭接长度等，均对摆碾铆接-胶接混合连接件拉伸强度产生影响。通过对比摆碾铆接-胶接混合连接峰值载荷和失效形式，研究以上参数和参数组合对复合材料层合板拉伸强度的影响，为复合材料层合板摆碾铆接-胶接混合连接的实际应用提供参考。

5.3.1　连接件制备

　　复合材料层合板摆碾铆接-胶接混合连接件尺寸如图 5.21 所示。先将胶黏剂涂敷在搭接区域内，然后进行摆碾铆接，最后将连接件静置固化一段时间后得到混合连接件。

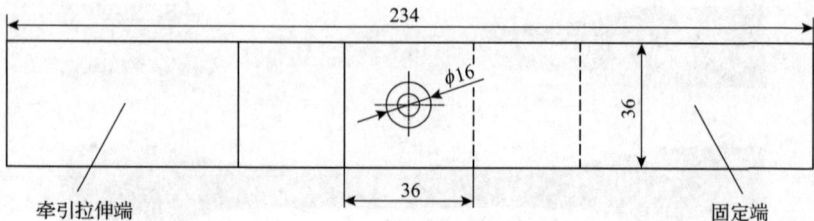

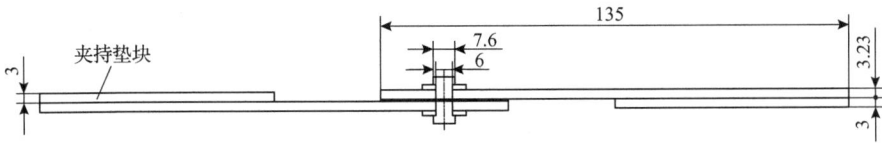

图 5.21　复合材料层合板摆碾铆接-胶接混合连接件尺寸(单位：mm)

5.3.2　层合板制孔工艺选择

摆碾铆接工艺中需要对复合材料层合板进行预先制孔，预制孔工艺包括钻孔和铣孔。分别采用两种预制孔方式制备连接件，研究预制孔工艺对连接件拉伸强度的影响。试验使用的铆钉材质为 Q235 钢，尺寸为 $\phi 6mm \times 16mm$，铆钉的预留高度为 2.5mm。

不同预制孔工艺连接件峰值载荷对比如图 5.22 所示。铣孔连接件的峰值载荷平均值为 5.85kN；钻孔连接件的峰值载荷平均值为 5.78kN，两种连接件的峰值载荷相差不大。铣孔和钻孔都不可避免会对层合板中的纤维造成一定的损伤，在预制孔半径一定的情况下，铆接过程中铆钉的横向塑性变形均会对铆钉孔周围的纤维造成更为严重的挤压损伤。因此，两种预制孔工艺对连接件拉伸强度没有明显影响。但是铣孔加工过程所花费的时间较长，钻孔既可以保证连接件的性能，又可以节省加工时间，是比较理想的预制孔工艺，在后续试验中采用钻孔工艺进行层合板开孔。

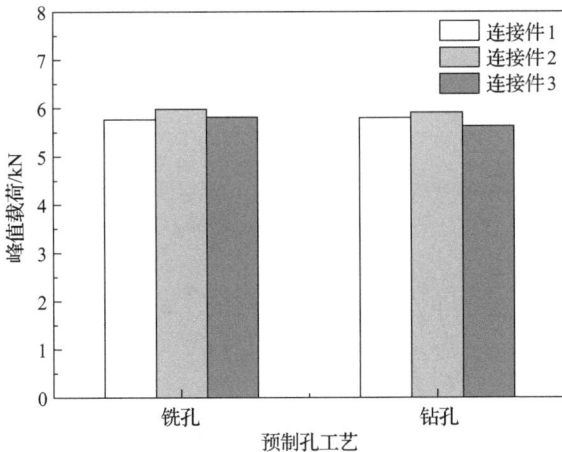

图 5.22　不同预制孔工艺连接件峰值载荷对比

5.3.3　摆碾铆接的优异性

复合材料层合板机械连接工艺包括摆碾铆接、直压铆接和螺栓连接，本节主要研究采用以上三种连接工艺制备连接件的力学性能。试验所使用的铆钉和螺栓均为标准件，螺栓材质为 304 不锈钢，铆钉材质为 Q235 钢。铆钉的预留高度为 2.5mm，螺栓的预紧力矩为 5N·m。三种连接工艺连接件拉伸性能如表 5.6 所示。

表 5.6 三种连接工艺连接件拉伸性能

连接工艺	材质	铆钉(螺栓)质量/g	平均增重/g	峰值载荷/kN	峰值载荷平均值/kN
直压铆接	Q235 钢	5.10/4.91/5.21	5.07	5.30/5.01/5.44	5.25
摆碾铆接	Q235 钢	5.09/4.89/5.16	5.05	5.80/5.63/5.91	5.78
螺栓连接	304 不锈钢	6.93/6.89/7.12	6.98	6.83/7.01/6.67	6.84

与直压铆接相比，摆碾铆接连接件的峰值载荷可以提高约 10.1%。主要原因是在直压铆接过程中，铆接头直接作用在整个铆钉杆上，铆钉塑性变形后形成镦粗，然后夹紧层合板。直压铆接需要的铆接力较大，铆钉成形过程中对铆钉孔周围纤维的挤压损伤比较大。摆碾铆接过程中铆接头对铆钉杆上的局部施加载荷，需要的铆接力比较小，铆接头边加载边旋转直至铆接成形，铆钉孔周围纤维的损伤比较小[3]，层合板的承载性能更强，从而使连接件具备更大的拉伸强度。与两种铆接工艺相比，螺栓连接件的峰值载荷最大，但是连接件的增重更大，如果在大型复合材料结构件中使用螺栓连接，那么结构件的增重会十分明显。三种连接工艺连接件载荷-位移曲线如图 5.23 所示。可以看出，摆碾铆接连接件可以承受较长的拉伸位移，即抗变形能力更强，既可以保证连接结构的安全性，同时可以较大程度地实现结构减重。因此，摆碾铆接是一种综合性能较好的复合材料层合板连接工艺。

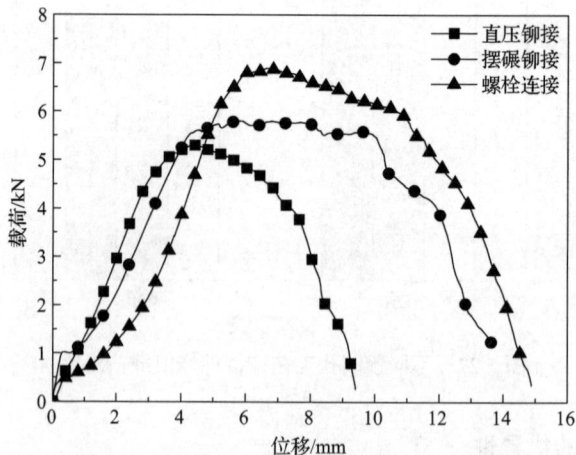

图 5.23 三种连接工艺连接件载荷-位移曲线

5.3.4　胶接连接和摆碾铆接工艺参数选择

摆碾铆接-胶接混合连接同时运用胶接连接技术和摆碾铆接技术对复合材料进行连接，试验中先分别确定胶接连接工艺和摆碾铆接工艺参数，然后再确定混合连接工艺参数。

1. 胶接连接工艺参数

胶接连接工艺参数包括胶黏剂类型、胶层厚度和固化时间等。胶接连接过程中采用厚度为 0.1mm 的铁片作为对照保证胶层厚度相同。不同胶黏剂类型连接件拉伸性能如表 5.7 所示。不同固化时间连接件拉伸性能如表 5.8 所示。

表 5.7　不同胶黏剂类型连接件拉伸性能

胶黏剂类型	峰值载荷/kN	峰值载荷平均值/kN
RB-1 胶黏剂	3.97/4.01/3.88	3.95
J-133 环氧树脂胶黏剂	9.06/9.43/8.88	9.12
TS-8105 聚丙烯胶黏剂	8.80/9.01/9.10	8.97

表 5.8　不同固化时间连接件拉伸性能

固化时间/h	峰值载荷/kN	峰值载荷平均值/kN
12	7.98/7.68/8.00	7.89
24	9.03/9.43/8.88	9.11
48	9.48/9.00/9.23	9.24

不同类型胶黏剂组成分子的结构不同，其拉伸模量、剪切模量、泊松比等性能各有差异，适于连接的材料也有一定的差别。三种胶黏剂连接件载荷-位移曲线如图 5.24 所示。可以看出，采用 J-133 环氧树脂胶黏剂制备的连接件具有较优的连接性能。主要原因是连接件中的层合板包含大量环氧树脂，和胶黏剂的分子结构类似，分子间的作用力更大，胶接连接结构连接更致密，在相同载荷作用下层合板的变形更小，在拉伸过程中连接件能够表现出更大的拉伸强度。采用 RB-1 胶黏剂制备的连接件拉伸性能较差，由于该胶黏剂需要较长的固化时间，在 24h 固化时间内胶黏剂分子没有得到充分的结合，分子间作用力未达到峰值，胶层的连接性能未完全体现；采用 TS-8105 聚丙烯胶黏剂制备的连接件拉伸性能和 J-133 环氧树脂胶黏剂连接件拉伸性能相差不大，也是适用于该层合板的一种比较理想的胶黏剂。综合试验条件，在后续试验中选用 J-133 环氧树脂胶黏剂。

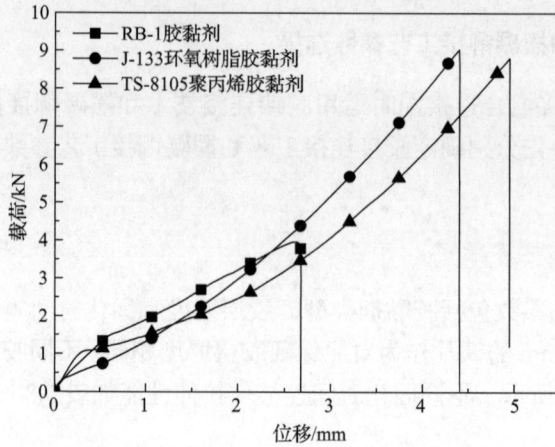

图 5.24　三种胶黏剂连接件载荷-位移曲线

不同固化时间 J-133 环氧树脂胶黏剂连接件载荷-位移曲线如图 5.25 所示。可以看出：

(1)在 12～24h 范围内，随着固化时间延长，连接件的拉伸强度大幅提升，峰值载荷提高约 15.52%。

(2)在 24～48h 范围内，峰值载荷的增幅较小。其主要原因是随着胶黏剂和固化剂反应时间延长，胶黏剂中的高分子链逐渐舒展，胶黏剂分子和层合板表面分子间作用力逐渐增大，层合板-胶黏剂-层合板间形成较大的内聚力，使层合板间连接牢固。

(3)超过 24h 后，高分子链达到动态平衡状态，胶黏剂产生的内聚力几乎不再变化，因此峰值载荷没有继续大幅提高。综合考虑制备周期和拉伸性能，胶黏剂的固化时间为 24h 是比较理想的选择。

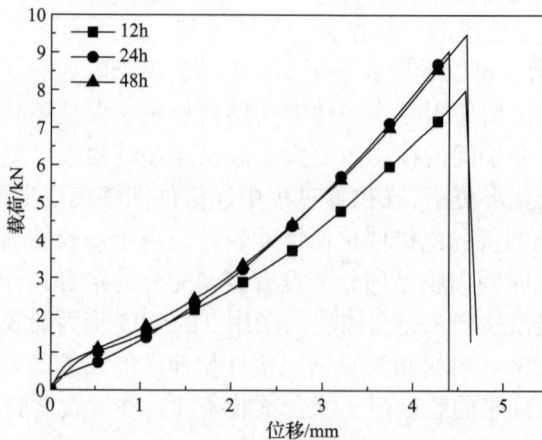

图 5.25　不同固化时间 J-133 环氧树脂胶黏剂连接件载荷-位移曲线

2. 摆碾铆接铆钉材质选择

摆碾铆接过程中铆钉在铆接头的挤压作用下发生塑性变形夹紧层合板，实现层合板连接。不同材质铆钉的屈服强度会影响铆钉镦粗形状和层合板的挤压损伤程度，也会影响层合板的连接性能和失效形式。不同铆钉材质摆碾铆接连接件拉伸性能如表 5.9 所示。

表 5.9 不同铆钉材质摆碾铆接连接件拉伸性能

铆钉材质	峰值载荷/kN	峰值载荷平均值/kN
T2 铜	5.47/5.21/5.63	5.44
Q235 钢	5.80/6.01/6.13	5.98
304 不锈钢	3.08/2.99/3.13	3.07

不同铆钉材质连接件载荷-位移曲线如图 5.26 所示。可以看出，铆钉材质对连接件拉伸性能有较大影响，Q235 钢铆钉连接件的峰值载荷最高。T2 铜铆钉连接件的拉伸强度较低，在拉伸过程中随着载荷不断增加，T2 铜铆钉受到的剪切力逐渐增大，当剪切力超过 T2 铜铆钉的拉伸强度时，铆钉被拉断，连接件丧失承载能力，载荷迅速下降到零，连接件脱离而失效，在实际的连接中会造成结构的突然失效。304 不锈钢的塑性比较差，在摆碾铆接过程中无法形成较好的镦粗形状，而是发生明显的横向塑性变形，导致摆碾铆接连接质量不高，在拉伸过程中连接件无法承受较大的载荷，铆钉直接从铆钉孔中被拉脱，导致 304 不锈钢铆钉连接件的拉伸性能比较差。Q235 钢铆钉的强度和塑性介于上述两种材料之间，既可以形成比较好的镦粗形状将层合板夹紧，同时在拉伸的过程中又不会因剪切力过大

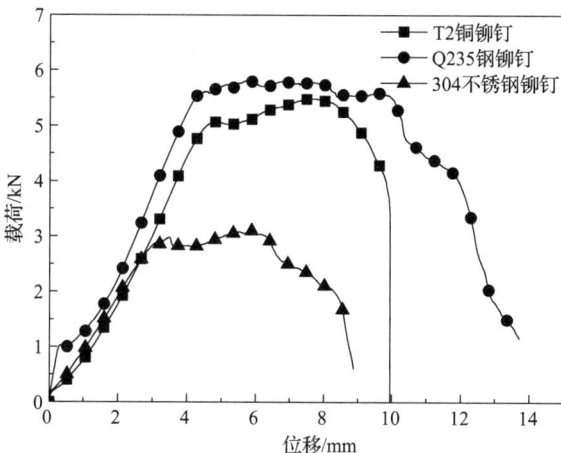

图 5.26 不同铆钉材质连接件载荷-位移曲线

而拉脱失效。因此，相对于 304 不锈钢和 T2 铜，Q235 钢是比较理想的复合材料层合板摆碾铆接铆钉材质，在后续试验中选用 Q235 钢铆钉进行复合材料层合板连接。

5.3.5　摆碾铆接-胶接混合连接拉伸试验与分析

1. 摆碾铆接-胶接混合连接工艺参数

通过上述试验，确定胶接连接工艺采用 J-133 环氧树脂胶黏剂，固化时间为 24h，既可以保证连接件的拉伸强度，同时又可以缩短制备周期。摆碾铆接工艺采用 Q235 钢铆钉可以获得较好的连接件拉伸性能，在摆碾铆接-胶接混合连接工艺中采用上述参数[4]。摆碾铆接-胶接混合连接影响因素试验方案如表 5.10 所示。

表 5.10　摆碾铆接-胶接混合连接影响因素试验方案

影响因素	水平值个数	水平值
连接方式	3	胶接连接、摆碾铆接、混合连接
预留高度	3	2mm、2.5mm、3mm
搭接长度	3	32mm、36mm、40mm
垫圈使用	2	有、无
胶瘤使用	2	有、无
装配关系	3	过盈、过渡、间隙
垫圈材质	2	304 不锈钢、铁

2. 不同连接工艺对连接件拉伸性能的影响

摆碾铆接-胶接混合连接是将摆碾铆接和胶接连接同时运用在复合材料层合板连接中。试验中以不同的连接工艺作为影响因素，对胶接连接、摆碾铆接和摆碾铆接-胶接混合连接件拉伸性能进行对比研究。不同连接工艺连接件拉伸性能如表 5.11 所示。

表 5.11　不同连接工艺连接件拉伸性能

连接工艺	峰值载荷/kN	峰值载荷平均值/kN
胶接连接	9.03/9.13/8.88	9.01
摆碾铆接	5.80/6.01/6.13	5.98
摆碾铆接-胶接混合连接	10.92/11.10/10.82	10.95

胶接连接和摆碾铆接连接件峰值载荷平均值分别为 9.01kN 和 5.98kN。摆碾铆接-胶接混合连接件的峰值载荷大幅度提升，其平均值达到 10.95kN，与胶接连接和摆碾铆接相比，峰值载荷分别提高 21.53%和 83.11%。混合连接可以充分发挥单一连接工艺的优点，起到协同承载作用，对提升复合材料层合板连接件的拉伸性能作用显著。在胶接连接件的拉伸过程中，随着拉伸位移的增加，连接件承受的载荷迅速增大，达到峰值载荷后胶层失效，层合板分离。胶黏剂形成的内聚力可以减缓层合板间相对滑动摩擦产生的微裂纹的形成速度，当拉伸载荷超过胶黏剂的拉伸强度后，胶层中的微裂纹急剧扩展引起胶层整体断裂导致连接件最终失效。摆碾铆接连接中由于 Q235 钢的塑性流动使铆钉镦粗，铆钉充分塑性变形挤压上下层合板，并填充钉杆与铆钉孔的间隙，在层合板间形成较大的静摩擦力，能够较好地抑制层合板的相对移动。

三种连接工艺连接件载荷-位移曲线如图 5.27 所示。可以看出，当连接件承受的载荷到达峰值后，摆碾铆接形成的镦粗结构可以防止铆钉与层合板发生突然脱离。在之后的拉伸过程中，铆钉与层合板以及层合板之间的摩擦力使得连接件能够持续承受较大的载荷，位移显著增加而载荷几乎不变。在这一阶段层合板内部的纤维被破坏，铆钉孔受挤压扩大，当层合板内部纤维损伤较大后，连接件的承载能力下降直至连接件失效。混合连接件的失效过程可以分为两个阶段：在失效第一阶段中，随着拉伸位移的增加，载荷在短时间内迅速增大，直至达到峰值载荷，该过程中拉伸载荷主要由胶黏剂产生的内聚力进行承载。在失效第二阶段中，在一定拉伸位移范围内，随着位移增加，拉伸载荷几乎不变，这一阶段主要是摆碾铆接部分发挥承载作用，层合板内部的纤维在载荷作用下沿拉伸方向变形并逐渐损伤断裂，随着拉伸载荷增大纤维损伤程度随之增大，最终连接件失效。

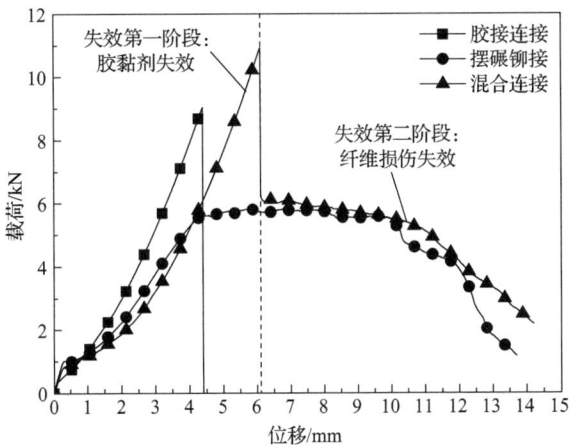

图 5.27　三种连接工艺连接件载荷-位移曲线

摆碾铆接-胶接混合连接工艺兼具胶接连接工艺与摆碾铆接工艺的优点，能够大幅提升连接件的拉伸强度，有效减缓连接件上下层合板之间的相对滑动。混合连接中的胶接连接部分可以有效降低铆钉孔周边应力集中在拉伸初期对连接件拉伸性能的影响；摆碾铆接不仅可以增大层合板间的静摩擦力，提升拉伸强度，而且可以在胶层失效且层合板发生一定的翘曲变形后，继续保持连接件的结构稳定性，防止连接件结构突然破坏失效，提升连接件的安全性能。此外，摆碾铆接-胶接混合连接能够提供摆碾铆接所不具备的连续的面连接，面连接有助于防止连接件胶层的剥离破坏，提高抗冲击性能。因此，在混合连接中胶接连接和摆碾铆接能够起到协同作用，有效提高层合板连接件的拉伸性能。

3. 预留高度对连接件拉伸性能的影响

摆碾铆接工艺中铆钉杆在铆接头的作用下发生塑性变形而形成镦粗，镦粗的高度称为预留高度。铆接头向下运行的距离直接决定了预留高度的大小，而预留高度决定了铆钉的塑性变形程度并影响铆钉成形后对层合板夹紧力的大小。试验以铆钉的预留高度为研究因素，分析在摆碾铆接和混合连接中预留高度对连接件峰值载荷的影响。预留高度分别为 2mm、2.5mm 和 3mm。

不同预留高度摆碾铆接连接件峰值载荷对比如图 5.28 所示。可以看出，当预留高度为 2.5mm 时，连接件的拉伸性能最好。当预留高度为 3mm 时，铆钉塑性变形量小，镦粗形成后对层合板挤压的有效作用面积和挤压力较小，层合板接触界面的静摩擦力较小，不足以抵抗较大的拉伸载荷，因此，连接件拉伸性能较差。当预留高度为 2mm 时，虽然铆钉形成的镦粗对层合板挤压的有效作用面积增加，但镦粗对层合板表层纤维的挤压损伤随之增大。同时，铆钉杆发生较大程度的横

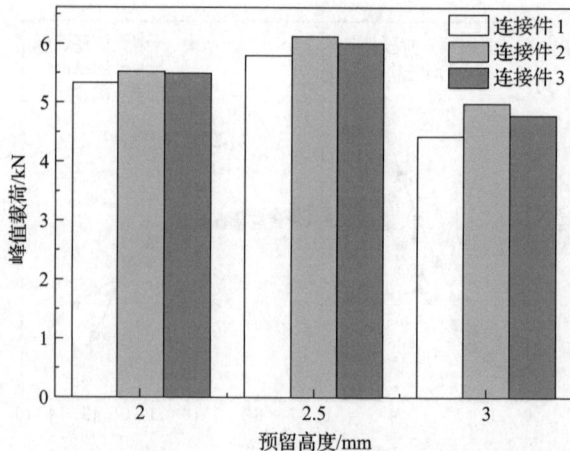

图 5.28　不同预留高度摆碾铆接连接件峰值载荷对比

向塑性变形，对铆钉孔周围的纤维产生过度挤压，造成较大的纤维损伤，在拉伸过程中已损伤的纤维无法承受较大的拉伸载荷而断裂，导致连接件拉伸性能降低。当预留高度为 2.5mm 时，一方面克服了铆钉镦粗对层合板夹紧力不足的问题，同时也在很大程度上减少了铆钉孔周围的纤维损伤。因此，预留高度为 2.5mm 时摆碾铆接连接件的拉伸性能最好。

不同预留高度混合连接件载荷-位移曲线如图 5.29 所示。可以看出，当预留高度为 2mm 时连接件的峰值载荷最大，3mm 时最小。原因在于预留高度越小，铆钉成形后层合板间的夹紧力就越大，层合板间隙越小。在失效第一阶段中，载荷主要由胶黏剂固化后产生的内聚力承载，层合板的间隙越小，胶黏剂的高分子与层合板表面的分子间的作用力越大，连接件的拉伸性能越好。在失效第二阶段中，当胶层失效后，承载力主要由铆钉产生的夹紧力承载。这一阶段内连接件的拉伸性能和单一摆碾铆接时不同铆钉预留高度的情况一致，预留高度为 2.5mm 时，连接件可以承受较大的载荷。因此，综合考虑两种单一连接工艺连接件的拉伸性能和失效形式，铆钉预留高度为 2.5mm 时能够获得性能较好的连接件。

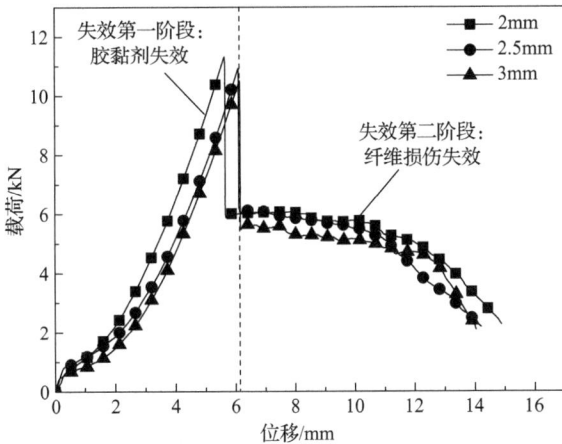

图 5.29　不同预留高度混合连接件载荷-位移曲线

4. 铆钉与孔的装配关系对连接件拉伸性能的影响

摆碾铆接工艺需要对层合板预制孔，层合板预制孔和铆钉的装配关系对连接件拉伸性能和失效形式有重要影响。混合连接中分别采用过盈配合、过渡配合和间隙配合进行连接件制备，预制孔直径分别为 5.9mm、6mm 和 6.1mm，铆钉直径为 6mm。

　　不同装配关系混合连接件载荷-位移曲线如图 5.30 所示。可以看出,不同装配关系层合板连接件的峰值载荷和失效过程存在一定的差别。在失效第一阶段中,过渡配合混合连接件的峰值载荷最大,间隙配合混合连接件的峰值载荷次之,过盈配合混合连接件的峰值载荷最小。三种装配关系连接件中胶接连接工艺相同,但是不同的装配关系会导致铆钉成形后对铆钉孔周围的纤维挤压损伤不同,对胶层的分布也会产生一定影响。在过盈配合中,铆钉和层合板接触比较紧密,铆钉杆的横向变形导致铆钉孔周围的内部纤维损伤较大,层合板连接件的承载能力下降,连接件的峰值载荷减小。在间隙配合中,铆钉杆的横向塑性变形部分能够填充上层板中预制孔与铆钉的间隙,对铆钉孔周围的纤维损伤比较小。下层板孔中的铆钉杆成形后对铆钉孔周围纤维几乎没有产生挤压损伤,因此,间隙配合连接件的峰值载荷比过盈配合连接件的峰值载荷大。在过渡配合中,铆钉成形后不仅可以使上下层合板与铆钉杆间产生一定的挤压,同时铆钉与预制孔的间隙得到充分填充,各组件界面间的摩擦力增大,从而使连接件具备较优的拉伸性能。同时,过渡配合对铆钉孔周围纤维损伤最小,过盈配合对纤维损伤最大,在失效第二阶段中,过渡配合连接件拉伸性能最好,过盈配合连接件拉伸性能最差。因此,在后续试验中采用过渡配合关系制备层合板连接件。

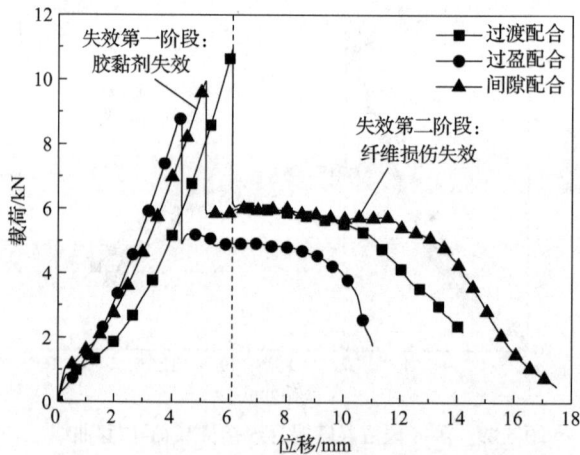

图 5.30　不同装配关系混合连接件载荷-位移曲线

5. 搭接长度对连接件拉伸性能的影响

　　在复合材料层合板铆接中,不同的搭接长度会对连接件的拉伸性能产生明显影响。不同搭接长度混合连接件拉伸性能如表 5.12 所示。可以看出,随着搭接长度的增加,连接件峰值载荷也随之增大。

表 5.12　不同搭接长度混合连接件拉伸性能

搭接长度/mm	峰值载荷/kN	峰值载荷平均值/kN
32	9.98/9.82/10.02	9.94
36	10.92/11.10/10.82	10.95
40	11.33/11.59/11.68	11.53

　　不同搭接长度混合连接件载荷-位移曲线如图 5.31 所示。可以看出，随着搭接长度增加，峰值载荷随之增大。一方面，搭接长度增加可以增大胶接连接区域面积，从而增大胶黏剂产生的内聚力；另一方面，搭接长度增加后，铆钉成形挤压层合板产生的摩擦力也会增大，连接件的拉伸强度随之增大。但是搭接长度增加会增大层合板的使用量，同时会使结构的总体质量增大。因此，需要结合实际条件综合考虑搭接长度，在满足拉伸性能的前提下尽量降低连接件的搭接长度。

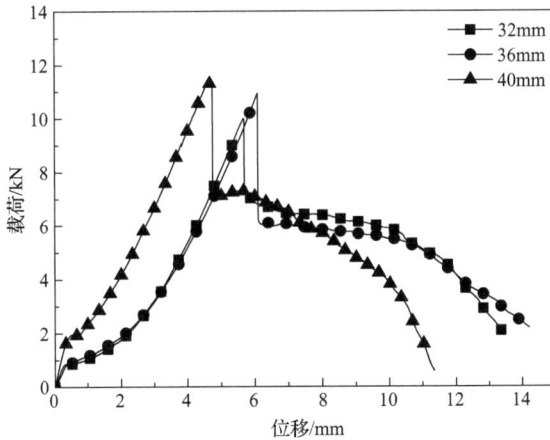

图 5.31　不同搭接长度混合连接件载荷-位移曲线

6. 垫圈对连接件拉伸性能的影响

　　摆碾铆接中铆钉成形时产生的横向塑性变形挤压孔周围纤维造成损伤，使用垫圈可以抑制铆钉的横向塑性变形，减少纤维损伤，从而提升连接件的拉伸性能。不同连接工艺和有无垫圈连接件拉伸性能如表 5.13 所示。试验选用铁垫圈，尺寸为 $\phi16mm×6mm×1mm$。

表 5.13　不同连接工艺和有无垫圈连接件拉伸性能

连接工艺	垫圈使用	峰值载荷/kN	峰值载荷平均值/kN
摆碾铆接	无垫圈	5.80/6.13/6.01	5.98
	有垫圈	7.27/7.54/7.36	7.39

连接工艺	垫圈使用	峰值载荷/kN	峰值载荷平均值/kN
混合连接	无垫圈	10.92/11.10/10.82	10.95
	有垫圈	11.62/11.89/11.24	11.58

由表 5.13 可以看出，摆碾铆接中使用垫圈的连接件相对于未使用垫圈的连接件，峰值载荷可以提高 23.58%。在混合连接中使用垫圈连接件的峰值载荷提高 5.75%。因此，在摆碾铆接和混合连接中，垫圈都是十分重要的影响因素，均能在一定程度上提高连接件的拉伸性能。同时，加装垫圈还能延缓复合材料层合板中纤维损伤破坏的速度。不同连接工艺和有无垫圈连接件载荷-位移曲线如图 5.32 所示。可以看出，在摆碾铆接和混合连接中使用垫圈的连接件出现了一段较长的近乎水平的曲线，在这一过程中主要发生铆钉周围的纤维损伤。其主要原因是在铆接过程中，通过使用垫圈不仅可以抑制铆钉的横向塑性变形对铆钉孔周围的损伤，而且能够增加铆钉杆与层合板的接触面积，有效地传递挤压力，避免局部挤压力过大，同时还可以增加垫圈与连接件、垫圈与铆钉镦粗两个接触面面积，从而增大抵抗拉伸变形的摩擦力。

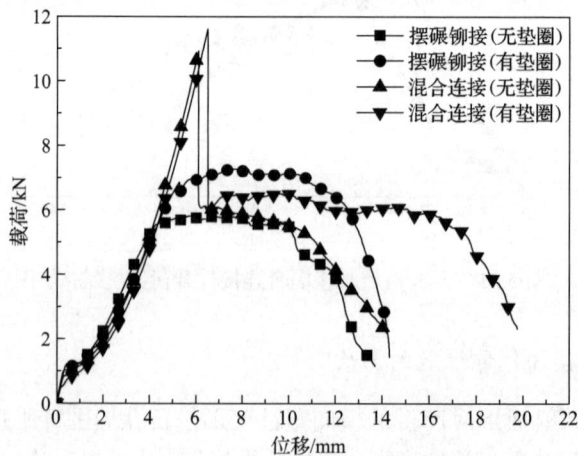

图 5.32 不同连接工艺和有无垫圈连接件载荷-位移曲线

在拉伸过程中，垫圈的使用不仅可以使镦粗的挤压力更均匀，在层合板连接区域内形成更大的静摩擦力，同时增加的两个接触面还可以分担部分拉伸载荷，从而提高连接件的拉伸性能。此外，采用合适的垫圈还可以限制铆钉杆在层合板间发生横向塑性变形的趋势，控制铆钉和层合板预制孔间的干涉量，降低铆钉横向变形对孔周围纤维的挤压破坏。因此，在混合连接中，通过使用垫圈能够提高连接件的峰值载荷，并延缓纤维损伤破坏的速度。

7. 垫圈材质对连接件拉伸性能的影响

在摆碾铆接和混合连接试验中分别采用铁垫圈和 304 不锈钢垫圈,研究垫圈材质对连接件拉伸性能的影响。不同垫圈材质连接件峰值载荷对比如图 5.33 所示。在摆碾铆接中,304 不锈钢垫圈连接件比铁垫圈连接件的峰值载荷提高 34.4%。在混合连接中,304 不锈钢垫圈连接件比铁垫圈连接件的峰值载荷提高 16.3%。不同垫圈材质连接件载荷-位移曲线如图 5.34 所示。可以看出,304 不锈钢垫圈的使用可以延长连接件承载拉伸位移,即可以使连接件在较大的拉伸载荷下保持较长的承载时间。

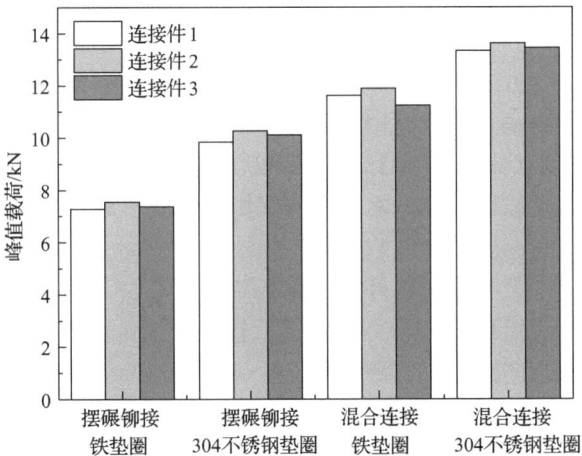

图 5.33　不同垫圈材质连接件峰值载荷对比

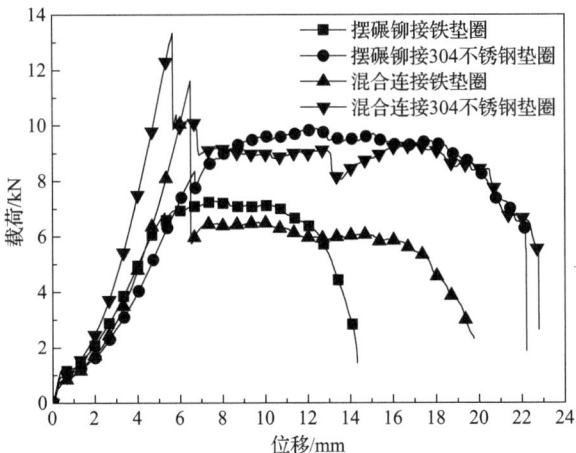

图 5.34　不同垫圈材质连接件载荷-位移曲线

在连接件受载拉伸过程中，铆钉镦粗和铆钉杆上的挤压力直接作用在铆钉孔周围的纤维上。当拉伸载荷较大时，铁垫圈由于自身的强度较低而容易发生弯曲变形。垫圈弯曲后，一方面，使镦粗通过垫圈传递给层合板的有效作用面积减小，更容易造成应力集中；另一方面，弯曲后的垫圈会嵌入到层合板内部，对层合板纤维造成进一步的损伤。304 不锈钢垫圈具有高屈服强度，可以承受较大的拉伸载荷而不发生弯曲变形，可以避免铁垫圈出现的缺陷，在一定程度上提高连接件拉伸性能。在胶层失效进入第二阶段的过程中，混合连接件的峰值载荷比摆碾铆接连接件小。原因在于在第一阶段中连接件载荷达到峰值后，载荷发生锐降，会对铆钉孔周围的纤维造成较大的损伤，而摆碾铆接连接件则不存在这一损伤。

8. 胶瘤对连接件拉伸性能的影响

在复合材料层合板上涂敷胶黏剂时会产生胶瘤，胶瘤能够使胶接连接面积进一步增加，同时可能会在涂敷胶层边缘产生胶接连接缺陷，需要分析胶瘤对胶接连接件和混合连接件拉伸性能的影响。采用胶接连接工艺与混合连接工艺制备层合板连接件，涂敷胶黏剂后进行除胶瘤或保留胶瘤处理进行对比分析。

有胶瘤和无胶瘤连接件峰值载荷对比如图 5.35 所示。在胶接连接中，有胶瘤连接件的峰值载荷比无胶瘤连接件的峰值载荷提高了 55.85%。在混合连接中，有胶瘤连接件峰值载荷提高了 22.42%。在混合连接中，同时使用胶瘤和 304 不锈钢垫圈的连接件与混合连接相比，峰值载荷提高了 32.46%。混合连接件的失效总是从两个层合板的搭接边缘处开始，边缘处的胶层首先剥离，然后整个胶层迅速沿拉伸方向剥离失效，扩展到铆钉孔处后应力急剧增大。当应力超过纤维的拉伸强度后纤维断裂，最终导致连接件整体拉伸断裂失效。胶瘤的引入可以使上层板的

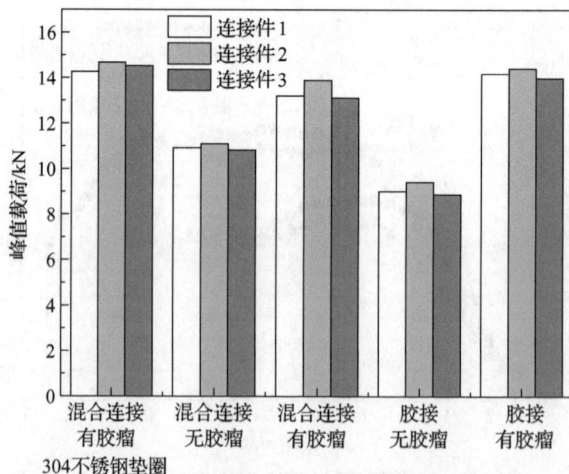

图 5.35　有胶瘤和无胶瘤连接件峰值载荷对比

底面与下层板的上表面、下层板的底面与上层板的下表面形成两个新的三角连接区，从而增加了连接件胶接连接面积，胶黏剂固化后形成的黏附力得到一定程度的提高。同时，胶瘤形成的新胶接连接区域也能够减缓连接件在拉伸过程中搭接边缘产生微裂纹的速度，进而延长连接件的使用寿命。

有胶瘤胶接连接件的峰值载荷达到 14.2kN，仅比有胶瘤混合连接件的峰值载荷小 0.3kN，采用这两种连接工艺均能够获得拉伸性能较好的连接件。有胶瘤和无胶瘤连接件载荷-位移曲线如图 5.36 所示。可以看出，有胶瘤胶接连接件拉伸位移较小，连接件突然失效。有胶瘤混合连接件的峰值载荷虽然比有胶瘤胶接连接件小 0.8kN，但是有胶瘤混合连接件可以承受较大的拉伸位移，具有较好的抗变形能力，综合性能比较好。当连接件中胶层失效后，304 不锈钢垫圈有胶瘤混合连接件承受的载荷比有胶瘤混合连接件小，主要是因为 304 不锈钢垫圈有胶瘤混合连接件的峰值载荷比有胶瘤混合连接件的峰值载荷大，胶层失效后对铆钉孔周围纤维的损伤较大，后续承载能力较差。有胶瘤混合连接件的峰值载荷比 304 不锈钢垫圈有胶瘤混合连接件的峰值载荷小 8.2%，因此，在混合连接中使用胶瘤和垫圈可以有效提高连接件拉伸性能。

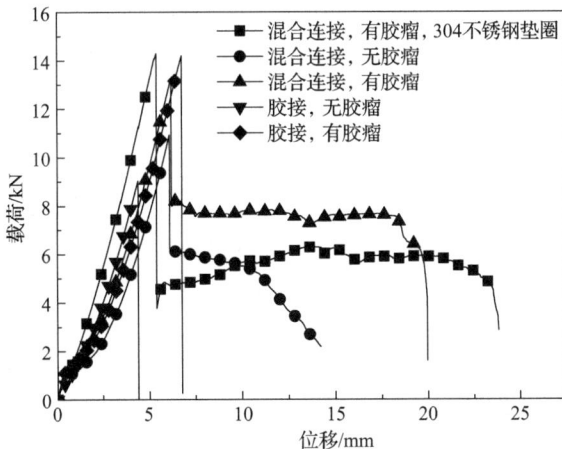

图 5.36　有胶瘤和无胶瘤连接件载荷-位移曲线

5.3.6　铆钉成形和连接件失效形式分析

1. 铆钉塑性变形对连接性能影响分析

在摆碾铆接工艺中，主要从铆钉杆横向塑性变形和镦粗的情况判定铆接连接质量，如果铆钉杆横向塑性变形比较小或镦粗厚度均匀且面积较大，则成形效果好。

不同铆钉材质连接件剖面如图 5.37 所示。可以看出，不同材质的铆钉成形情况存在一定差异。在镦粗成形方面，T2 铜铆钉、Q235 钢铆钉、304 不锈钢铆钉连接件的成形质量依次降低。在铆钉杆横向塑性变形方面，T2 铜铆钉和 Q235 钢铆钉的变形较小，而 304 不锈钢铆钉发生了较大的横向塑性变形，同时成形后铆钉向一侧倾斜。这种倾斜会导致铆钉孔周围纤维受到较大的挤压损伤，铆接连接质量较差，同时上下层合板间还会留有一定的间隙。

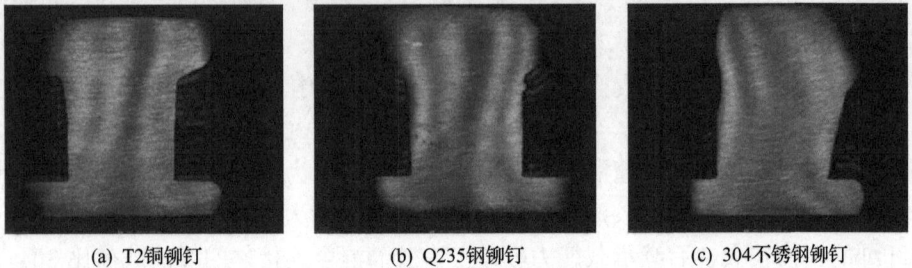

(a) T2铜铆钉　　　　(b) Q235钢铆钉　　　　(c) 304不锈钢铆钉

图 5.37　不同铆钉材质连接件剖面

不同连接工艺连接件剖面如图 5.38 所示。可以看出，直压铆接和摆碾铆接在镦粗成形方面相差不大；在铆钉杆横向塑性变形方面，直压铆接发生了较明显的横向塑性变形，并且层合板孔周围的纤维损伤比较严重。摆碾铆接中铆钉局部受力，因而铆接力较小，铆钉横向变形和铆钉对孔周围的纤维损伤较小，能够获得更好的拉伸性能。

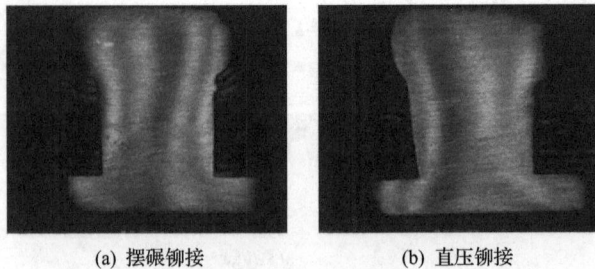

(a) 摆碾铆接　　　　(b) 直压铆接

图 5.38　不同连接工艺连接件剖面

不同预留高度连接件剖面如图 5.39 所示。可以看出，在镦粗成形方面，随着铆钉预留高度减小，镦粗成形质量得到提升。但是铆钉杆横向塑性变形随铆钉预留高度的减小而增大，导致铆钉孔周围的纤维损伤比较大。由图 5.39(a) 可以看出，当铆钉预留高度为 2mm 时，纤维已经发生严重的挤压变形，导致纤维材料的力学性能下降，承载性能发生退化。由图 5.39(c) 可以看出，当铆钉预留高度为 3mm 时，铆钉镦粗夹紧层合板的有效作用面积比较小。综合镦粗成形质量和铆钉杆横向塑性变形情况可以看出，当预留高度为 2.5mm 时，铆钉的整体成形质量较好，层合板连接件的拉伸性能最佳。

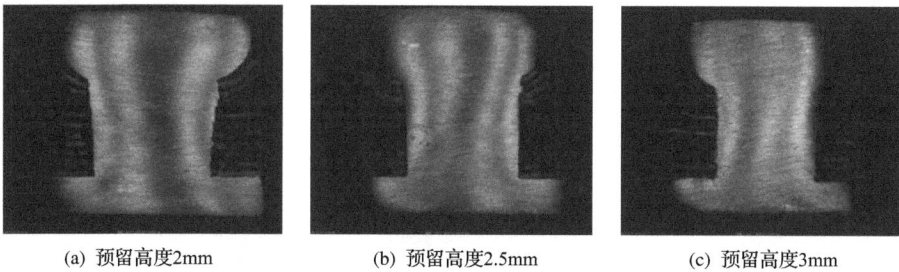

(a) 预留高度2mm　　　　　　(b) 预留高度2.5mm　　　　　　(c) 预留高度3mm

图 5.39　不同预留高度连接件剖面

　　不同垫圈类型连接件剖面如图 5.40 所示。可以看出，使用垫圈的铆钉镦粗成形质量较好，垫圈抑制了铆钉杆横向塑性变形，对孔周纤维的损伤较小，使用垫圈连接件的铆钉成形质量均好于未使用垫圈连接件。由图 5.40(b)可以看出，铁垫圈连接件在铆接过程中垫圈会发生一定程度的翘曲，向下挤压层合板造成纤维的微量损伤。304 不锈钢的强度比较大，在铆接过程中 304 不锈钢垫圈的翘曲变形很小，对层合板纤维的损伤小。因此，304 不锈钢垫圈连接件的拉伸性能优于铁垫圈连接件。

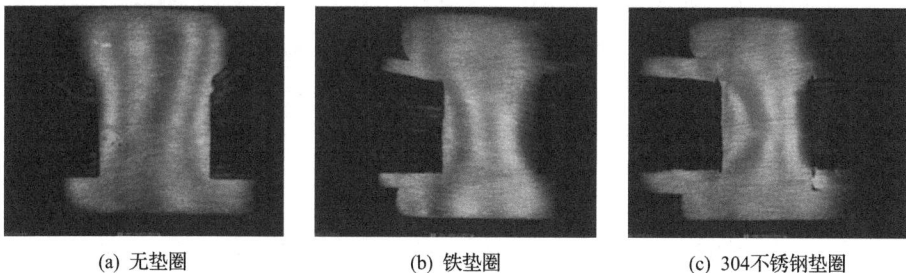

(a) 无垫圈　　　　　　　　(b) 铁垫圈　　　　　　　(c) 304不锈钢垫圈

图 5.40　不同垫圈类型连接件剖面

2. 不同连接件的失效形式分析

　　不同工艺参数连接件的失效形式如图 5.41 所示。不同铆钉材质连接件的失效形式如图 5.41(a)所示。T2 铜铆钉在拉伸过程中直接被拉断，并且铆钉孔周围的纤维损伤较小。Q235 钢铆钉连接件在拉伸过程中层合板发生翘曲变形，铆钉孔附近存在明显的沿拉伸方向的应力发白现象。304 不锈钢铆钉连接件层合板发生拉脱失效，铆钉孔周围的纤维损伤较大，铆钉孔有明显的扩大，未出现明显的应力发白现象。T2 铜铆钉连接件的拉伸强度最小，在受载拉伸过程中会出现过早拉断失效。304 不锈钢铆钉的拉伸强度最大且塑性较差，铆接时无法形成较好的镦粗夹紧层合板，铆钉孔周围的纤维损伤严重，铆钉孔扩大后铆钉拉脱失效，层合板纤维的拉伸强度未得到充分发挥。Q235 钢铆钉的塑性和拉伸强度适中，可以形成比较好的镦粗结构，铆钉孔周围纤维损伤较小，拉伸过程中层合板纤维充分受载，能够较好地发挥纤维增强相的拉伸强度。

(a1) T2铜铆钉

(a2) Q235钢铆钉

(a3) 304不锈钢铆钉

(a) 不同铆钉材质连接件的失效形式

(b1) 胶接连接

(b2) 摆碾铆接

(b3) 摆碾铆接-胶接混合连接

(b) 不同连接工艺连接件的失效形式

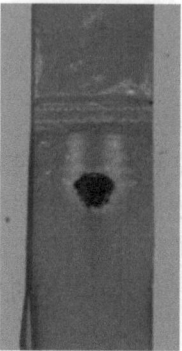
(c1) 预留高度2mm

(c2) 预留高度2.5mm

(c3) 预留高度3mm

(c) 不同预留高度连接件的失效形式

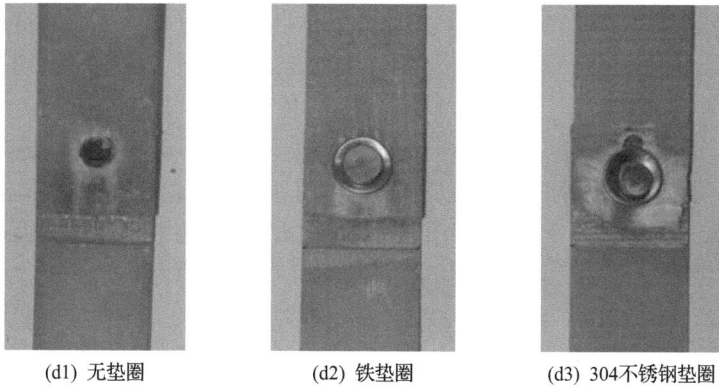

(d1) 无垫圈　　　　　(d2) 铁垫圈　　　　　(d3) 304不锈钢垫圈

(d) 不同垫圈类型连接件的失效形式

(e1) 无胶瘤无垫圈　　(e2) 有胶瘤无垫圈　　(e3) 无胶瘤304不锈钢垫圈　(e3) 有胶瘤304不锈钢垫圈

(e) 有无胶瘤连接件的失效形式

图 5.41　不同工艺参数连接件的失效形式

　　不同连接工艺连接件的失效形式如图 5.41(b) 所示。胶接连接件的上下层合板完全脱离失效,该失效瞬间发生不可预测。与摆碾铆接连接件相比,摆碾铆接-胶接混合连接件在沿拉伸方向铆钉孔处的应力发白现象更加明显,铆钉孔周围纤维的损伤也更为严重。因此,混合连接不仅可以避免连接件突然失效带来的危害,还可以更大程度地发挥纤维增强相的拉伸强度。

　　不同预留高度连接件的失效形式如图 5.41(c) 所示。可以看出,随着预留高度的减小,孔周围纤维损伤程度逐渐变大,沿拉伸方向层合板应力发白现象也逐渐突出。主要原因是预留高度不同导致铆钉镦粗变形存在差异,随着铆钉预留高度减小,铆钉镦粗成形面积增加,铆钉孔周围纤维损伤随之增大,能够最大程度地发挥纤维增强相的拉伸强度。

　　不同垫圈类型连接件的失效形式如图 5.41(d) 所示。304 不锈钢垫圈连接件应力发白现象最为严重,无垫圈连接件未产生明显的应力发白现象,铁垫圈连接件介于两者之间。在连接件拉伸过程中垫圈不仅可以更加均匀地传递铆钉产生的夹紧力，还可以防止层合板发生翘曲变形。铁垫圈的屈服强度比 304 不锈钢垫圈的屈服强度小，当拉伸载荷过大时，铁垫圈会发生一定程度的弯曲变形，导致层合板发生翘曲，层合板纤维沿拉伸方向的拉伸强度没有得到充分发挥，连接件的承载能力较小，宏观表现为应力发白现象较 304 不锈钢垫圈连接件不明显。

有无胶瘤连接件的失效形式如图 5.41(e) 所示。有胶瘤混合连接件沿拉伸方向铆钉孔区域的应力发白现象更加明显，原因在于胶瘤可以在一定程度上提高连接件拉伸性能，胶层失效后连接件承受的载荷瞬时变化更大，导致层合板铆钉孔沿拉伸方向的应力发白现象更明显。在混合连接件均使用胶瘤的情况下，使用垫圈的连接件应力发白现象更严重，主要原因在于垫圈有助于层合板纤维发挥其拉伸性能，连接件能够承受更大的拉伸载荷，因此应力发白现象更加明显。

5.4 层合板摆碾铆接-胶接混合连接老化和腐蚀性能研究

在复合材料层合板混合连接件的应用中，其服役环境对连接件承载能力和使用寿命影响较大。不同的服役环境对连接件力学性能有不同的要求，例如，在高温环境中，连接件需要在一定时间内保持较高的强度而不发生性能退化；在酸性介质中，连接件需要具有一定的耐腐蚀性能等。高温、酸性等介质对混合连接件中的层合板、胶黏剂、垫圈和铆钉等元件都会产生一定程度的影响。因此，研究混合连接件在不同环境中的性能特点，对复合材料层合板混合连接技术的实际应用具有重要意义。

5.4.1 连接件的高温老化性能研究

1. 高温保温时间对连接件拉伸性能的影响

选取 Q235 钢铆钉制备复合材料层合板混合连接件，铆钉预留高度为 2.5mm。将混合连接件在一定温度下保持一段时间，然后取出待恢复到室温后进行拉伸试验。复合材料层合板混合连接件高温拉伸性能如表 5.14 所示。

表 5.14 复合材料层合板混合连接件高温拉伸性能

温度/℃	保温时间/h	峰值载荷/kN	峰值载荷平均值/kN
100	2.5	10.52/10.49/10.26	10.42
	5	9.42/9.37/9.26	9.35
	7.5	8.66/8.54/8.30	8.50
150	2.5	9.01/8.92/8.64	8.86
	5	7.85/7.25/7.01	7.37
	7.5	7.11/7.01/6.89	7.00

温度/℃	保温时间/h	峰值载荷/kN	峰值载荷平均值/kN
	2.5	6.32/6.01/5.86	6.06
200	5	5.46/5.22/5.01	5.23
	7.5	5.23/5.10/4.89	5.07

混合连接件高温失效峰值载荷对比如图 5.42 所示。可以看出，在相同的保温温度下，随着保温时间的延长，连接件失效时的峰值载荷随之减小。在相同的保温时间下，随着保温温度的增加，连接件失效时的峰值载荷也会减小。主要原因在于当连接件处在空气氛围保温箱中进行保温时，空气中的氧气与连接件的胶层相互作用。随着保温时间的延长，胶黏剂的老化程度逐渐增加，层合板与胶黏剂胶接连接力退化，导致连接件承载性能逐渐降低。在相同保温时间下，保温温度越高，氧气和胶层相互作用的速率越快，胶层老化的速度越快。在相同温度下，随着保温时间的延长连接件峰值载荷下降速率逐渐减小，原因在于氧气和胶层的相互作用主要发生在 0~5h 内，在这段时间内氧气和胶层迅速反应，胶层快速老化，因而峰值载荷下降速率最快。保温时间超过 5h 后，胶层的老化速率逐渐降低，连接件的性能退化速率和峰值载荷的下降速率逐渐减小。

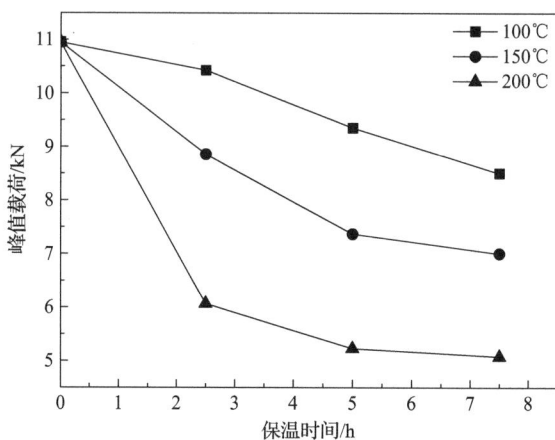

图 5.42　混合连接件高温失效峰值载荷对比

混合连接件高温失效载荷-位移曲线如图 5.43 所示。可以看出，随着保温时间的延长，峰值载荷降低；随着保温温度的增加，峰值载荷降低。保温温度为 100℃和 150℃时，第一阶段的峰值载荷大于第二阶段的峰值载荷；保温温度为 200℃时，第一阶段的峰值载荷小于第二阶段峰值载荷。原因在于温度过高，胶层的老化程度更大，胶层的承载能力急剧降低。J-133 环氧树脂胶黏剂在使用温度超过 200℃

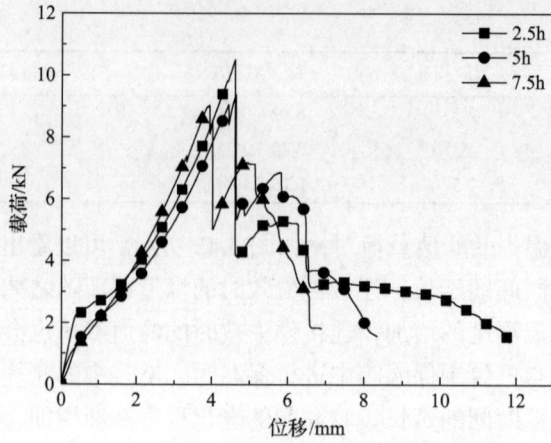

(a) 100℃下不同保温时间连接件载荷-位移曲线

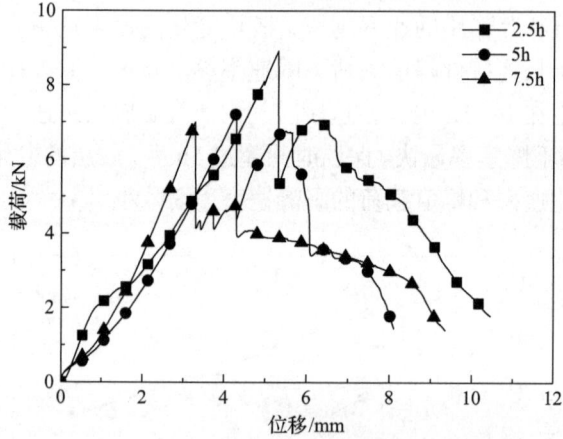

(b) 150℃下不同保温时间连接件载荷-位移曲线

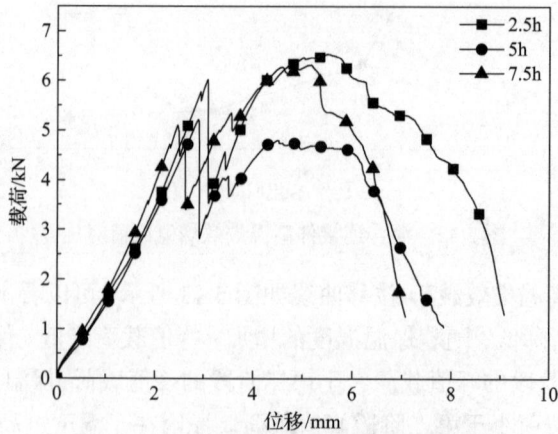

(c) 200℃下不同保温时间连接件载荷-位移曲线

图 5.43　混合连接件高温失效载荷-位移曲线

时，性能会显著下降。第二阶段的峰值载荷变化不大，原因在于该阶段连接件的承载能力主要由层合板纤维层间的相互作用力来体现，玻璃纤维是一种耐热的无机非金属材料，高温热处理对其性能影响较小。

经过保温处理后的连接件失效过程可以分为两个阶段。第一阶段主要为胶层的失效，在载荷-位移曲线上表现为随着拉伸位移的增加载荷急剧增大，当出现第一个载荷峰值并锐减时，胶层失效；第二阶段主要为表面纤维层的层间失效。在未经保温处理连接件的拉伸过程中，在胶层失效后，较大的载荷锐减将导致铆钉孔周围的纤维出现严重的挤压损伤，随后主要由层合板中的纤维承受拉伸载荷。在经保温处理连接件拉伸过程第二阶段中，铆钉孔周围的纤维损伤较小，主要表现为胶层将相邻层合板表面纤维层整体撕扯而出现层合板的层间失效，导致表面纤维层的承载能力降低，因此，在载荷-位移曲线上可以观察到在第二阶段出现了载荷突变现象。

2. 高温混合连接件失效分析

不同保温温度和保温时间混合连接件如图 5.44 所示。可以看出：

(1) 随着保温时间延长，连接件表面颜色逐渐加深。特别是当保温温度为 150℃和 200℃时，经过长时间的高温处理，连接件表面转变为深褐色。复合材料层合板由玻璃纤维和树脂经过固化后制备而成，树脂在长时间的高温环境中会发生氧化反应，因此表面呈深褐色。

(2) 经过高温处理后，铆钉孔周围出现十字交叉线。这主要是因为在铆接过程中铆钉的横向塑性变形挤压铆钉孔周围的纤维造成损伤，而该层合板为$[0/90]_{6s}$铺层形式，纤维损伤造成的应力在加热过程中会沿纤维延伸方向释放，最终在宏观上表现为铆钉孔周围出现白色的十字线。

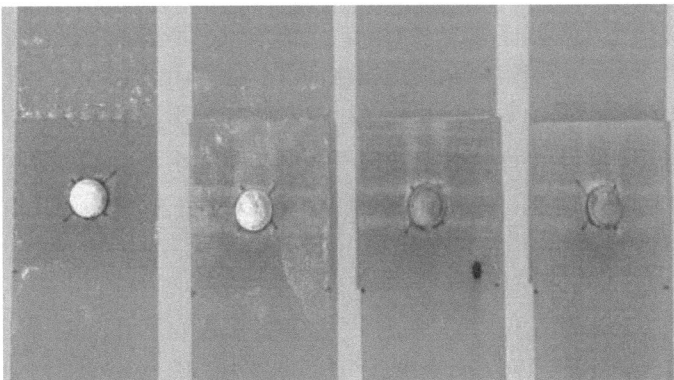

(a1) 未保温　　　(a2) 2.5h　　　(a3) 5h　　　(a4) 7.5h

(a) 100℃保温混合连接件

(b1) 未保温　　　(b2) 2.5h　　　(b3) 5h　　　(b4) 7.5h

(b) 150℃保温混合连接件

(c1) 未保温　　　(c2) 2.5h　　　(c3) 5h　　　(c4) 7.5h

(c) 200℃保温混合连接件

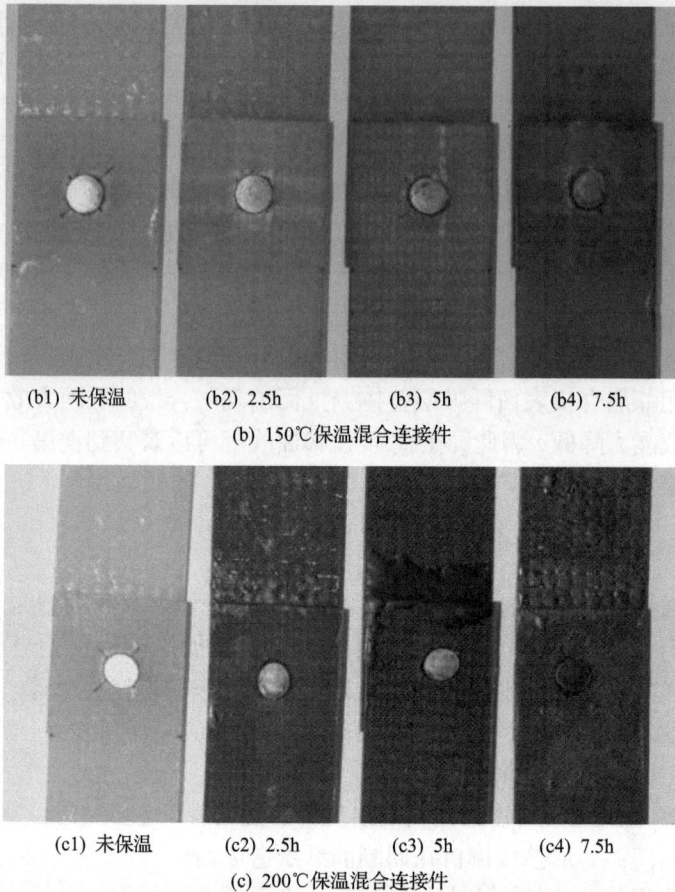

图 5.44　不同保温温度和保温时间混合连接件

　　不同保温温度和保温时间混合连接件的失效形式如图 5.45 所示。150℃不同保温时间连接件正面和侧面如图 5.45(a)、(b)所示。可以看出，经过高温保温后的混合连接件在铆钉孔周围没有出现明显的沿拉伸方向的应力发白现象。连接件的失效形式在正面上表现为铆钉孔周围纤维的整体损伤，层合板中铆钉孔的孔径扩大。未高温处理的连接件失效形式以纤维的断裂损伤为主。随着保温时间的延长，连接件的失效形式转变为以与胶黏剂相邻的纤维层脱离基体的层间失效为主。

　　保温 5h 不同保温温度连接件正面和侧面如图 5.45(c)、(d)所示。可以看出，保温 5h 不同保温温度连接件的正面和侧面的失效形式与 150℃不同保温时间连接件的失效形式一致。经过保温后连接件中老化的胶层和层合板表面纤维层产生了较大的相互作用，并且这种相互作用大于层合板中纤维层和纤维层间的相互作用力。因此，在拉伸过程中，纤维层间的作用力较小则先出现层间分离，而纤维层中的纤维未受到损伤，铆钉孔沿拉伸方向没有出现应力发白现象。

(a1) 未保温　　　　(a2) 2.5h　　　(a3) 5h　　　　(a4) 7.5h

(a) 150℃不同保温时间连接件正面

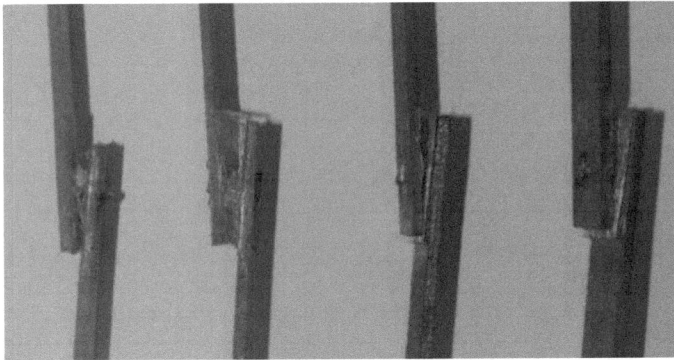

(b1) 未保温　　　　(b2) 2.5h　　　(b3) 5h　　　　(b4) 7.5h

(b) 150℃不同保温时间连接件侧面

(c1) 未保温　　　　(c2) 100℃　　　(c3) 150℃　　　(c4) 200℃

(c) 保温5h不同保温温度连接件正面

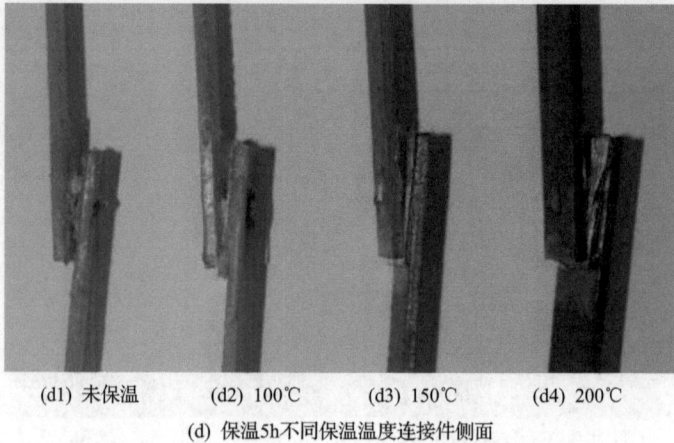

(d1) 未保温　　　(d2) 100℃　　　(d3) 150℃　　　(d4) 200℃

(d) 保温5h不同保温温度连接件侧面

图 5.45　不同保温温度和保温时间混合连接件的失效形式

5.4.2　连接件在腐蚀介质中的性能研究

1. 盐、碱、酸介质对连接件拉伸性能影响

选取 Q235 钢铆钉制备复合材料层合板混合连接件，铆钉预留高度为 2.5mm。室温条件下将连接件在腐蚀溶液介质中浸泡一段时间，然后室温晾干后进行拉伸试验，室温为 15℃。复合材料层合板混合连接件腐蚀拉伸性能如表 5.15 所示。

表 5.15　复合材料层合板混合连接件腐蚀拉伸性能

介质	腐蚀时间/d	峰值载荷/kN	峰值载荷平均值/kN
5%NaCl 溶液介质	7	10.95/11.02/10.89	10.95
	14	10.87/10.99/10.83	10.90
	21	10.82/10.93/10.88	10.88
	28	10.59/10.39/10.96	10.65
5%NaOH 溶液介质	7	10.49/10.32/10.15	10.32
	14	10.02/10.12/9.89	10.01
	21	9.15/9.39/9.21	9.25
	28	8.43/8.62/8.19	8.41
5%HNO$_3$ 溶液介质	7	10.02/9.80/10.14	9.99
	14	9.75/9.57/9.89	9.74
	21	9.29/9.39/9.18	9.29
	28	8.44/8.76/8.32	8.51

混合连接件腐蚀失效峰值载荷对比如图 5.46 所示。可以看出，不同的腐蚀溶液介质对连接件的拉伸性能影响不同。5%NaCl 溶液介质对连接件的拉伸性能影

响较小，随着腐蚀时间的延长，连接件的峰值载荷未出现明显下降。而 5%NaOH 溶液介质和 5%HNO₃ 溶液介质对连接件的拉伸性能影响较大，连接件的峰值载荷下降明显。主要原因在于腐蚀溶液介质中的不同离子会对连接件中的铆钉、胶层和层合板产生不同的影响。5%NaCl 溶液介质中钠离子和氯离子活性较低，对连接件各部分的影响很小，即使腐蚀时间较长，层合板的拉伸性能未发生显著退化。5%NaOH 溶液介质中氢氧根离子的化学活性很强，与胶层发生强烈反应，随着腐蚀时间的延长，层合板的拉伸性能所受影响较大。5%HNO₃ 溶液介质中氢离子与铆钉中的铁元素反应，腐蚀一定时间后，铆钉几乎被完全腐蚀丧失紧固作用，同时氢离子也会与胶层相互反应，最终导致层合板的拉伸性能显著下降。

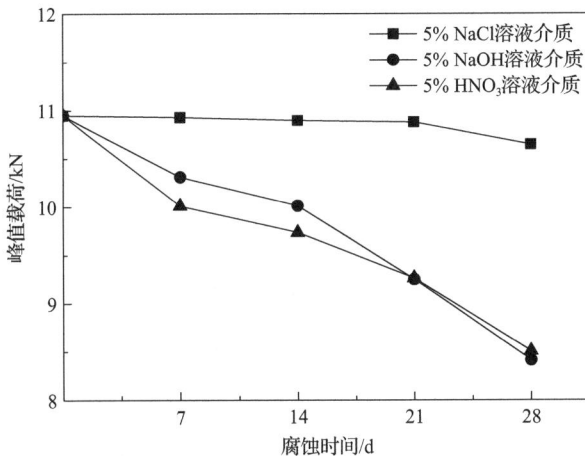

图 5.46 混合连接件腐蚀失效峰值载荷对比

混合连接件腐蚀失效载荷-位移曲线如图 5.47 所示。可以看出，不同腐蚀溶液介质混合连接件的失效过程均可以分为两个阶段。5%NaCl 溶液介质连接件载荷-位移曲线如图 5.47(a) 所示。经过 5%NaCl 溶液介质腐蚀连接件的峰值载荷几乎无变化，5%NaCl 溶液介质对混合连接件的拉伸性能无显著影响。5%NaOH 溶液介质连接件载荷-位移曲线如图 5.47(b) 所示。随着腐蚀时间延长，混合连接件峰值载荷呈现逐渐降低的趋势。5%HNO₃ 溶液介质连接件载荷-位移曲线如图 5.47(c) 所示。经过 5%HNO₃ 溶液介质腐蚀的连接件第一阶段峰值载荷的变化情况和 5%NaOH 溶液介质腐蚀连接件一致。在第二阶段中，随拉伸位移的增加纤维承载能力迅速下降直至最终失效。

2. 盐、碱、酸介质下连接件的失效形式

不同腐蚀处理方式混合连接件表面形貌如图 5.48 所示。可以看出，经过 5%NaCl 溶液介质和 5%NaOH 溶液介质腐蚀的混合连接件的表面形貌和未腐蚀的

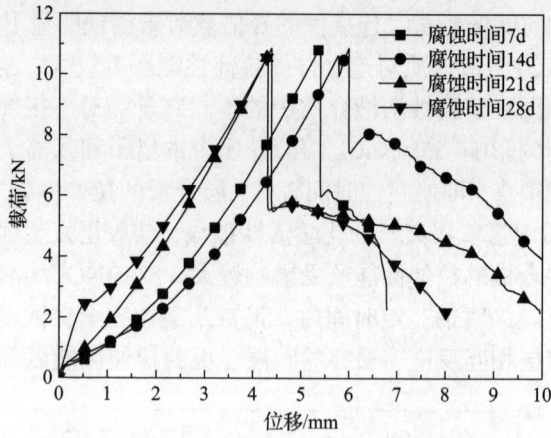

(a) 5%NaCl溶液介质连接件载荷-位移曲线

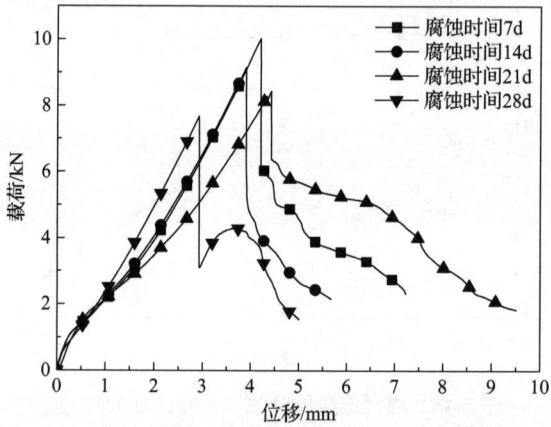

(b) 5%NaOH溶液介质连接件载荷-位移曲线

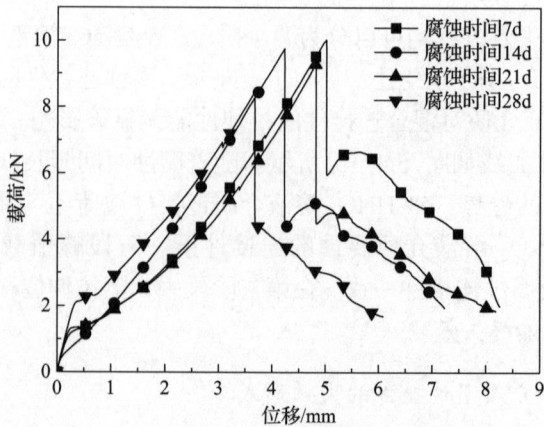

(c) 5%HNO₃溶液介质连接件载荷-位移曲线

图 5.47　混合连接件腐蚀失效载荷-位移曲线

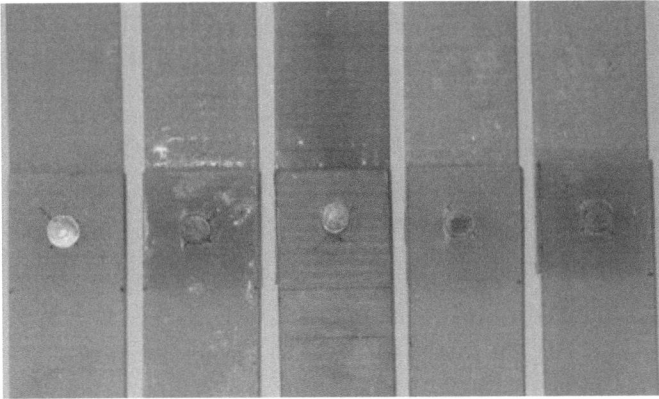

(a1) 未腐蚀　　(a2) 7d　　(a3) 14d　　(a4) 21d　　(a5) 28d

(a) 5%NaCl溶液介质腐蚀连接件

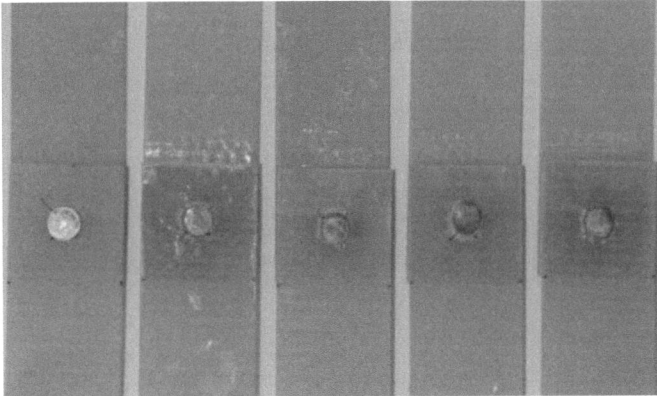

(b1) 未腐蚀　　(b2) 7d　　(b3) 14d　　(b4) 21d　　(b5) 28d

(b) 5%NaOH溶液介质腐蚀连接件

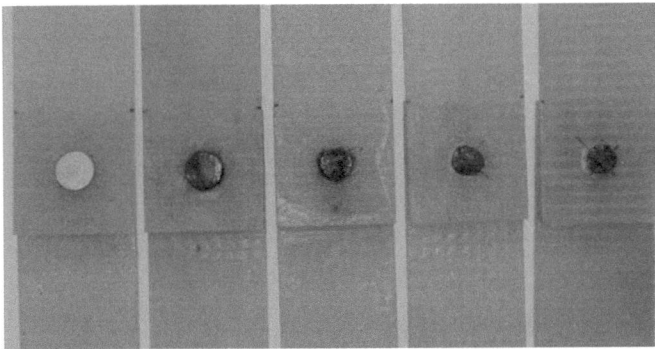

(c1) 未腐蚀　　(c2) 7d　　(c3) 14d　　(c4) 21d　　(c5) 28d

(c) 5%HNO$_3$溶液介质腐蚀连接件

图 5.48　不同腐蚀处理方式混合连接件表面形貌

混合连接件几乎一致，仅仅是铆钉镦粗表面变暗。经过 5%HNO₃ 溶液介质腐蚀的连接件形貌发生了较大变化。一方面，层合板表面出现明显的发黄现象，这主要是由于 5%HNO₃ 溶液介质具有很强的氧化和腐蚀性能，与复合材料层合板中的树脂发生相互作用；另一方面，随着腐蚀时间延长，铆钉镦粗部分的腐蚀越来越严重，经 28d 腐蚀后镦粗部分几乎完全消失。这主要是因为 5%HNO₃ 溶液介质中的氢离子和铆钉中的铁元素反应，随着腐蚀时间的延长，反应程度越来越大，最后铆钉的镦粗部分被完全腐蚀。

不同腐蚀处理方式混合连接件的失效形式如图 5.49 所示。由图 5.49(a) 可以看出，经过 5%NaCl 溶液介质腐蚀的连接件胶层的拉伸性能所受影响较小，胶层失效后层合板的内部纤维受到的损伤比较小，没有出现明显的沿拉伸方向的应力发白现象。铆钉孔受挤压扩大，铆钉孔周围发白现象比较明显。由图 5.49(b) 可以

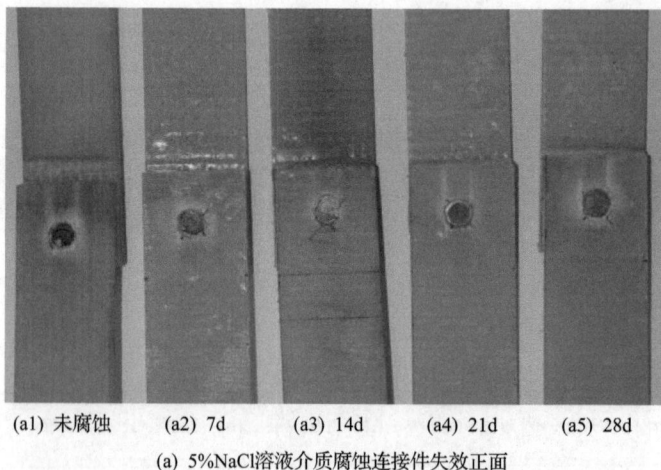

(a1) 未腐蚀　　(a2) 7d　　(a3) 14d　　(a4) 21d　　(a5) 28d

(a) 5%NaCl溶液介质腐蚀连接件失效正面

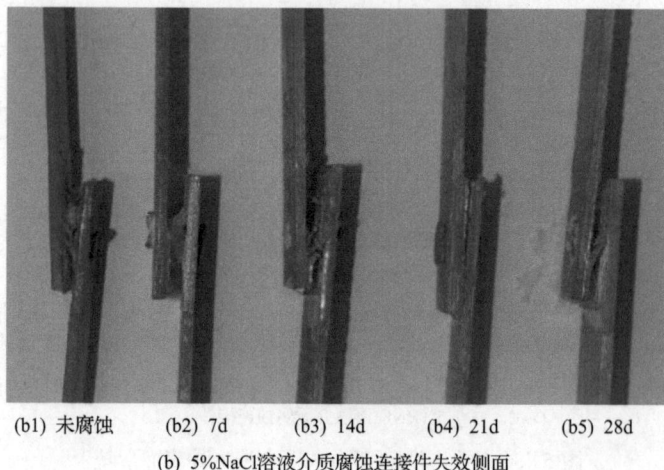

(b1) 未腐蚀　　(b2) 7d　　(b3) 14d　　(b4) 21d　　(b5) 28d

(b) 5%NaCl溶液介质腐蚀连接件失效侧面

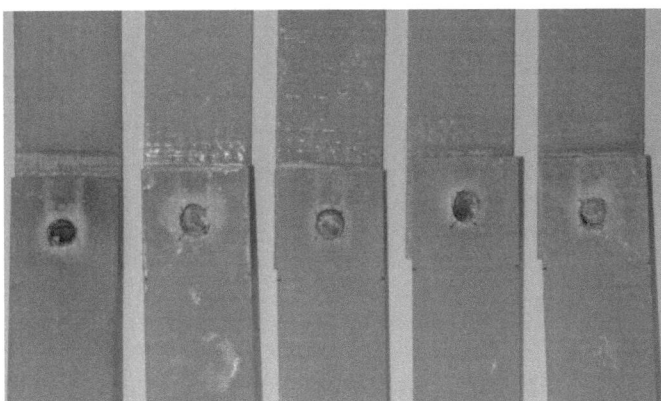

(c1) 未腐蚀　　　(c2) 7d　　　(c3) 14d　　　(c4) 21d　　　(c5) 28d

(c) 5%NaOH溶液介质腐蚀连接件失效正面

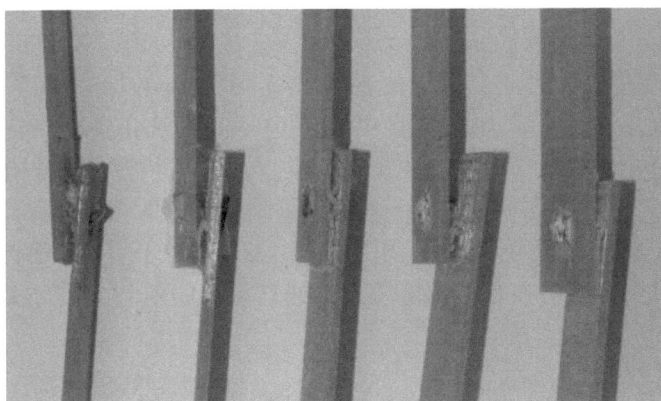

(d1) 未腐蚀　　　(d2) 7d　　　(d3) 14d　　　(d4) 21d　　　(d5) 28d

(d) 5%NaOH溶液介质腐蚀连接件失效侧面

(e1) 未腐蚀　　　(e2) 7d　　　(e3) 14d　　　(e4) 21d　　　(e5) 28d

(e) 5%HNO₃溶液介质腐蚀连接件失效正面

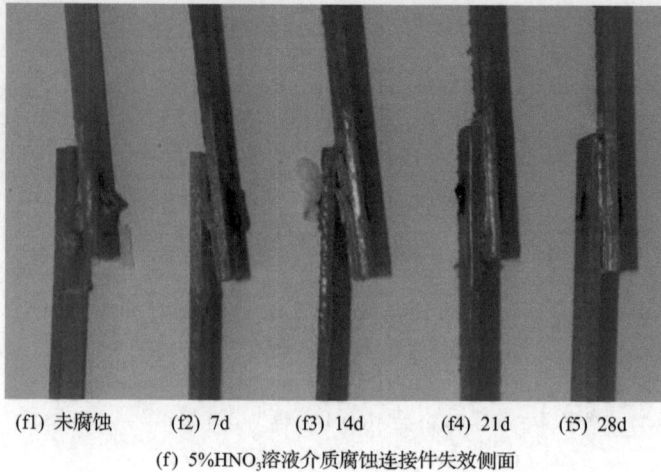

(f1) 未腐蚀　　　(f2) 7d　　　(f3) 14d　　　(f4) 21d　　　(f5) 28d

(f) 5%HNO₃溶液介质腐蚀连接件失效侧面

图 5.49　不同腐蚀处理方式混合连接件的失效形式

看到连接件中的胶层发生整体分层失效。由图 5.49(c)、5.49(d)可以看出, 5%NaOH溶液介质腐蚀连接件的表观失效形式与 5%NaCl 溶液介质腐蚀连接件相似。5%NaOH 溶液介质对胶层有明显的腐蚀作用, 分子间发生了剧烈的化学反应, 进而对拉伸性能产生显著影响。由图 5.49(e)、(f)可以看出, 随着腐蚀时间的延长, 铆钉的镦粗腐蚀现象加剧, 铆钉孔周围的应力发白现象不明显。铆钉镦粗腐蚀越严重, 镦粗对层合板的夹紧作用越差, 最终连接件失效时, 层合板的翘曲现象不明显。

参 考 文 献

[1] 王科, 赖家美, 鄢冬冬, 等. 缝合泡沫夹芯结构复合材料 VARTM 工艺树脂充填模拟及验证. 高分子材料科学与工程, 2015, 31(11): 124-129.

[2] 王科, 赖家美, 鄢冬冬, 等. 缝合参数对缝合泡沫夹芯结构复合材料 VARTM 工艺树脂充模的影响. 高分子材料科学与工程, 2016, 32(2): 137-143.

[3] 黄志超, 刘晓坤, 占金青. 铝合金层合板摆碾铆接与直压铆接比较分析. 中国机械工程, 2013, 24(9): 1233-1239.

[4] 黄志超, 冯佳, 张永超. 复合层合板摆碾铆接、胶接和混合连接性能研究. 玻璃钢/复合材料, 2017(4): 54-59.

第6章　5052铝合金-玻璃纤维复合材料自冲铆接技术研究

复合材料在汽车制造等工业领域应用广泛，但是复合材料无法完全代替金属材料，将两者同时应用于汽车车身结构中已经成为汽车制造的发展趋势。复合材料和金属材料的物理与化学性质存在显著差异，常用连接方式包括螺栓连接、胶接连接、摆碾铆接和自冲铆接等。

自冲铆接技术是一种冷成形连接工艺，不需要预钻孔，而是采用冲头推动铆钉刺入板材实现连接。自冲铆接工艺包括实心铆钉自冲铆接、半空心铆钉自冲铆接和无铆钉自冲铆接等。其中，半空心铆钉自冲铆接在工业领域中的应用比较广泛，可以用于连接同种材料、异种材料和多层材料，具有良好的适用性。

半空心铆钉自冲铆接工艺过程如图 6.1 所示。具体过程如下：

(1)夹紧。压边圈向下移动压紧上层板，同时冲头推动铆钉向下移动并与上层板表面接触。

(2)穿刺。铆钉在冲头的推动下刺入上层板。

(3)扩张。铆钉在冲头的推动下继续向下移动刺穿上层板，并刺入下层板。铆钉腿部在冲头与模具的共同作用下发生明显的径向变形，下层板材料逐渐填充模具凹槽。

(4)成形。铆钉头部与上层板表面平齐，铆钉腿部充分变形，模具凹槽得到完全填充，形成稳定的自锁连接结构。

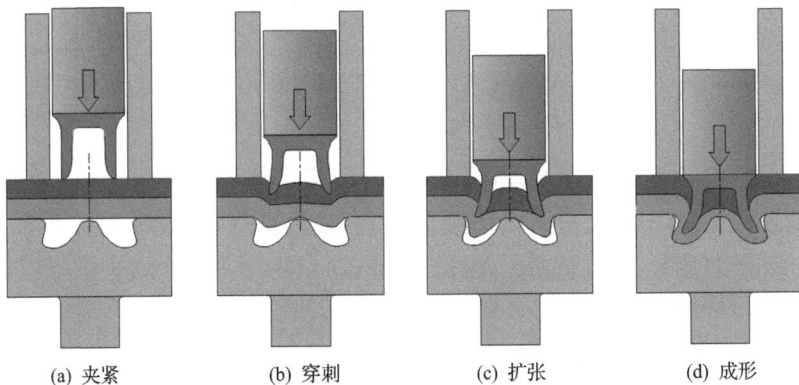

| (a) 夹紧 | (b) 穿刺 | (c) 扩张 | (d) 成形 |

图 6.1　半空心铆钉自冲铆接工艺过程

半空心铆钉自冲铆接工艺需要遵循以下原则：①金属和非金属材料进行铆接时，将金属材料放置在下层；②金属材料的延伸率应大于 12%；③不同厚度和强度的板材进行自冲铆接时，应将厚度小、强度低的薄板放置在下层；④两层板材自冲铆接中下层板的厚度要大于板厚总和的 1/2；三层板材自冲铆接中下层板的厚度要大于板厚总和的 1/3；⑤铆钉的硬度必须大于最硬板材的硬度[1,2]。

6.1 复合材料层合板制备和铝合金-复合材料层合板自冲铆接试验

6.1.1 玻璃纤维增强树脂基复合材料层合板制备

1. 复合材料层合板的制备

复合材料层合板采用 VARTM 工艺制备，试验主要材料如表 5.1 所示，具体制备过程见 5.1.2 节。试验使用的纤维布为 0°/90° 和 45°/–45° 玻璃纤维双轴向布，可以制备得到 [0/90]$_{6s}$、[45/–45]$_{6s}$、[0/90/45/–45]$_{3s}$ 和 [45/–45/0/90]$_{3s}$ 四种铺层角度复合材料层合板，每种铺层角度层合板均为 12 层。

2. 复合材料层合板的厚度

复合材料层合板完全固化后进行脱模，并选取 5 个层合板进行厚度测量，复合材料层合板厚度测量点位置如图 5.3 所示。复合材料层合板各测量点厚度如表 6.1 所示，取其平均值作为复合材料层合板的厚度。

表 6.1 复合材料层合板各测量点厚度 （单位：mm）

试样	点 1	点 2	点 3	点 4	点 5	点 6	点 7	点 8	点 9	点 10
试样 1	3.22	3.16	3.24	3.26	3.20	3.24	3.28	3.24	3.20	3.24
试样 2	3.18	3.20	3.28	3.28	3.24	3.20	3.20	3.22	3.24	3.20
试样 3	3.21	3.26	3.18	3.20	3.28	3.20	3.26	3.20	3.18	3.26
试样 4	3.18	3.20	3.24	3.20	3.20	3.30	3.18	3.22	3.20	3.22
试样 5	3.24	3.22	3.24	3.24	3.24	3.22	3.20	3.24	3.24	3.20

根据式 (5.1) 和式 (5.2)，可以计算复合材料层合板的平均厚度和标准方差分别为 3.24mm 和 0.04，复合材料层合板各测量点的厚度在平均值上下波动，且厚度波动较小，所制备的复合材料层合板满足试验要求。

3. 复合材料层合板的切割

采用水刀切割工艺切割复合材料层合板，并按照图 5.6 得到试验所需的标准试样。复合材料层合板和材料性能测试试样如图 6.2 所示。可以看出，水刀切割复合材料层合板的断面比较平整，在切割过程中不会产生明显的纤维损伤。材料性能测试试样载荷-时间曲线如图 6.3 所示。

图 6.2　复合材料层合板和材料性能测试试样

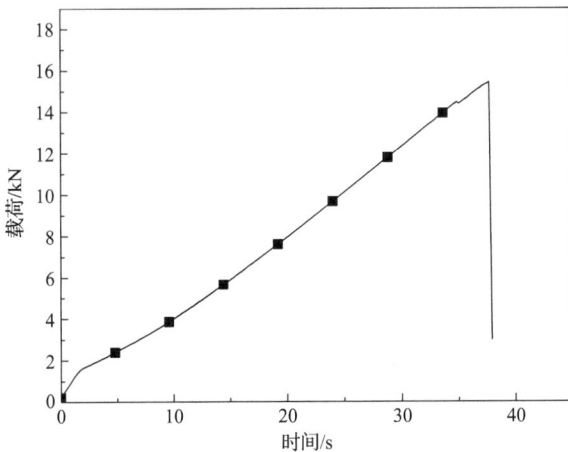

图 6.3　材料性能测试试样载荷-时间曲线

6.1.2　铝合金-复合材料自冲铆接

在轻量化汽车车身中 5 系铝合金应用比较广泛，其厚度一般为 1.6～3mm。试验选取 AA5052 铝合金薄板，厚度为 3mm。AA5052 铝合金属于 Al-Mg 系合金，具有耐腐蚀性能强、加工性能好、强度高等优点。试验采用 RV300023 型自冲铆接机进行铝合金-复合材料连接，半空心铆钉高度分别为 7.5mm、8mm 和 8.5mm。

为研究铝合金和复合材料自冲铆接的可行性，制备两种板材堆叠顺序连接件。两种不同堆叠顺序自冲铆接连接件如图 6.4 所示。玻璃纤维增强树脂基复合材料的塑性较差，不具备优良的塑性成形能力。因此，将复合材料层合板置于下层时，复合材料纤维发生严重损伤，被铆钉切断的纤维脱离复合材料层合板，无法形成自锁结构，难以实现铝合金板和复合材料层合板的有效连接。将复合材料层合板置于上层时，铆钉切断玻璃纤维后刺入下层铝合金板，铝合金板具有较好的塑性变形能力，能够在下层板下表面形成合格的自锁结构，实现了铝合金板和复合材料层合板的有效连接[3,4]。因此，在铝合金板和复合材料层合板自冲铆接工艺中，应将复合材料层合板置于上层，将铝合金板置于下层。

(a) 铝合金板置于上层，复合材料层合板置于下层

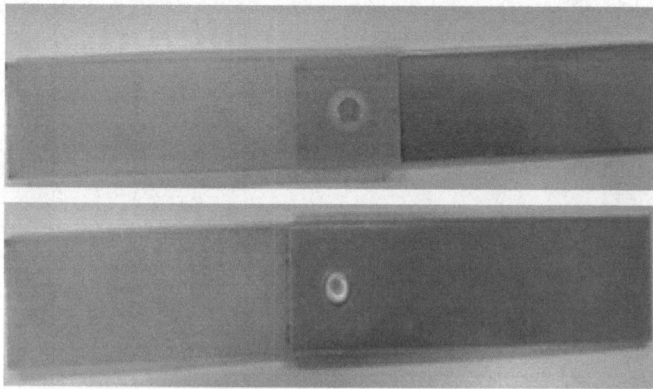

(b) 铝合金板置于下层，复合材料层合板置于上层

图 6.4 两种不同堆叠顺序自冲铆接连接件[5]

6.2 铝合金-玻璃纤维复合材料自冲铆接成形模拟

有限元分析是运用近似数学的方法对结构的真实工况进行分析，采用相互关联有限数量的个体逼真地还原由无限个体组成的实际系统。有限元分析将要求解的区域分解为较小的相互连通的区域，对个体逐一求解，再对总区域进行推导求解，进而求解整体结构。有限元分析将复杂结构和复杂问题简单化。因此，所得到的解并不是准确解，而是近似解。但是，通过有限元分析能够获得相对精确的结果，适用于各种问题，在工程分析中的应用越来越广泛。

有限元分析方法一般包括刚塑性有限元法和弹塑性有限元法。弹塑性有限元法要考虑层合板的弹性变形，同时考虑层合板中的残余应力；刚塑性有限元法基于小应变的位移关系，不考虑层合板塑性变形中的弹性变形部分，根据得到的速度场能够计算层合板各个点的应变和应力。在铝合金-复合材料自冲铆接工艺中，复合材料属于弹塑性材料，自冲铆接成形属于弹塑性变形。因此，本节采用弹塑性有限元法对铝合金-复合材料自冲铆接成形过程进行研究，能够获得上下板和铆钉在任意时刻的载荷、位移、应力和应变的变化情况。

6.2.1　有限元模型的建立

1. 几何模型

铝合金-复合材料自冲铆接成形部件包括铆钉、模具(凸台凹模)、上层板和下层板。半空心铆钉和凸台凹模尺寸如图 6.5 所示。

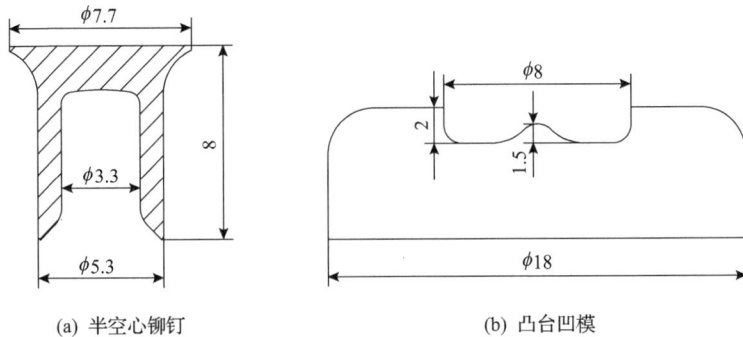

(a) 半空心铆钉　　　　　　　　　(b) 凸台凹模

图 6.5　半空心铆钉和凸台凹模尺寸(单位：mm)

铝合金-复合材料自冲铆接有限元模型如图 6.6 所示。有限元模型包括冲头、半空心铆钉、压边圈、上层板、下层板和凸台凹模六个部件。

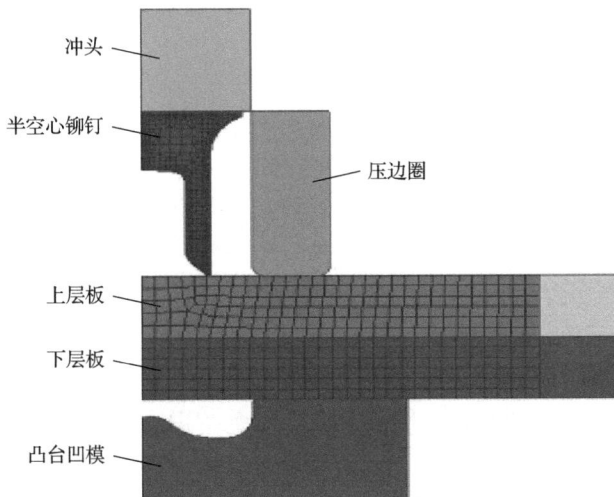

图 6.6　铝合金-复合材料自冲铆接有限元模型

2. 材料模型

玻璃纤维复合材料层合板是各向异性材料，内部结构比较复杂。因此，将复合材料层合板简化为同质等效塑性材料。复合材料性能参数如表 6.2 所示。铆钉硬度为 H7，铝合金为 AA5052，均为弹塑性材料，其他部件为刚性材料。

表 6.2　复合材料性能参数

弹性模量	热膨胀系数	泊松比	热传导系数	辐射率
135GPa	$0.3×10^{-6}/K^{-1}$	0.3	4W/(m·K)	0

在自冲铆接过程中铆钉会刺穿上层板，需要设置合理的断裂阈值，若超过阈值则发生断裂，进行网格重划分，确保成形精度。在有限元模拟中设置断裂阈值为 0.08。

3. 网格划分

在数值模拟分析中，模拟精度与网格划分成正比，随着网格密度的增大，模拟结果趋向实际解，但模拟所需要的时间也会相应延长。因此，网格密度需根据具体情况进行设置。

在自冲铆接模拟中，铆钉、铝合金板和复合材料层合板均为弹塑性材料，其他部件为刚体。因此，只需要对铆钉、铝合金板和复合材料层合板划分网格。在自冲铆接成形后期，铆钉腿部和待穿透的上下板区域发生大变形，需要进行网格细化，从而提高模拟精度。在模拟过程中，若网格产生畸变或者变形超出设定值，自动进行网格重划分，以形成新的网格。在自冲铆接模拟中网格重划分单元尺寸设置为 0.08mm。

4. 接触与摩擦

1) 接触关系

自冲铆接模拟中的接触关系共六个：压边圈与上层板、冲头与铆钉、铆钉与上层板、上层板与下层板、铆钉与下层板、下层板与凸台凹模。在模拟进行前需要对接触关系进行定义。

2) 摩擦系数

自冲铆接成形中各组件的摩擦系数对成形精度有显著影响。根据试验结果与数值模拟结果对比，数值模拟中摩擦系数分别为：压边圈与上层板为 0.1，冲头与铆钉为 0.1，铆钉与上层板为 0.2，上层板与下层板为 0.3，铆钉与下层板为 0.2，下层板与凸台凹模为 0.2。

5. 其他参数设置

自冲铆接模拟过程环境温度为 20℃。冲头运动速度为 5mm/s，运动行程为 8mm。压边圈和冲头速度相同，压边圈装有弹簧，起到缓冲夹紧作用，弹簧的具体参数为：行程为 8mm，刚度为 500N/m，压力为 3kN。

6.2.2　自冲铆接模拟结果分析

1. 成形过程分析

铝合金-复合材料自冲铆接成形过程如图 6.7 所示。该过程可以分为四个阶段：

(1) t=0s。冲头推动铆钉向下运动，直至铆钉与上层板接触，此时铆钉与上层板之间没有相互作用力。压边圈夹紧上下层板，在压边力的作用下上层板产生向下运动的趋势。

(2) t=0.9s。冲头推动铆钉继续向下运动，铆钉开始刺入上层板，在铆钉的挤压作用下上层板开始产生弯曲，而且远离压边圈区域的板材产生向上运动的趋势。随着铆钉刺入上层板深度增加，与铆钉接触的层合板向凸台凹模空腔内流动，并逐渐填充模具凹槽。

(3) t=3.5s。铆钉完全刺穿上层板，铆钉腿部发生较小变形。随后铆钉继续向下刺入下层板，铆钉正下方的板材材料流动堆积并产生塑性硬化作用，铆钉向下运动阻力增大，铆钉腿部沿最小阻力方向运动，产生比较明显的径向变形。

(4) t=5s。铆钉腿部在下层板内沿径向充分变形，与上下层板形成良好的机械自锁，下层板在模具凹槽内进行充分的流动。待铆钉头部与上层板表面平齐后，冲头停止下压，铆接过程结束。

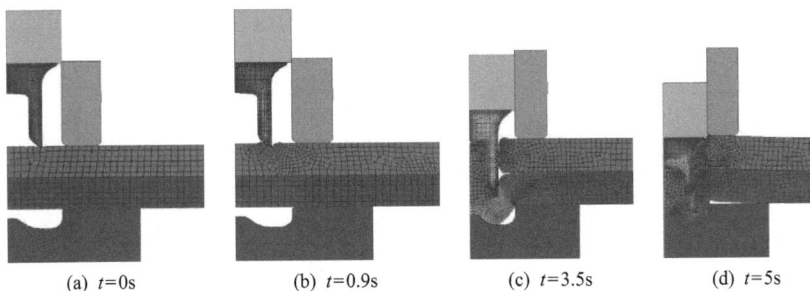

(a) t=0s　　　　(b) t=0.9s　　　　(c) t=3.5s　　　　(d) t=5s

图 6.7　铝合金-复合材料自冲铆接成形过程

2. 应力与应变分析

铆钉等效应力与等效塑性应变如图 6.8 所示。可以看出，自冲铆接成形后应力集中区域主要分布在铆钉腿部和铆钉附近上下层板位置，说明铆钉和上下层板之间存在比较严重的相互挤压作用。当铆钉穿透上层板后，上层板的应力得到释放显著降低。铆钉在下层板内运动时，应力主要集中在铆钉与下层板接触区域，并且由中心逐渐向四周扩散。当铆钉完全张开时，铆钉腿部受到凸台凹模的挤压而产生压缩变形，铆钉周围材料内产生严重的压缩应力。当铆钉头部与上层板平齐时，在凹模凸台的挤压作用下，铆钉附近的应力明显增大，而上下层板中的等效应力明显小于铆钉自身的等效应力。

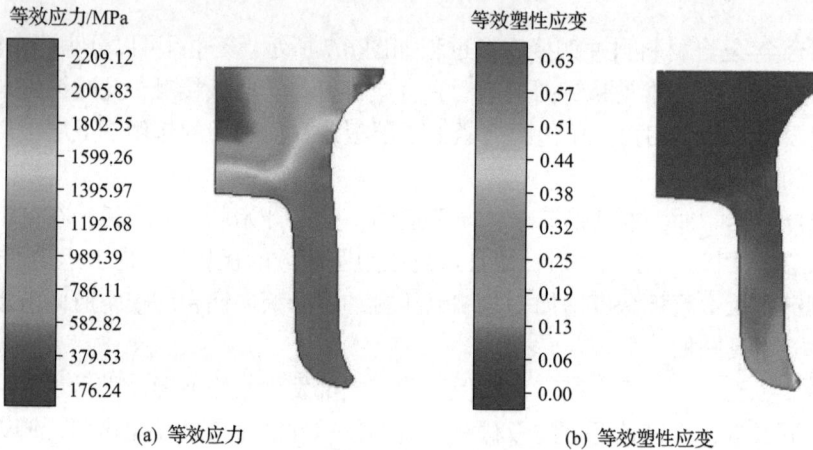

图 6.8 铆钉等效应力与等效塑性应变

　　下层板成形区域等效应力与等效塑性应变如图 6.9 所示。可以看出，最大等效应力与等效塑性应变均分布在铆钉尾部与下层板的接触区域。自冲铆接成形结束后，下层板和铆钉尾部接触区域变形比较剧烈，层合板损伤严重，应力集中现象比较明显。

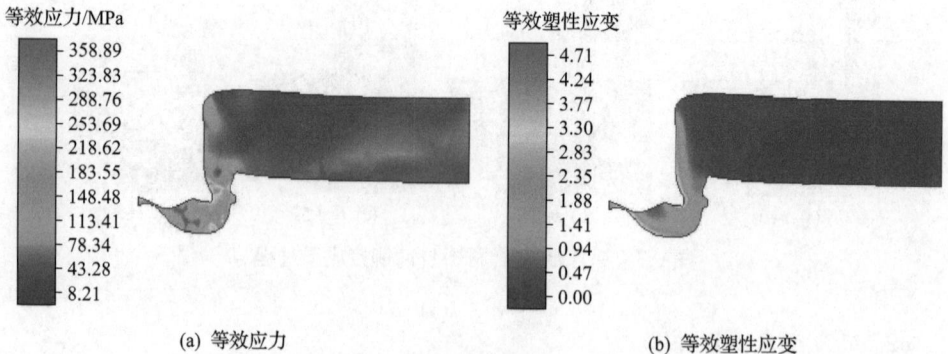

图 6.9 下层板成形区域等效应力与等效塑性应变

6.3　铝合金-复合材料自冲铆接连接件拉伸强度试验与分析

影响自冲铆接成形质量的影响因素较多，包括铆钉和连接板材的尺寸、材料性能、模具尺寸和形状、冲头速度和铆接力等。在铝合金-复合材料自冲铆接试验中，研究复合材料铺层方式、铆钉高度、搭接长度和复合材料类型等因素对铝合金-复合材料自冲铆接连接件拉伸强度的影响，得到最优的连接方案，为铝合金-复合材料自冲铆接连接件力学性能分析提供参考。

6.3.1　铝合金-复合材料自冲铆接连接件制备

铝合金-复合材料自冲铆接连接件尺寸如图 6.10 所示。在自冲铆接试验中，将复合材料层合板放置在上层，将铝合金板放置在下层，试验采用的铆钉为半空心铆钉。铆钉高度分别为 7.5mm、8mm 和 8.5mm，铆钉外径、内径和壁厚分别为 5.3mm、3.3mm 和 1mm，试验模具为凸台凹模。

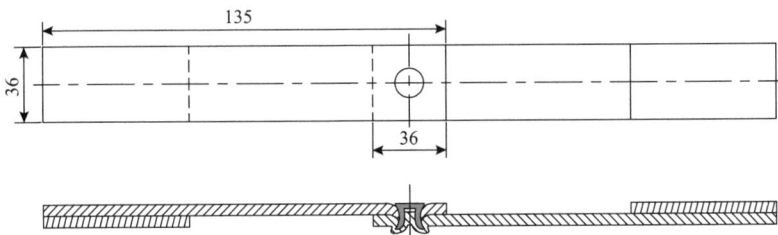

图 6.10　铝合金-复合材料自冲铆接连接件尺寸(单位：mm)

6.3.2　铝合金-复合材料自冲铆接连接件拉伸性能

1. 铺层方式对自冲铆接连接件拉伸性能的影响

本节主要研究$[0/90]_{6s}$、$[0/90/45/-45]_{3s}$、$[45/-45]_{6s}$ 和$[45/-45/0/90]_{3s}$ 四种铺层方式对自冲铆接连接件拉伸性能的影响，铆钉高度为 7.5mm，搭接长度为 36mm。四种铺层方式自冲铆接连接件拉伸性能如表 6.3 所示。

表 6.3　四种铺层方式自冲铆接连接件拉伸性能

铺层方式	峰值载荷平均值/kN	失效位移平均值/mm
$[0/90]_{6s}$	4.05	8.59
$[45/-45]_{6s}$	3.10	5.14
$[0/90/45/-45]_{3s}$	4.51	6.55
$[45/-45/0/90]_{3s}$	4.41	6.15

[0/90]$_{6s}$ 连接件的峰值载荷比[45/−45]$_{6s}$ 连接件高 30.65%，[45/−45/0/90]$_{3s}$ 连接件的峰值载荷比[0/90]$_{6s}$ 连接件高 8.89%，[0/90/45/−45]$_{3s}$ 连接件的峰值载荷比[45/−45/0/90]$_{3s}$ 连接件高 2.27%。复合材料层合板承受拉伸载荷作用时，0°/90°铺层主要承受横向和纵向拉应力，而 45°/−45°铺层主要承受剪切应力(连接件受外部载荷作用而产生变形时，连接件内部产生相互作用力，抵抗连接件在外力作用下产生的变形)，玻璃纤维增强树脂基复合材料层合板剪切应力小于拉应力。在拉伸过程中，连接件主要承受轴向拉伸应力，0°/90°铺层在铝合金-复合材料自冲铆接连接件中能够承受更大的载荷，而 45°/−45°铺层在拉伸应力作用下的拉伸性能较差。混合铺层中同时具有 0°/90°铺层和 45°/−45°铺层，在拉伸过程中同时受到拉伸应力和剪切应力作用，连接件能够承受更大的载荷。

四种铺层方式自冲铆接连接件载荷-位移曲线如图 6.11 所示。可以看出，四种铺层方式连接件的失效位移有明显差别，0°/90°铺层方式连接件的失效位移最大，45°/−45°铺层方式连接件的失效位移最小。主要原因在于 45°/−45°铺层方式连接件主要承受剪切应力，能够更好地抵抗连接件在拉伸过程中产生的纵向变形，所以失效位移最小。在混合铺层中，45°/−45°铺层抵消了部分拉伸变形，失效位移居于两者之间。将 0°/90°铺层置于外侧时 45°/−45°铺层抵抗变形的能力小于 0°/90°铺层，失效位移稍大，0°/90°铺层不具有抵抗纵向变形的能力，失效位移最大。

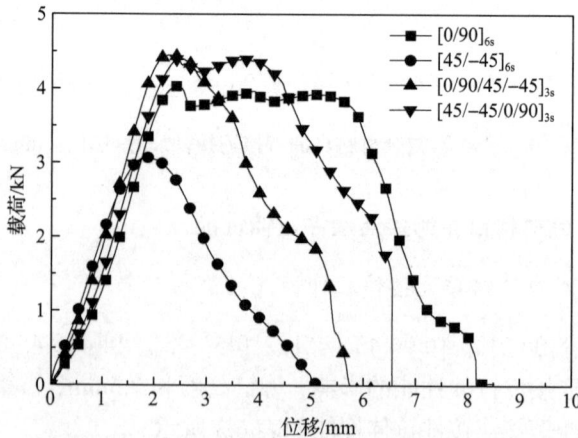

图 6.11　四种铺层方式自冲铆接连接件载荷-位移曲线

2. 铆钉数量对自冲铆接连接件拉伸性能的影响

在单铆钉和双铆钉连接件中，选择 0°/90°铺层方式制备复合材料层合板，搭接长度为 36mm，双钉连接件两铆钉间距为 12mm。不同铆钉数量自冲铆接连接件拉伸性能如表 6.4 所示。

表 6.4　不同铆钉数量自冲铆接连接件拉伸性能

铆钉数量与排列形式	峰值载荷平均值/kN	失效位移平均值/mm
1	4.44	8.12
2(纵向排列)	7.31	7.51
2(横向排列)	7.59	6.32

　　铆钉数量对自冲铆接连接件的拉伸性能影响较大。相比于单铆钉连接件，双铆钉连接件的峰值载荷增大一倍左右，说明多铆钉连接能够显著提升自冲铆接连接件的拉伸性能。在双铆钉连接件中，铆钉横向排列与纵向排列对连接件的峰值载荷影响不大，横向排列连接件的峰值载荷较高。

　　单铆钉和双铆钉自冲铆接连接件载荷-位移曲线如图 6.12 所示。可以看出，在拉伸过程前期，三种连接件的载荷-位移曲线近似为线性，且载荷随铆钉数量增多而增大。随着拉伸位移增加，单铆钉连接件首先达到峰值载荷，表现出较低的拉伸强度，并进入连接件塑性屈服阶段，载荷在 4kN 左右波动。两种双铆钉连接件峰值载荷接近，明显高于单铆钉连接件。在较大拉伸载荷作用下，双铆钉连接件的自锁结构失效更快，塑性屈服阶段位移小于单铆钉连接件，随后载荷快速下降完全失效。

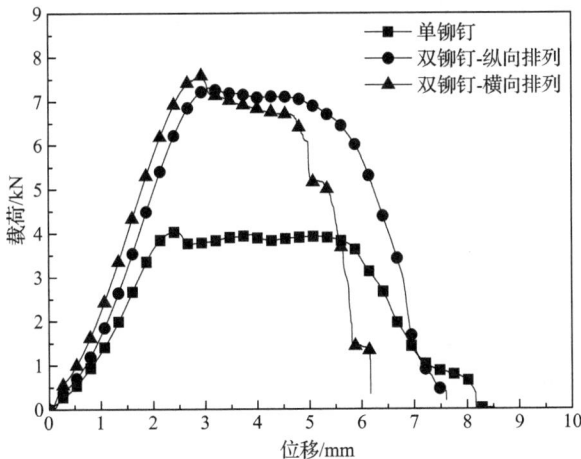

图 6.12　单铆钉和双铆钉自冲铆接连接件载荷-位移曲线

3. 铆钉高度对自冲铆接连接件拉伸性能的影响

　　选取 7.5mm 和 8mm 两种高度铆钉制备不同铺层方式自冲铆接连接件，分析铆钉高度对铝合金-复合材料自冲铆接连接件拉伸性能的影响。不同铆钉高度自冲铆接连接件拉伸性能如表 6.5 所示。

表 6.5 不同铆钉高度自冲铆接连接件拉伸性能

铆钉高度/mm	铺层方式	峰值载荷平均值/kN	失效位移平均值/mm
7.5	$[0/90]_{6s}$	4.05	8.54
	$[45/-45]_{6s}$	3.11	5.26
	$[0/90/45/-45]_{3s}$	4.32	6.68
	$[45/-45/0/90]_{3s}$	4.33	5.81
8	$[0/90]_{6s}$	4.44	10.05
	$[45/-45]_{6s}$	3.93	5.75
	$[0/90/45/-45]_{3s}$	4.48	6.42
	$[45/-45/0/90]_{3s}$	4.55	5.64

铆钉高度对不同铺层方式自冲铆接连接件的峰值载荷和失效位移影响较大。$[0/90]_{6s}$ 铺层方式中 8mm 铆钉连接件的峰值载荷比 7.5mm 铆钉连接件高约 9.63%。$[45/-45]_{6s}$ 铺层方式中 8mm 铆钉连接件的峰值载荷比 7.5mm 铆钉连接件高约 26.37%。$[0/90/45/-45]_{3s}$ 铺层方式中 8mm 铆钉连接件的峰值载荷比 7.5mm 铆钉连接件高约 3.7%。$[45/-45/0/90]_{3s}$ 铺层方式中 8mm 铆钉连接件的峰值载荷比 7.5mm 铆钉连接件高约 5.08%。不同铆钉高度自冲铆接连接件载荷-位移曲线如图 6.13 所示。可以看出，铆钉高度对 $[45/-45]_{6s}$ 铺层方式自冲铆接连接件的峰值载荷影响最大，$[0/90]_{6s}$ 铺层次之，对混合铺层自冲铆接连接件的影响较小。原因在于单一铺层方式中纤维方向一致，选择合适的铆钉高度更有利于自锁结构的成形，可以提高连接件的拉伸强度。在混合铺层中纤维布交替铺设，对自锁结构的成形起到一定的阻碍作用，导致连接件的拉伸强度较小。铆钉高度对单一铺层方式自冲铆接连接件的失效位移影响非常小，原因在于影响连接件失效位移的因素主要为复合材料的铺层方式，与铆钉高度关系较小。

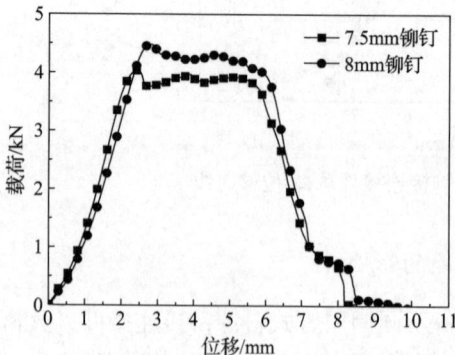

(a) $[0/90]_{6s}$ 铺层

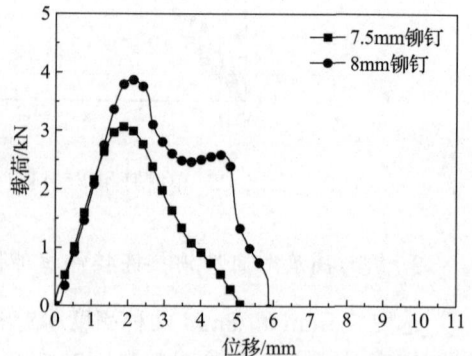

(b) $[45/-45]_{6s}$ 铺层

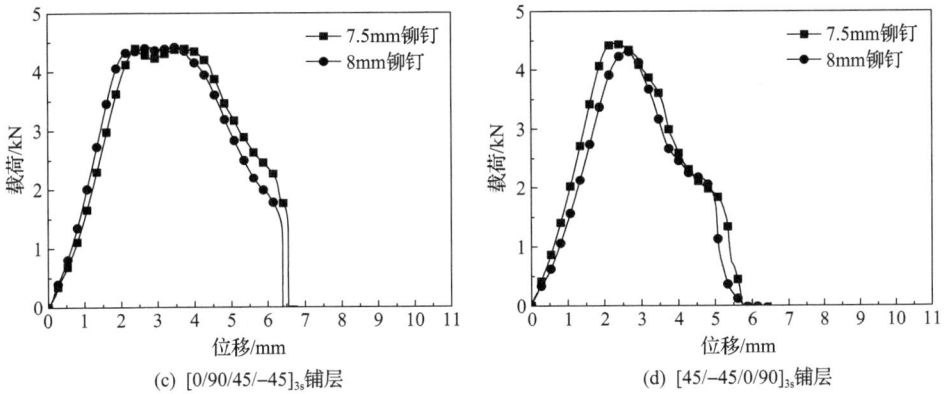

(c) $[0/90/45/-45]_{3s}$铺层　　　　　　　　　(d) $[45/-45/0/90]_{3s}$铺层

图 6.13　不同铆钉高度自冲铆接连接件载荷-位移曲线

4. 铺层材料对自冲铆接连接件拉伸性能的影响

玻璃纤维和碳纤维的混杂有两种铺层方式：一种是将玻璃纤维铺在外侧，另外一种是将碳纤维铺在外侧。分别制备 GF/CF（碳纤维在内侧，玻璃纤维在外侧）复合材料层合板和 CF/GF（碳纤维在外侧，玻璃纤维在内侧）复合材料层合板。不同铺层材料自冲铆接连接件拉伸性能如表 6.6 所示。

表 6.6　不同铺层材料自冲铆接连接件拉伸性能

铺层材料	峰值载荷平均值/kN	失效位移平均值/mm
玻璃纤维	4.44	5.56
CF/GF	3.75	14.69
GF/CF	4.21	9.87

由表 6.6 可以看出，玻璃纤维层合板自冲铆接连接件的峰值载荷比 GF/CF 层合板自冲铆接连接件高 5.46%，比 CF/GF 层合板自冲铆接连接件高 18.4%，GF/CF 层合板自冲铆接连接件的峰值载荷比 CF/GF 层合板自冲铆接连接件高 12.27%。玻璃纤维的拉伸强度高于碳纤维，与混杂铺层层合板相比，使用单一玻璃纤维制备的复合材料层合板具有更高的承载性能。玻璃纤维的断裂伸长率比碳纤维高，将玻璃纤维置于外侧时，碳纤维发生断裂后能够持续承受更大载荷。因此，在混杂铺层复合板中，将碳纤维铺设在内侧更有利于提高连接件的拉伸强度。不同铺层材料自冲铆接连接件载荷-位移曲线如图 6.14 所示。可以看出，玻璃纤维层合板自冲铆接连接件在位移增加到一定值时载荷骤降到零，表明连接件已发生完全断裂失效，而混杂铺层层合板连接件载荷下降趋势更平缓，失效位移大于玻璃纤维层合板自冲铆接连接件，表明碳纤维铺层一方面导致连接件峰值载荷降低，另一方面有利于提高连接件的抗变形能力。

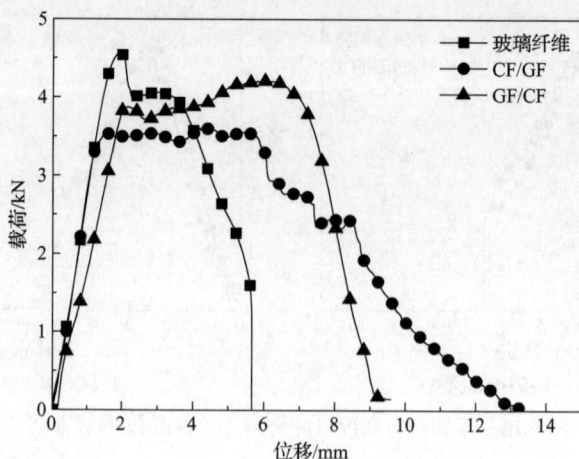

图 6.14 不同铺层材料自冲铆接连接件载荷-位移曲线

5. 搭接长度对自冲铆接连接件拉伸性能的影响

在自冲铆接连接中，搭接区域上下板的接触面摩擦力对连接件的拉伸强度有较大影响，搭接长度分别为 32mm、36mm、40mm，铆钉高度为 8mm，制备[0/90/45/−45]$_{3s}$铺层方式自冲铆接连接件。不同搭接长度自冲铆接连接件拉伸性能如表 6.7 所示。

表 6.7 不同搭接长度自冲铆接连接件拉伸性能

搭接长度/mm	峰值载荷平均值/kN	失效位移平均值/mm
32	4.19	7.75
36	4.39	5.81
40	4.58	6.53

随着搭接长度增加，自冲铆接连接件的峰值载荷不断增大。原因在于当板材宽度一定时，搭接区域面积随搭接长度增加而增大，在自冲铆接成形过程中上下板接触面形成的接触压力随之增大，在拉伸载荷作用下上下板接触面产生更大的摩擦阻力，克服阻力所需要的拉伸载荷更大。不同搭接长度自冲铆接连接件载荷-位移曲线如图 6.15 所示。可以看出，增加自冲铆接搭接长度能够提高连接件的拉伸强度，但相应的材料消耗也会增大。因此，需要根据实际条件选择搭接长度，在满足拉伸强度的前提下，尽可能选择较小的搭接长度。

6. 端距对自冲铆接连接件拉伸性能的影响

端距即铆钉中心与上板搭接区端部的距离，端距分别为 10mm、15mm、18mm

和 20mm，搭接长度为 36mm，铆钉高度为 8mm，制备[0/90/45/−45]$_{3s}$ 铺层方式自冲铆接连接件。不同端距自冲铆接连接件拉伸性能如表 6.8 所示。

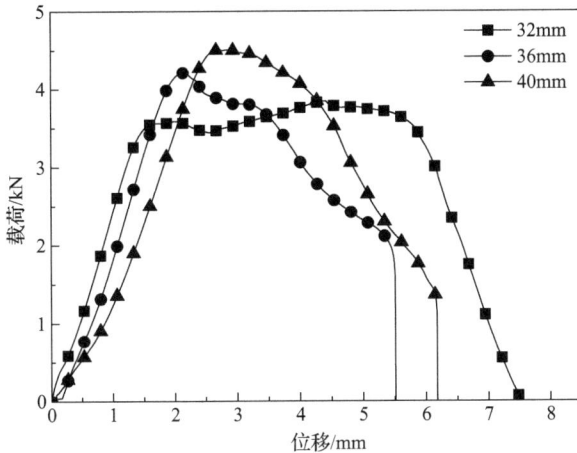

图 6.15　不同搭接长度自冲铆接连接件载荷-位移曲线

表 6.8　不同端距自冲铆接连接件拉伸性能

端距/mm	峰值载荷平均值/kN	失效位移平均值/mm
10	3.58	5.38
15	4.04	6.43
18	4.48	6.44
20	4.08	5.51

铆钉钉点的位置(端距)对自冲铆接连接件的拉伸强度会产生一定影响，随着端距增加，峰值载荷逐渐增大。但增大到一定值后，连接件峰值载荷呈下降趋势。不同端距自冲铆接连接件载荷-位移曲线如图 6.16 所示。可以看出，当端距为 18mm 时，峰值载荷最大，端距为 10mm 时，峰值载荷最小。原因在于端距为 10～18mm 时，随着端距增加，搭接区域面积增加，上下板之间的贴合更加紧密，接触摩擦阻力随端距增加而增大。端距为 18～20mm 时，铆接成形过程中板材端部的接触压力减小，上下板之间的接触逐渐分离，接触摩擦阻力减小，连接件承载性能下降，在较小载荷作用下即发生断裂失效。

7. 自冲铆接连接件失效形式分析

复合材料层合板在承受拉伸载荷作用时，其失效形式主要包括纤维断裂和界面失效。铝合金-复合材料自冲铆接连接过程与拉伸过程中的失效形式还会受到连接材料、连接方式、连接件尺寸等因素的影响。铝合金-复合材料自冲铆接连接件拉伸失效形式如图 6.17 所示。可以看出，玻璃纤维层合板自冲铆接连接件的失效形式为铆钉从铝合金板中拉脱，表明铆钉头区域强度高于铆钉腿部强度。原因在于玻璃纤维层合板中玻璃纤维固化形成了质量较好的胶接连接面，在拉伸载荷作用下，铆钉头部与复合材料层合板的剪切力大于铆钉腿部与铝合金板的剪切力。在最外层为碳纤维的 CF/GF 层合板自冲铆接连接件中，由于碳纤维的断裂伸长率比玻璃纤维低，碳纤维在铆钉四周发生纤维断裂，形貌比较松散，导致铆钉头部

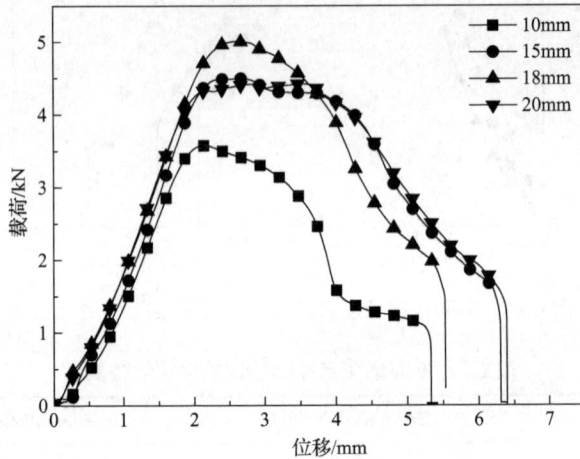

图 6.16　不同端距自冲铆接连接件载荷-位移曲线

(a) 玻璃纤维层合板自冲铆接连接件

(b) CF/GF层合板自冲铆接连接件

(c) GF/CF层合板自冲铆接连接件

图 6.17　铝合金-复合材料自冲铆接连接件拉伸失效形式

的强度降低，但碳纤维的韧性较好。因此，铆钉尾部从铝合金板中拉脱，留在复合材料层合板中。在 GF/CF 层合板自冲铆接连接件中，由于玻璃纤维的断裂延伸率高于碳纤维，当碳纤维断裂时，玻璃纤维可以阻碍碳纤维裂纹的扩展，使连接件继续保持一定的承载能力，但复合材料层合板的韧性变差，铆钉从复合材料层合板中拉脱而留在铝合金板中。

6.3.3　铝合金-复合材料双铆钉连接拉伸试验

6.3.2 节主要研究了铝合金-玻璃纤维复合材料单铆钉自冲铆接连接件的力学性能，本节主要对多铆钉自冲铆接连接件拉伸性能影响参数进行分析。由于搭接尺寸有限，只对双铆钉纵向排列连接件和双铆钉横向排列连接件进行研究。双铆钉不同排列形式自冲铆接连接件如图 6.18 所示。研究因素包括铺层方式、端距、边距和铺层材料。铝合金板和复合材料层合板的厚度分别为 3mm 和 3.24mm，铆钉高度为 8mm，搭接长度为 36mm。

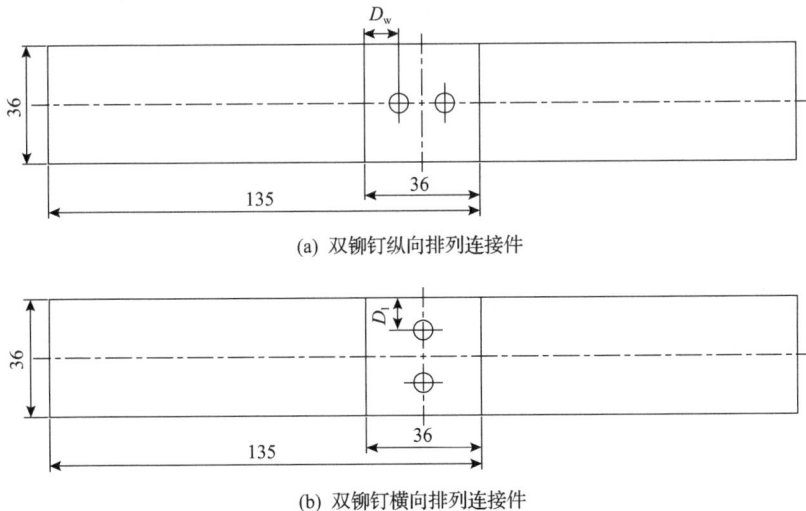

(a) 双铆钉纵向排列连接件

(b) 双铆钉横向排列连接件

图 6.18　双铆钉不同排列形式自冲铆接连接件(单位：mm)

D_l. 边距；D_w. 端距

1. 铺层方式对双铆钉自冲铆接连接件拉伸性能的影响

选取双铆钉纵向排列形式和双铆钉横向排列形式，制备四种铺层方式双铆钉自冲铆接连接件。不同铺层方式双铆钉自冲铆接连接件拉伸性能如表 6.9 所示。

双钉纵向排列时，$[0/90/45/-45]_{3s}$ 铺层连接件的峰值载荷比 $[0/90]_{6s}$ 铺层连接件高 16.14%左右，采用混合铺层所得连接件的拉伸强度较高，且将 0°/90°铺层置于外侧有助于提高拉伸强度。双铆钉横向排列时，$[0/90]_{6s}$ 铺层连接件的峰值载荷比

表 6.9　不同铺层方式双铆钉自冲铆接连接件拉伸性能

铆钉排列形式	铺层方式	峰值载荷平均值/kN	失效位移平均值/mm
双铆钉纵向	$[0/90]_{6s}$	7.31	7.45
	$[45/-45]_{6s}$	7.59	6.88
	$[0/90/45/-45]_{3s}$	8.49	7.33
	$[45/-45/0/90]_{3s}$	7.79	5.68
双铆钉横向	$[0/90]_{6s}$	7.59	6.14
	$[45/-45]_{6s}$	6.17	6.75
	$[0/90/45/-45]_{3s}$	7.79	6.27
	$[45/-45/0/90]_{3s}$	7.69	5.62

$[45/-45]_{6s}$ 铺层连接件高 23%左右，而$[0/90]_{6s}$、$[0/90/45/-45]_{3s}$、$[45/-45/0/90]_{3s}$ 铺层连接件的峰值载荷相差不大。由此可见，0°/90°/45°/-45°铺层对双铆钉纵向排列连接件拉伸强度的影响较大，而 0°/90°铺层对双铆钉横向排列连接件拉伸强度的影响较大。原因主要在于 45°/-45°铺层承受剪切力，不能充分发挥纤维的拉伸性能，导致承载能力较低。混合铺层层合板和$[0/90]_{6s}$层合板中均含有 0°/90°铺层，在层合板拉伸过程中主要由纤维承受拉伸载荷作用，可以充分发挥纤维的拉伸强度，使连接件具备较高的承载能力。

双铆钉自冲铆接连接件载荷-位移曲线如图 6.19 所示。可以看出，在拉伸过程初始阶段载荷呈近似线性增长，当载荷增长到峰值后逐渐下降。不同铺层方式自冲铆接连接件的失效位移有所差别，双铆钉纵向排列时将 0°/90°铺层置于外侧失效位移更大，双铆钉横向排列时将 45°/-45°铺层放在外侧的混合铺层层合板和单一的 45°/-45°铺层层合板的失效位移较大。

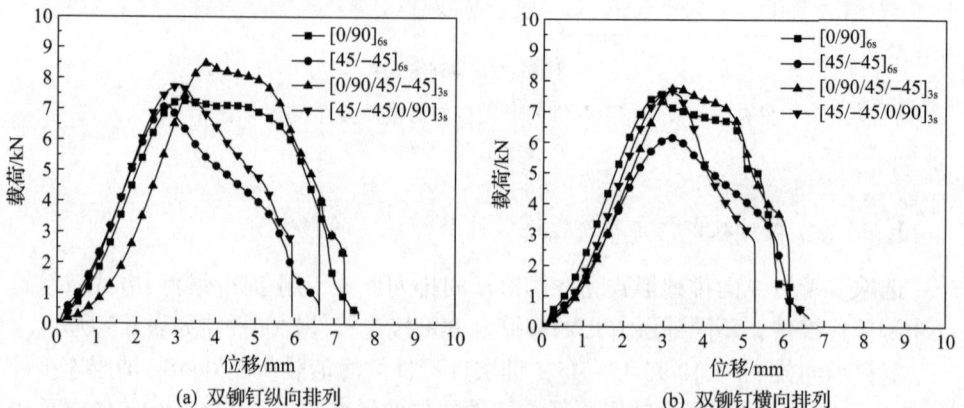

(a) 双铆钉纵向排列　　　　　　　　　(b) 双铆钉横向排列

图 6.19　双铆钉自冲铆接连接件载荷-位移曲线

2. 边距对双铆钉自冲铆接连接件拉伸性能的影响

采取双铆钉横向排列形式,制备不同边距[0/90/45/−45]$_{3s}$铺层方式自冲铆接连接件,边距 D_1 分别为 8mm、10mm、12mm,搭接长度为 36mm。不同边距自冲铆接连接件拉伸性能如表 6.10 所示。

表 6.10　不同边距自冲铆接连接件拉伸性能

边距/mm	峰值载荷平均值/kN	失效位移平均值/mm
8	8.01	9.59
10	8.03	7.17
12	8.06	6.27

不同边距自冲铆接连接件的峰值载荷相差较小,即 D_1 对连接件峰值载荷的影响较小。不同边距自冲铆接连接件载荷-位移曲线如图 6.20 所示。可以看出,三种边距连接件的曲线几乎重合,但失效位移有所差别,原因在于当 D_1=8mm 时,两个铆钉之间的距离较大,两铆接点耦合作用较弱,中间区域纤维损伤较小,层合板内仍有足够的纤维可以抵抗外加载荷,使自冲铆接连接件整体具有较高的承载能力和抵抗变形能力。随着边距增加,两个铆钉之间的距离减小,中间区域纤维损伤增大,导致连接件的承载性能降低。

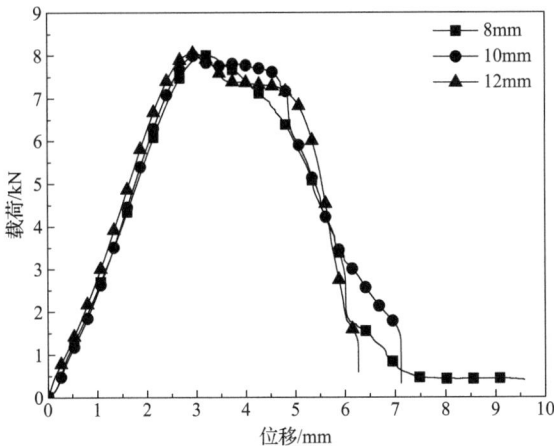

图 6.20　不同边距自冲铆接连接件载荷-位移曲线

3. 端距对双铆钉自冲铆接连接件拉伸性能的影响

采取双铆钉纵向排列形式,制备不同端距[0/90/45/−45]$_{3s}$铺层方式自冲铆接连接件,端距 D_w 分别为 8mm、10mm、12mm,搭接长度为 36mm。不同端距自冲铆接连接件拉伸性能如表 6.11 所示。

表 6.11　不同端距自冲铆接连接件拉伸性能

端距/mm	峰值载荷平均值/kN	失效位移平均值/mm
8	6.84	11.14
10	8.26	8.77
12	8.81	6.45

随着端距不断增加，连接件的峰值载荷随之增大，但增长幅度有所减小，原因在于端距越大，两个铆钉的距离越小，周围的应力相互叠加，两个铆钉能够共同发挥承载性能，增强了连接件抵抗变形和失效的能力。不同端距自冲铆接连接件载荷-位移曲线如图 6.21 所示。可以看出，三种端距连接件的失效位移差别比较明显，原因在于随着端距减小，两个铆接点的距离增加，两个铆钉的共同承载作用减弱，连接件整体承载性能降低，在小载荷作用下纤维损伤速度降低，从而使连接件具备较好的抵抗变形能力。

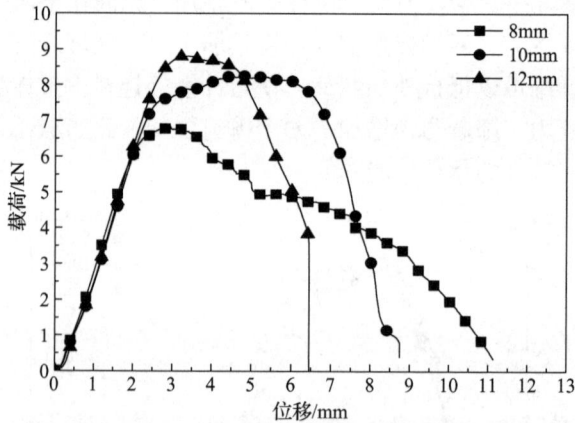

图 6.21　不同端距自冲铆接连接件载荷-位移曲线

4. 铆钉高度对双铆钉自冲铆接连接件拉伸性能的影响

采取双铆钉纵向排列形式，制备不同铆钉高度[0/90/45/−45]$_{3s}$铺层方式自冲铆接连接件，铆钉高度分别为 7.5mm、8mm、8.5mm，搭接长度为 36mm。不同铆钉高度自冲铆接连接件拉伸性能如表 6.12 所示。

表 6.12　不同铆钉高度自冲铆接连接件拉伸性能

铆钉高度/mm	峰值载荷平均值/kN	失效位移平均值/mm
7.5	6.48	10.23
8	6.69	16.26
8.5	6.31	10.59

8mm 铆钉连接件的峰值载荷比 8.5mm 铆钉连接件高约 6%，比 7.5mm 铆钉连接件高约 3%。8mm 铆钉连接件失效位移比 8.5mm 铆钉连接件高约 53.5%，比 7.5mm 铆钉连接件高约 58.9%，由此可见铆钉高度对双铆钉纵向排列连接件的峰值载荷和抗变形性能有一定影响。不同铆钉高度自冲铆接连接件载荷-位移曲线如图 6.22 所示。可以看出，在拉伸过程初始阶段三种连接件的载荷呈近似线性增长，但随着位移增加，曲线开始分离。铆钉高度为 8mm 时，自锁结构成形质量较好，复合材料层合板纤维与铆钉结合更为紧密，发生拉伸变形时能够产生更大的接触面摩擦力，具有更高的抵抗变形能力，失效位移最大。

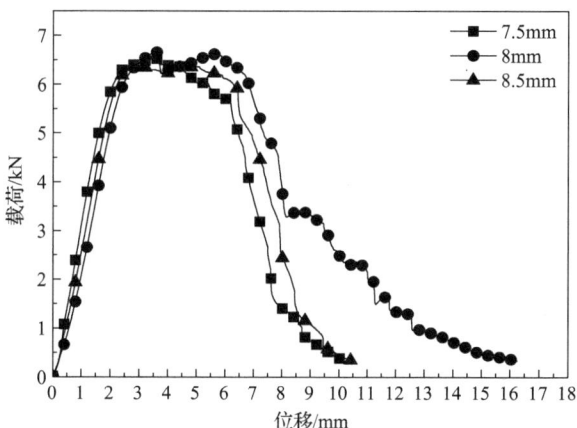

图 6.22　不同铆钉高度自冲铆接连接件载荷-位移曲线

5. 铺层材料对双铆钉自冲铆接连接件拉伸性能的影响

采取双铆钉纵向排列形式，制备不同铺层材料$[0/90/45/-45]_{3s}$铺层方式自冲铆接连接件，连接板材分别为玻璃纤维复合材料层合板、CF/GF 层合板和 GF/CF 层合板，铆钉高度为 8mm，搭接长度为 36mm。不同铺层材料自冲铆接连接件拉伸性能如表 6.13 所示。

表 6.13　不同铺层材料自冲铆接连接件拉伸性能

铺层材料	峰值载荷平均值/kN	失效位移平均值/mm
玻璃纤维	6.32	10.61
CF/GF	6.85	9.21
GF/CF	7.05	11.91

CF/GF 层合板自冲铆接连接件的峰值载荷比玻璃纤维复合材料层合板连接件高约 8.39%，GF/CF 层合板自冲铆接连接件的峰值载荷比玻璃纤维复合材料层合

板连接件高约 11.55%。原因在于混杂铺层中含有碳纤维，具有较好的拉伸性能，纤维不易产生断裂。不同铺层材料自冲铆接连接件载荷-位移曲线如图 6.23 所示。可以看出，在拉伸过程初始阶段载荷呈近似线性增长，达到峰值载荷后缓慢下降，三种连接件的失效位移有所不同，CF/GF 层合板自冲铆接连接件的失效位移最大，玻璃纤维复合材料层合板连接件次之，GF/CF 层合板自冲铆接连接件最小。CF/GF 层合板自冲铆接连接件的曲线在拉伸过程后期存在一定的波动，原因在于碳纤维抵抗变形能力较强，铆钉开始产生拉脱失效时，和铆钉相接触的外层碳纤维会阻碍铆钉的向外拉脱，能够在一定程度上继续维持自冲铆接连接件的结构完整性，提高连接件的承载性能。

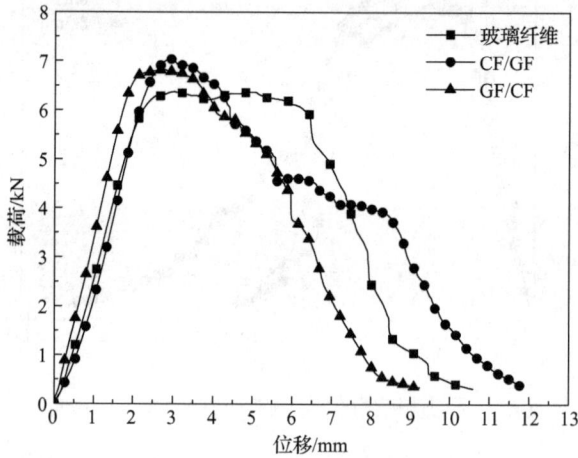

图 6.23　不同铺层材料自冲铆接连接件载荷-位移曲线

6. 双铆钉自冲铆接连接件失效形式分析

双铆钉自冲铆接连接件拉伸失效形式如图 6.24 所示。双铆钉横向排列自冲铆接连接件中的两个铆钉在拉伸的任意时刻除受到纵向力作用外，还会受到横向力作用。因此，双铆钉横向排列自冲铆接连接件的铆钉没有完全拉脱，但复合材料在横向力和纵向力的共同作用下发生纤维开裂。在双铆钉纵向排列自冲铆接连接件中，当复合材料为玻璃纤维层合板时，铆钉完全从铝合金板中拉脱，主要原因是玻璃纤维层合板的拉伸强度高，拉伸载荷不足以完全克服铆钉头部与玻璃纤维层合板的剪切力，随着拉伸位移的持续增加，铆钉腿部由铝合金板中完全拉脱失效。当复合材料为混杂铺层时，由于混杂铺层层合板含有碳纤维，导致复合材料层合板外侧拉伸强度较低，随着拉伸载荷增大，铆钉开始由复合材料层合板中拉脱出来，又由于碳纤维自身的抵抗变形能力强，铆钉并不会完全拉脱，而是与复合材料层合板仍有一定的纤维相连。由于铆钉距离复合材料层合板端部较近,随着拉伸位移增加,复合材料层合板端部的纤维断裂。

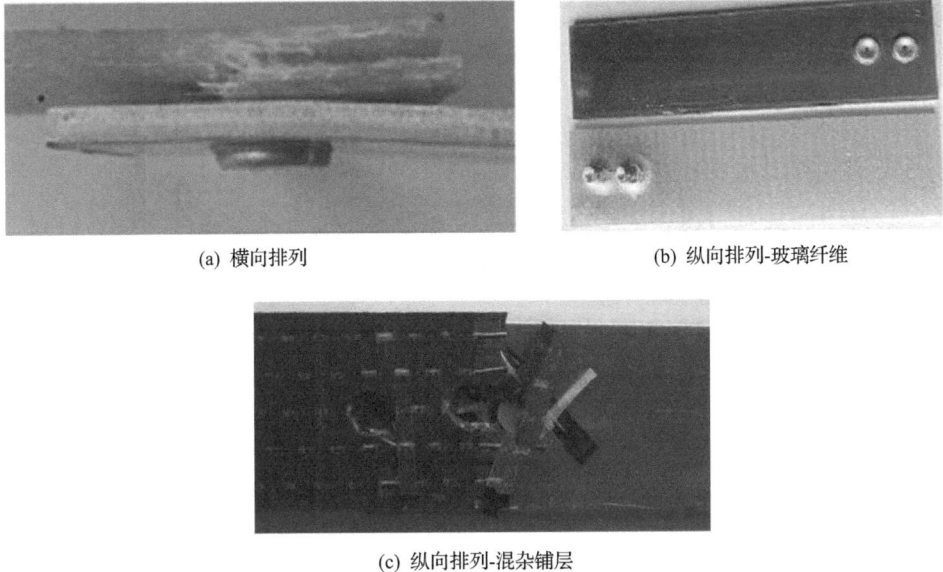

<table>
<tr><td>(a) 横向排列</td><td>(b) 纵向排列-玻璃纤维</td></tr>
</table>

(a) 横向排列	(b) 纵向排列-玻璃纤维

(c) 纵向排列-混杂铺层

图 6.24 双铆钉自冲铆接连接件拉伸失效形式

6.4 铝合金-玻璃纤维复合材料自冲铆接疲劳试验与分析

在自冲铆接结构的实际应用中,其长时间承受周期性变化载荷作用,易导致连接件的机械性能退化,或产生疲劳断裂失效。铝合金等金属材料中出现疲劳裂纹后,会快速扩展进而导致疲劳断裂。复合材料的疲劳性能不同于金属材料,复合材料各纤维层的疲劳强度不同,在循环载荷作用下会出现横向裂纹,随着循环次数不断增加,产生纤维断裂和分层等现象,但这种损伤并不会导致结构快速疲劳失效。本节进行铝合金-玻璃纤维复合材料自冲铆接连接件高频疲劳试验,分析工艺参数对连接件疲劳性能的影响。

6.4.1 疲劳试验

采用 QBG-50 高频疲劳试验机进行铝合金-复合材料自冲铆接连接件疲劳试验。疲劳试验峰值载荷应低于拉伸试验中连接件的峰值载荷,由于复合材料层合板的抗疲劳性能比较好,取单铆钉连接件峰值载荷的 80%作为疲劳试验最大载荷,应力比 $R=0.10$,计算疲劳试验循环应力和应力幅。疲劳试验参数如表 6.14所示。

表 6.14　疲劳试验参数

疲劳试验类型	应力比 R	最大载荷 F_{max}/kN	最小载荷 F_{min}/kN	循环应力 F_m/kN	应力幅 F_a/kN	频率/Hz
拉-拉疲劳	0.10	3	0.30	1.65	1.35	80

6.4.2　自冲铆接连接件疲劳试验结果

1. 铺层材料对自冲铆接连接件疲劳性能的影响

制备不同铺层材料自冲铆接连接件，铺层材料分别为玻璃纤维复合材料、CF/GF 复合材料和 GF/CF 复合材料，铆钉高度为 8mm，搭接长度为 36mm，端距为 18mm。不同铺层材料自冲铆接连接件疲劳寿命如表 6.15 所示。

表 6.15　不同铺层材料自冲铆接连接件疲劳寿命

铺层材料	循环次数/10^3 次	循环次数平均值/10^3 次
玻璃纤维	350.6/362.4/358.2	357.1
CF/GF	280.4/294.3/286.5	287.1
GF/CF	328.4/335.8/320.9	328.4

不同铺层材料自冲铆接连接件疲劳寿命对比如图 6.25 所示。可以看出，当铺层材料为玻璃纤维时，连接件的疲劳寿命最高。当铺层材料为混杂铺层时，将碳纤维置于外侧的连接件疲劳寿命最低，将玻璃纤维置于外侧次之。原因在于碳纤维与玻璃纤维相比，碳纤维复合材料界面结合质量比较差，基体中气孔等缺陷较多，在循环载荷作用下更容易由缺陷部位萌生疲劳微裂纹，且疲劳微裂纹扩展速度更快，导致连接件的疲劳强度和疲劳寿命较低。将玻璃纤维置于外侧时疲劳载

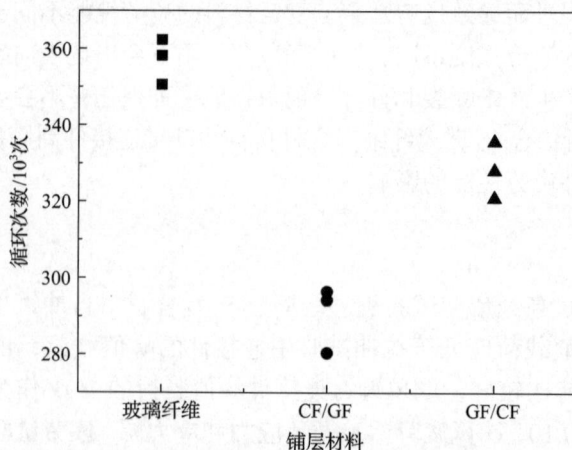

图 6.25　不同铺层材料自冲铆接连接件疲劳寿命对比

荷主要由玻璃纤维承担,而玻璃纤维的耐疲劳性能优于碳纤维,因此,与 CF/GF 连接件相比 GF/CF 连接件的疲劳寿命有所增大。

2. 铆钉高度对自冲铆接连接件疲劳性能的影响

制备不同铆钉高度自冲铆接连接件,铆钉高度分别为 7.5mm、8mm、8.5mm,搭接长度为 36mm,端距为 18mm,铺层材料为玻璃纤维。不同铆钉高度自冲铆接连接件疲劳寿命如表 6.16 所示。

表 6.16　不同铆钉高度自冲铆接连接件疲劳寿命

铆钉高度/mm	循环次数/10^3 次	循环次数平均值/10^3 次
7.5	150.8/162.5/154.7	156.0
8	350.6/362.4/358.2	357.1
8.5	161.7/175.3/168.4	168.5

不同铆钉高度自冲铆接连接件疲劳寿命对比如图 6.26 所示。可以看出,当铆钉高度为 8mm 时,连接件疲劳寿命最高,且疲劳寿命远高于其他高度铆钉连接件。当铆钉高度为 7.5mm 时,连接件的疲劳寿命最低。原因在于当铆钉高度为 8mm 时铆钉的扩张变形比较充分,自锁结构成形质量较高,铆钉与板材接触致密,各组件界面受压能够更好地抑制铆钉与板材接触区域疲劳微裂纹的萌生和扩展,从而能够较好地发挥疲劳承载性能。当铆钉高度为 7.5mm 时,铆钉虽然完全刺入层合板,但铆钉腿部并未充分张开,成形质量较差,导致疲劳寿命减小。当铆钉高度为 8.5mm 时,铆钉头部高出上层板表面,铆钉头部与上层板之间产生间隙,与 8mm 铆钉连接件相比各组件的接触面积和接触致密程度有所下降,但铆钉变形程

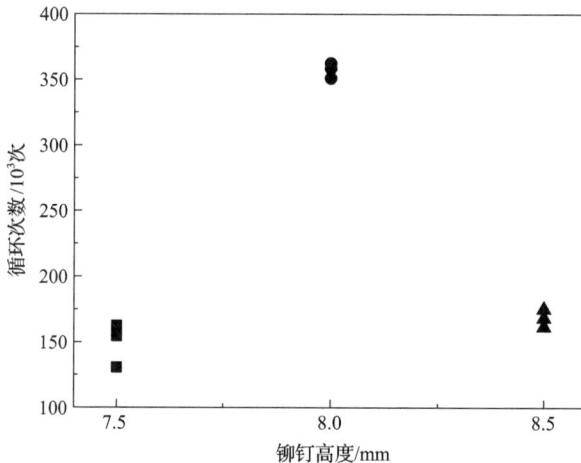

图 6.26　不同铆钉高度自冲铆接连接件疲劳寿命对比

度高于 7.5mm 铆钉，因此，其疲劳寿命介于 7.5mm 铆钉连接件和 8mm 铆钉连接件之间。

3. 不同端距对自冲铆接连接件疲劳性能的影响

制备不同端距自冲铆接连接件，端距分别为 10mm、15mm、18mm 和 20mm，铆钉高度为 8mm，搭接长度为 36mm，铺层材料为玻璃纤维。不同端距自冲铆接连接件疲劳寿命如表 6.17 所示。

表 6.17 不同端距自冲铆接连接件疲劳寿命

端距/mm	循环次数/10^3 次	循环次数平均值/10^3 次
10	294.2/301.5/296.8	297.5
15	325.7/334.6/330.7	330.3
18	350.6/362.4/358.2	357.1
20	318.6/329.6/323.1	323.8

不同端距自冲铆接连接件疲劳寿命对比如图 6.27 所示。可以看出，端距对连接件的疲劳寿命有一定的影响。当端距为 10mm 时，连接件的疲劳寿命最小，当端距为 18mm 时，连接件的疲劳寿命最大。连接件的疲劳寿命随端距的增加而增大，但增大到一定值时，疲劳寿命开始下降，这与连接件拉伸性能变化趋势一致，在端距为 18mm 处发生变化。原因在于随着端距不断增加，上层板与下层板之间接触的紧密程度和摩擦力增大，能够在一定程度上阻碍连接件的疲劳破坏。当端距由 18mm 增加到 20mm 时，上下板之间的紧密程度下降，疲劳寿命降低。同时，可以看出，随着端距变化连接件的疲劳寿命变化幅度较小，端距因素对连接件疲劳性能的影响权重小于铆钉高度因素。

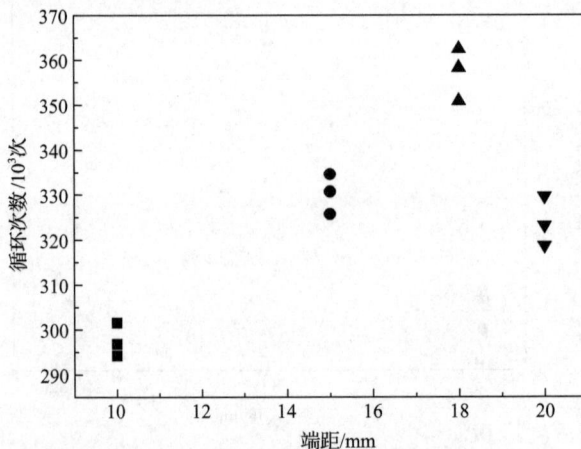

图 6.27 不同端距自冲铆接连接件疲劳寿命对比

4. 不同搭接长度对自冲铆接连接件疲劳性能的影响

制备不同搭接长度自冲铆接连接件，搭接长度分别为 32mm、36mm、40mm，铆钉高度为 8mm，端距为 18mm，铺层材料为玻璃纤维。不同搭接长度自冲铆接连接件疲劳寿命如表 6.18 所示。

表 6.18　不同搭接长度自冲铆接连接件疲劳寿命

搭接长度/mm	循环次数/10^3 次	循环次数平均值/10^3 次
32	308.6/318.2/312.3	313.0
36	350.8/362.4/358.2	357.1
40	385.2/398.6/390.7	391.5

不同搭接长度自冲铆接连接件疲劳寿命对比如图 6.28 所示。可以看出，随着搭接长度增加，连接件的疲劳寿命随之增大，当搭接长度为 40mm 时，连接件的疲劳寿命最高，当搭接长度为 32mm 时，连接件的疲劳寿命最低。原因在于随着搭接长度增加，搭接区域的摩擦力也随之增大，能够有效增强连接件的抗疲劳性能，延长疲劳寿命。

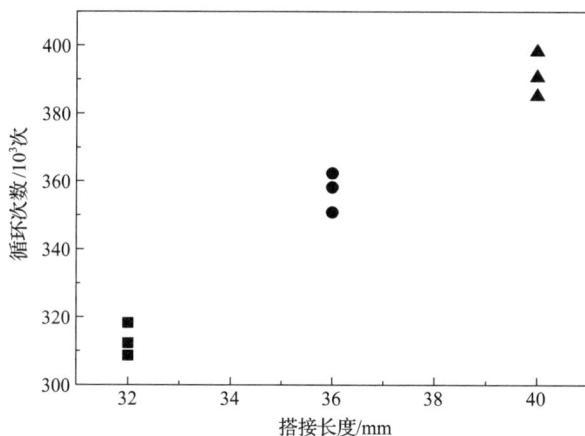

图 6.28　不同搭接长度自冲铆接连接件疲劳寿命对比

6.4.3　疲劳宏观失效形式分析

不同铺层材料自冲铆接连接件疲劳失效形式如图 6.29 所示。在玻璃纤维层合板自冲铆接连接件表面未观察到宏观疲劳裂纹，铆钉头部陷进复合材料层合板中。原因在于在循环载荷作用下，铆钉周围的复合材料层合板纤维发生一定程度的损伤与断裂，铆钉出现和复合材料层合板脱离的趋势，铆钉与板材的接触分离，最终导致连接件承载性能丧失并发生疲劳失效。CF/GF 层合板自冲铆接连接件和 GF/CF 层合板自冲铆接连接件的疲劳失效形式与玻璃纤维层合板自冲铆接连接件的失效形式一致，均为铆钉向复合材料层合板内陷，出现脱离复合材料层合板的趋势，最终连接件承载性能下降发生疲劳失效。

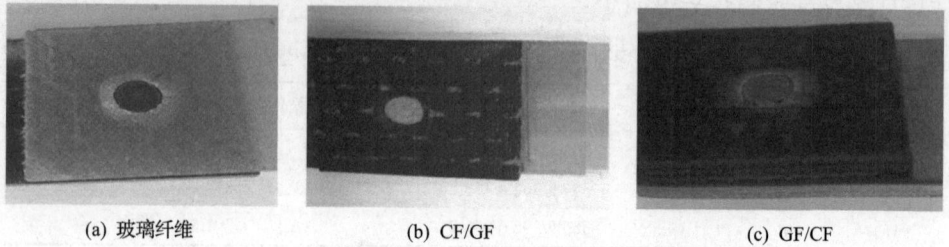

(a) 玻璃纤维　　　　　　　(b) CF/GF　　　　　　　(c) GF/CF

图 6.29　不同铺层材料自冲铆接连接件疲劳失效形式

参 考 文 献

[1] Zhou Z, .Huang Z, Jiang Y, et al. Joining properties of SPFC440/AA5052 multi-material self-piercing riveting joints. Materials, 2022, 15: https://doi.org/10.3390 /ma15092962.

[2] Huang Z, Zhang Y, Lin Y, et al. Physical property and failure mechanism of self-piercing riveting joints between foam metal sandwich composite aluminum plate and aluminum alloy. Journal of Materials Research and Technology, 2022, 17: 139-149.

[3] Huang Z, Li H, Jiang Y. Low-velocity impact response of self-piercing riveted carbon fiber reinforced polymer-AA6061T651 hybrid joints. Composite Structures, 2023, 315: 116983.

[4] Huang Z, Tang N, Jiang Y, et al. Effect of repeated impacts on the mechanical properties of nickel foam composite plate/AA5052 self-piercing riveted joints. Journal of Materials Research and Technology, 2023, 23: 4691-4701.

[5] 黄志超, 程露, 涂林鹏, 等. 不同纤维铺层玻璃-碳纤维混杂复合材料与铝合金自冲铆接强度对比. 塑性工程学报, 2020, 27(10): 54-61.